# 应用数学：
## 微积分（微课版）

主　编　王　妍　斯日古冷
副主编　吴桂兰　王永庆　李安楠

清华大学出版社
北　京

## 内 容 简 介

本书的主要内容包括函数的极限与连续、导数与微分及其应用、不定积分与定积分及其应用等。本书突出"数学为根本，应用为导向"的特点，内容难度适宜，语言通俗易懂，逻辑清晰。本书每节重点内容均配套微课讲解视频，每章附有详细的思维导图，梳理脉络，易教利学。每节后附有"基础训练"与"提升训练"分层练习，每章结束配套总结提升习题，同时提供参考答案。本书配套习题题型丰富，满足学生参加高等教育自考、专升本等进一步的升学要求。

本书可作为高职公共基础课教材使用，也可供感兴趣的读者阅读参考。

**图书在版编目（CIP）数据**

应用数学：微课版．微积分/王妍，斯日古冷主编 .—北京：清华大学出版社，2021.12
ISBN 978-7-302-59151-1

Ⅰ.①应…　Ⅱ.①王…②斯…　Ⅲ.①应用数学—高等职业教育—教材②微积分—高等职业教育—教材　Ⅳ.①O29②O172

中国版本图书馆 CIP 数据核字（2021）第 182835 号

责任编辑：吴梦佳
封面设计：刘艳芝
责任校对：刘　静
责任印制：朱雨萌

出版发行：清华大学出版社
　　　　网　　　址：http://www.tup.com.cn，http://www.wqbook.com
　　　　地　　　址：北京清华大学学研大厦 A 座　　　　邮　　编：100084
　　　　社 总 机：010-62770175　　　　邮　　购：010-62786544
　　　　投稿与读者服务：010-62776969，c-service@tup.tsinghua.edu.cn
　　　　质量反馈：010-62772015，zhiliang@tup.tsinghua.edu.cn
　　　　课件下载：http://www.tup.com.cn，010-83470410
印 装 者：三河市龙大印装有限公司
经　　销：全国新华书店
开　　本：185mm×260mm　　印　张：12.75　插　页：6　字　数：307 千字
版　　次：2022 年 2 月第 1 版　　　　　　　印　次：2022 年 2 月第 1 次印刷
定　　价：49.00 元

产品编号：092594-01

# 前　言

为贯彻现代高等职业教育思想，符合高端技能型人才成长规律，满足社会对应用型人才的需求，突出"数学为根本，应用为导向"的特点，结合我国当前高等职业教育的办学特点及经济、管理等专业学生的实际，我们组织编写了这本适宜于教学课时为64课时左右的易教利学的应用数学教材。

在编写时，我们遵循高职教育"以应用为目的，以必须、够用为度"的原则，精心设计教学内容，强化概念，弱化证明，注重应用及为专业服务。本书在内容的深度及广度整合方面，在充分考虑微积分学科本身的科学性的基础上，慎重地进行取舍。本书较系统地讲述了"一元函数微积分学"的基本概念、基本理论和基本运算方法。对基本概念和基本理论的教学，注重以实例引入和数学分析能力、数学思维能力建立为前导，结合几何图像进行简要的解释，这不仅能培养学生初步的数学抽象能力、逻辑思维能力及概括总结能力，而且使教学内容形象、直观，易于学生理解和掌握。本书从"学以致用"的角度出发，特别注重讲授数学思想，介绍解题思路、解题方法和数学在实际问题中的应用，能够提升学生运算能力和综合运用所学知识分析解决问题的能力，并使学生初步学会经济分析中的定量分析方法。本书力求行文严谨、逻辑严密，也注意做到语言表述通俗易懂，便于学生自学。

在本书的编写过程中，我们做了以下改革尝试。

（1）努力突出微积分的基本数学思想和基本方法，提升数学素养，注重简洁直观，以便学生在学习过程中能较好地了解各部分内容的内在联系，从总体上把握微积分的思想方法。本书在每一章都设计了思维导图，形象、直观地反映本章所要学习的内容及各部分内容之间的关系。本书注重对基本概念、基本定理和重要公式的几何背景和实际应用背景的介绍，以加深学生对知识的理解和印象。

（2）坚持以"必须、够用为度"的原则，在保持微积分学科本身的科学性、思想性与方法性的同时，注意到高职学生的接受能力。在教材内容的整合上，实现由抽象、逻辑、系统向直观、实用、分层的转换，提高学生学习数学的兴趣与自觉性，在例题的选择上降低了难度要求。本书中每节后配有分层的课堂巩固练习题——"基础训练"与"提升训练"，便于教师教学与学生自学。每章后配有总结提升习题，其题型丰富，难度适中，满足学生参加高等教育自考、专升本等进一步的升学要求。

（3）坚持"以应用为目的"的原则，加强微积分在经济上的应用内容部分，突出公共基础课为专业服务的宗旨。在每节配套"问题导入"和"应用案例"栏目，贴近社会，贴近专业，方便学生了解数学知识在专业领域及日常生活中的应用，激发学生的学习兴趣及动力。

（4）为适应信息化时代高职学生的认知特点和学习需求，发挥信息化教学优势，我们对教材进行一体化建设，开发线上学习资源，开展扫码学习服务。本书为重要知识点及例题配备相应的微课视频，读者只需通过扫描书中的二维码，就可以随时随地进行学习。

本书在编写过程中受到了北京财贸职业学院和清华大学出版社多位领导与专家的关心指导及大力支持。同时我们参阅了 James Stewart、周誓达、赵树嫄、顾静相、云连英、李心灿等编著的《微积分》，李天民、孙茂竹、宋承先等编著的《管理会计》《西方经济学》，对此编者一并致以最诚挚的感谢！

由于编者水平有限，书中不足之处在所难免，敬请专家、同行和广大读者不吝赐教，以便日后修订完善，不胜感激！

编者

2021 年 5 月

北京财贸职业学院

# 目　录

# 第1章 预备知识

## 从有限走向无限——"世界最大旅馆"

**数学故事**

"世界最大旅馆"——希尔伯特旅馆问题是伟大的数学家大卫·希尔伯特假设出来的，它体现了数学中无限的思想，也反映了有限和无限的区别与联系。

现实中的旅馆房间数量是有限个，当所有的房间都客满时，如果来一位新客，就无法入住。而如果设想一家旅馆，它的房间数量是无限个，当所有的房间也都客满时，如果来了一位新客，是否可以入住呢？

希尔伯特旅馆(图1-1)的老板回答是："不成问题！"接着他就把1号房间的旅客移到2号房间，2号房间的旅客移到3号房间，3号房间的旅客移到4号房间……这样，新客就被安排住进了已被腾空的1号房间。

我们再进一步设想，还是这家有无限个房间的旅馆，各个房间也都住满了客人。这时又来了无穷多位客人，是否可以入住呢？

老板回答："不成问题！"于是他把1号房间的旅客移到2号房间，2号房间的旅客移到4号房间，3号房间的旅客移到6号房间……也就是将原来的客人都移到了双号房间入住，然后继续下去。所有的单号房间都腾了出来，新来的无穷多位客人就可以顺利入住了，问题完美地得到解决。

图　1-1

**数学思想**

哲学上，有限和无限体现了对立统一的辩证思想。数学上，有限和无限也有千丝万缕的联系。高等数学从主要研究有限的初等数学发展而来,建立了许多研究无限的理论方法,微积分中的极限、微分和积分就是研究无限的有力工具。那么有限与无限之间的区别与联系又是什么呢?从希尔伯特旅馆的假设中我们可以看出,有限的旅馆在客满后无法安排入住,而无限的旅馆完美解决了这个问题,这就是有限与无限的区别。

这些论述与研究揭示了有限和无限的关系,同时也开启了人类对微积分中无穷、极限、"无限分割"等的探讨,这些都是微积分的中心思想,对微积分的发展有深远的意义。在极限中,无限的数列的和得到了有限的结果;微分的核心是无穷分割;在定积分中,用无限的"直"代替有限的"曲"来解决面积问题。因此可以看出,有限和无限贯穿整个微积分发展的全过程,是微积分中重要的思想,我们在学习微积分时要时刻发现与体会微积分中的有限和无限的思想,理解高等数学中的无限理论。

### 数学人物

图 1-2

大卫·希尔伯特(图 1-2)是德国伟大的数学家,他中学时代就对数学表现出了浓厚的兴趣,后来与爱因斯坦的老师闵可夫斯基结为好友,共同进入哥尼斯堡大学深造,并进行数学方面的研究。他在代数、几何、基础数学等多个领域都作出了巨大的贡献,出版的《几何基础》成为近代公理化方法的代表作。数学中也有很多以希尔伯特命名的数学定义或定理,他在数学方面的才华以及他对数学的贡献被世人所称赞,被后人称为"数学世界的亚历山大"。

1900年,第二届数学家大会在法国巴黎举行,会上希尔伯特做了名为"数学问题"的著名演讲,演讲的内容根据当时的数学方面的研究成果和研究趋势提出了著名的23个"希尔伯特问题",这23个问题中包括数学基础问题、数论问题、代数和几何问题及数学分析问题。这些问题约有一半已经得到解决,但也有些问题至今仍未解决,这些问题对现代数学的研究产生了深远的影响,推动了现代数学的发展。据统计,在国际最高数学奖——菲尔茨奖中,至少有将近三分之二的获奖人的工作与希尔伯特问题有关。中国著名的数学家陈景润在哥德巴赫猜想的证明中取得了领先世界的成果,证明出了"陈氏定理",这正是希尔伯特问题中的第8个问题。

## 1.1 函 数

### 问题导入

引例1 出租车定价问题

某市出租车收费标准:起步价为10元(3千米以内),3～15千米为2元每千米,15千米以外为3元每千米。那么可以通过上述收费标准得到行驶路程 $x$ 与车费 $y$ 之间的关系式为

$$y = \begin{cases} 10, & x \leqslant 3, \\ 10 + (x-3) \times 2, & 3 < x \leqslant 15, \\ 34 + (x-15) \times 3, & x > 15。 \end{cases}$$

那么行驶路程 $x$ 每取到一个数值,都可以通过关系式计算出应支付的车费。

引例2　生产成本问题

某工厂每天生产某种产品的件数为 $x$ 件,机械设备等固定成本为1000元,生产每件产品所花费的人工费和原材料费用共为10元,那么每天产量 $x$ 与每天的生产成本 $y$ 之间的对应关系为

$$y = 1000 + 10x。$$

如果该工厂每天的产量为 $[0, 2000]$,那么 $x$ 每取到一个数值,都可以通过上述关系式计算出当天的生产成本。

上述两个例子有一个共同点:其中一个变量的任意取值,都有另一个变量的一个相应值与其对应,这种对应关系称为函数。

## 知识归纳

### 1.1.1　函数的概念

#### 1. 函数的定义

【定义1.1】　设 $x, y$ 是两个变量,$D$ 是实数集合的一个子集合,如果对 $D$ 中每一个数值 $x$,按照某种对应法则 $f$,都有唯一确定的一个数值 $y$ 和它对应,则称变量 $y$ 是变量 $x$ 的函数,记作

函数——定义域

$$y = f(x),$$

并称 $x$ 为自变量,$y$ 为因变量或自变量 $x$ 的函数,$x$ 的取值范围 $D$ 叫作函数 $f(x)$ 的定义域。

说明:

(1) 定义域 $D$ 是自变量 $x$ 的取值范围,也就是使函数 $y = f(x)$ 有意义的一个数集。

(2) 当 $x$ 的取值 $x_0 \in D$ 时,与 $x_0$ 相对应的 $y$ 的数值称为函数在点 $x_0$ 的函数值,记作

$$f(x_0) \quad 或 \quad y|_{x=x_0},$$

当 $x$ 遍取数集 $D$ 中的所有数值时,对应的函数值全体所构成的集合称为函数 $f(x)$ 的值域。

(3) 决定一个函数的两个因素:定义域 $D$ 和对应法则 $f$。注意每一个函数值都可由一个 $x \in D$ 通过 $f$ 而唯一确定,于是给定定义域 $D$ 和对应法则 $f$,那么函数值域也就相应地被确定了。

(4) 如果两个函数的定义域 $D$ 和对应法则 $f$ 完全相同,那么这两个函数相同。

2. 函数的表示方法

（1）公式法又叫解析式法，能够准确地反映自变量与函数之间的相依关系。如 $y=$ $1000+10x$。

（2）列表法如表 1-1 所示。列表法一目了然，使用起来方便，但列出的对应点有限，不易看出自变量与函数之间的对应规律。

表　1-1

| $x$ | 1 | 2 | 3 | 4 | 5 |
| --- | --- | --- | --- | --- | --- |
| $y$ | 3 | 5 | 7 | 9 | 11 |

（3）图像法形象直观，但只能挖掘地表达两个变量之间的函数关系。正弦函数图形如图 1-3 所示。

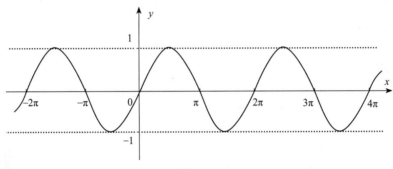

图　1-3

3. 定义域的求解

定义域的求解过程中需要注意以下几点。

（1）分式的分母不能为 0。

（2）偶次根式中被开方式不能小于 0。

（3）对数的真数位置必须大于 0。

（4）同时包含以上情况时需要求交集。

（5）对于现实问题要根据实际需求进行分析。

✿ 相关例题见例 1.1～例 1.3。

### 1.1.2　函数的性质

1. 奇偶性

对函数 $y=x^3$ 而言，当自变量 $x$ 取一对相反的数值时，相对应的一对函数值 $y$ 也恰恰是相反数。如 $x$ 取 $-2$ 和 2，对应的 $y$ 是 $-8$ 和 8，即满足 $f(-x)=-f(x)$。

对函数 $y=x^2$ 而言，当自变量 $x$ 取一对相反的数值时，相对应的一对函数值 $y$ 却相等。如 $x$ 取 $-2$ 和 2，对应的 $y$ 都是 4，即满足 $f(-x)=f(x)$。

以上函数所具有的特性，就是函数的奇偶性。

【定义1.2】　设函数$f(x)$的定义域是以原点为对称的数集$D$,若对所有的$x \in D$,恒有

(1) $f(-x) = -f(x)$,则称函数$f(x)$为奇函数,如图1-4所示。

(2) $f(-x) = f(x)$,则称函数$f(x)$为偶函数,如图1-5所示。

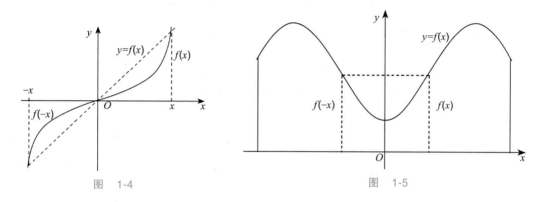

图　1-4　　　　　　　　　　　　　　　图　1-5

注意:

(1) 既非奇函数也非偶函数的函数,称为非奇非偶函数,如$f(x) = x^2 + x$。

(2) 奇函数的图形关于原点对称,偶函数的图形关于$y$轴对称。

2. 单调性

【定义1.3】　设函数$f(x)$在开区间$(a, b)$内有定义,若对开区间$(a, b)$内任意两点$x_1, x_2$,当$x_1 < x_2$时恒有:

(1) $f(x_1) < f(x_2)$,则称函数$f(x)$在$(a, b)$内单调增加;

(2) $f(x_1) > f(x_2)$,则称函数$f(x)$在$(a, b)$内单调减少。

如图1-6所示,函数单调增加,说明函数值随自变量的增大而增大,函数曲线由左到右单调递增。

如图1-7所示,函数单调减少,说明函数值随自变量的增大而减少,函数曲线由左到右单调递减。

3. 周期性

正弦函数$y = \sin x$是周期函数,即有

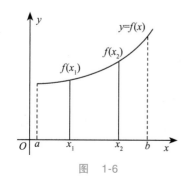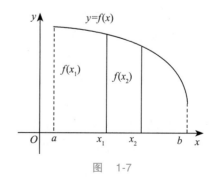

图　1-6　　　　　　　　　　　　　　　图　1-7

$$\sin(x+2k\pi)=\sin x, \quad k=\pm1,+2,\cdots$$

这里 $\pm2\pi,\pm4\pi\cdots$ 都是 $y=\sin x$ 的周期，而 $2\pi$ 是最小正周期，一般就称正弦函数的周期是 $2\pi$。

【定义1.4】 设函数 $f(x)$ 的定义域为 $D$，若存在一个不为零的常数 $T$，使得对每一个 $x\in D$，都有 $x\pm T\in D$，且恒成立

$$f(x\pm T)=f(x)$$

则称函数 $f(x)$ 为周期函数，常数 $T$ 为函数 $f(x)$ 的周期。

类似地，余弦函数 $y=\cos x$，正切函数 $y=\tan x$，余切函数 $y=\cot x$ 都是周期函数。

#### 4. 有界性

【定义1.5】 设函数 $f(x)$ 在区间 $I$ 上有定义，若存在正数 $M$，使得对于任意的 $x\in I$，都满足

$$|f(x)|\leqslant M,$$

则称函数 $f(x)$ 在区间 $I$ 上为有界函数，否则为无界函数。

在区间 $(-\infty,+\infty)$ 上，正弦函数 $y=\sin x$ 的图像（图1-8）介于两条直线 $y=-1$ 和 $y=1$ 之间，即 $|\sin x|\leqslant1$，从而 $y=\sin x$ 在区间 $(-\infty,+\infty)$ 内为有界函数。

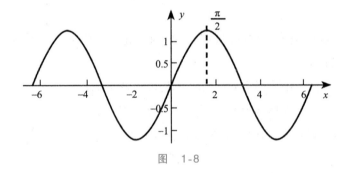

图 1-8

### 1.1.3 初等函数

#### 1. 基本初等函数

（1）常函数 $y=C$（$C$ 是常数）。

（2）幂函数 $y=x^a$（$a$ 是常数）。

（3）指数函数 $y=a^x$（$a$ 是常数且 $a>0,a\neq1$）。

（4）对数函数 $y=\log_a x$（$a$ 是常数且 $a>0,a\neq1$）。

（5）三角函数 $y=\sin x,y=\cos x,y=\tan x,y=\cot x$。

（6）反三角函数 $y=\arcsin x,y=\arccos x,y=\arctan x,y=\text{arccot}\,x$。

以上六种函数统称为基本初等函数。

有关基本初等函数的图像及主要性质如表1-2所示。

表 1-2

| 名称 | 函数 | 定义域和值域 | 图 像 | 特 性 |
|------|------|------------|-------|-------|
| 常函数 | $y = C$ | $x \in (-\infty, +\infty)$<br>$y \in \{C\}$ | | 偶函数,有界 |
| 幂函数 | $y = x$ | $x \in (-\infty, +\infty)$<br>$y \in (-\infty, +\infty)$ | | 奇函数,单调增加 |
| | $y = x^2$ | $x \in (-\infty, +\infty)$<br>$y \in [0, +\infty)$ | | 偶函数,在$(-\infty, 0)$内单调减少,在$(0, +\infty)$内单调增加 |
| | $y = x^3$ | $x \in (-\infty, +\infty)$<br>$y \in (-\infty, +\infty)$ | | 奇函数,单调增加 |
| | $y = \sqrt{x}$ | $x \in [0, +\infty)$<br>$y \in [0, +\infty)$ | | 非奇非偶函数,单调增加 |
| | $y = x^{-1}$ | $x \in (-\infty, 0) \cup (0, +\infty)$<br>$y \in (-\infty, 0) \cup (0, +\infty)$ | | 奇函数,在$(-\infty, 0)$和$(0, +\infty)$内都是单调减少 |
| | $y = x^{-2}$ | $x \in (-\infty, 0) \cup (0, +\infty)$<br>$y \in (0, +\infty)$ | | 偶函数,在$(-\infty, 0)$内单调增加,在$(0, +\infty)$内单调减少 |
| 指数函数 | $y = a^x$<br>$(a > 1)$ | $x \in (-\infty, +\infty)$<br>$y \in (0, +\infty)$ | | 非奇非偶函数,单调增加 |
| | $y = a^x$<br>$(0 < a < 1)$ | $x \in (-\infty, +\infty)$<br>$y \in (0, +\infty)$ | | 非奇非偶函数,单调减少 |

| 名称 | 函数 | 定义域和值域 | 图　　像 | 特　　性 |
|---|---|---|---|---|
| 对数函数 | $y=\log_a x$<br>$(a>1)$ | $x\in(0,+\infty)$<br>$y\in(-\infty,+\infty)$ | <br>$y=\log_a x(a>1)$<br>$O$　$(1,0)$ | 非奇非偶函数,单调增加 |
| | $y=\log_a x$<br>$(0<a<1)$ | $x\in(0,+\infty)$<br>$y\in(-\infty,+\infty)$ | <br>$(1,0)$　$O$<br>$y=\log_a x(0<a<1)$ | 非奇非偶函数,单调减少 |
| 三角函数 | $y=\sin x$ | $x\in(-\infty,+\infty)$<br>$y\in[1,-1]$ | | 奇函数,周期 $2\pi$,$\left(2k\pi-\dfrac{\pi}{2},\right.$ $\left.2k\pi+\dfrac{\pi}{2}\right)$ 内单调增加,$\left(2k\pi+\dfrac{\pi}{2},2k\pi+\dfrac{3\pi}{2}\right)$ 内单调减少,$k\in Z$ |
| | $y=\cos x$ | $x\in(-\infty,+\infty)$<br>$y\in[1,-1]$ | | 偶函数,周期 $2\pi$,$(2k\pi,2k\pi+\pi)$ 内单调减少,$(2k\pi+\pi,$ $2k\pi+2\pi)$ 内单调增加,$k\in Z$ |
| | $y=\tan x$ | $x\neq k\pi+\dfrac{\pi}{2}$<br>$(k\in Z)$<br>$y\in(-\infty,+\infty)$ | | 奇函数,周期 $\pi$,$\left(k\pi-\dfrac{\pi}{2},\right.$ $\left.k\pi+\dfrac{\pi}{2}\right)$ 内单调增加,$k\in Z$ |

续表

| 名称 | 函数 | 定义域和值域 | 图　像 | 特　性 |
|------|------|--------------|--------|--------|
| 三角函数 | $y = \cot x$ | $x \neq k\pi (k \in Z)$<br>$y \in (-\infty, +\infty)$ | | 偶函数,周期 $\pi$,$(k\pi, k\pi + \pi)$ 内单调减少,$k \in Z$ |
| 反三角函数 | $y = \arcsin x$ | $x \in [1, -1]$<br>$y \in \left(-\dfrac{\pi}{2}, \dfrac{\pi}{2}\right)$ | | 奇函数,单调增加,有界 |
| | $y = \arccos x$ | $x \in [1, -1]$<br>$y \in (0, \pi)$ | | 非奇非偶函数,单调减少,有界 |
| | $y = \arctan x$ | $x \in (-\infty, +\infty)$<br>$y \in \left(-\dfrac{\pi}{2}, \dfrac{\pi}{2}\right)$ | | 奇函数,单调增加,有界 |
| | $y = \operatorname{arccot} x$ | $x \in (-\infty, +\infty)$<br>$y \in (0, \pi)$ | | 非奇非偶函数,单调减少,有界 |

2. 常用简单函数

（1）一次函数。形如 $y = kx + b$ 的函数称为一次函数，一次函数的图像是一条直线，如图1-9所示，其中 $k$ 称为斜率，$b$ 称为截距。当 $b = 0$ 时，一次函数也称为正比例函数。

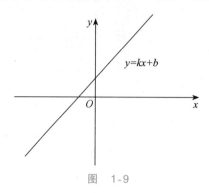

图 1-9

（2）二次函数。形如 $y = ax^2 + bx + c (a, b, c$ 为常数，$a \neq 0)$ 的函数称为二次函数，二次函数的图像为抛物线，如表1-3所示。

表 1-3

| 函数 | 二次函数 $y = ax^2 + bx + c (a, b, c$ 为常数，$a \neq 0)$ | |
|---|---|---|
| 图像 | （图：开口向上的抛物线） | （图：开口向下的抛物线） |
| 开口方向 | 开口向上 | 开口向下 |
| 对称轴 | $x = -\dfrac{b}{2a}$ | |
| 顶点坐标 | $\left( -\dfrac{b}{2a}, \dfrac{4ac - b^2}{4a} \right)$ | |

3. 复合函数

函数——函数
的复合

通过加、减、乘、除运算，两个函数 $f(x)$ 和 $g(x)$ 可以组合成新的函数，比如 $y = f(x) + g(x)$。

此外，还有其他方法也可以将两个函数组合成为一个新函数。

例如　假设 $y = f(u) = \sqrt{u}, u = g(x) = x^2 + 1$，因为 $y$ 是 $u$ 的函数，而 $u$ 是 $x$ 的函数，可以看出 $y$ 最终可以是 $x$ 的函数，即

$$y = f(u) = \sqrt{g(x)} = \sqrt{x^2 + 1}。$$

这个过程叫作复合。对函数复合的以上理解是相当重要的。

又如 对于函数 $y=\sqrt{\sin x}$，我们知道 $x$ 为自变量，$y$ 为 $x$ 的函数。然而为了确定 $y$ 值，对于给定的 $x$ 值，应先计算 $\sin x$，令 $u=\sin x$，再由已求的 $u$ 值计算 $\sqrt{u}$，便得到 $y$ 值 $y=\sqrt{u}$。这里，可把 $y=\sqrt{u}$ 理解为 $y$ 是 $u$ 的函数；把 $u=\sin x$ 理解为 $u$ 是 $x$ 的函数。那么函数 $y=\sqrt{\sin x}$ 就是把函数 $u=\sin x$ 代入函数 $y=\sqrt{u}$ 中得到的。以上将两个或两个以上的函数组合成一个新的函数的方法具有一般性，这就是复合函数。

【定义 1.6】 已知两个函数

$y=f(u)$，$u$ 是自变量，$y$ 是因变量，$u\in D_1$，$y\in Z$；

$u=g(x)$，$x$ 是自变量，$u$ 是因变量，$x\in D_2$，$u\in Z_1$。

若 $Z_1\cap D_1\neq\varnothing$，则函数 $y=f[g(x)]$ 就是由函数 $y=f(u)$ 和 $u=g(x)$ 经过复合而成的复合函数。通常称 $y=f(u)$ 为外层函数，$u=g(x)$ 为内层函数或中间变量，如图1-10所示。

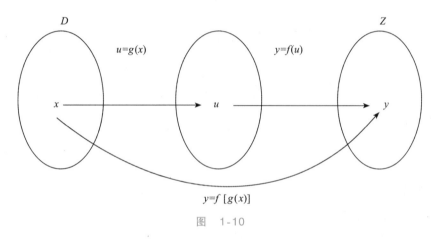

图 1-10

说明：并不是任意两个函数都能构成一个复合函数，根据定义1.6，只有满足条件 $Z_1\cap D_1\neq\varnothing$ 的两个函数才能构成一个复合函数。如 $y=\ln u$ 和 $u=(-x^2-1)$ 就不能构成复合函数。

注意：复合函数涉及以下两方面问题。

(1) 将几个简单函数复合成一个复合函数的问题。

(2) 将一个复合函数分解成几个简单函数的问题。

相关例题见例1.4和例1.5。

函数——复合
函数的拆分

4. 初等函数

【定义 1.7】 由基本初等函数经过有限次四则运算和复合过程所构成的，并且能够用一个解析式表示的函数统称为初等函数。

例如 $y=\sqrt{x^2-5}+\cos\ln(x^2)-a^{3x}$，$y=5x^3-2x^2+3$ 都是初等函数。

注意：分段函数一般不是初等函数，但也有例外。

例如　分段函数 $f(x)=|x|=\begin{cases} -x, & x<0, \\ x, & x\geqslant 0, \end{cases}$ 由于它可以用一个数学式子 $y=\sqrt{x^2}$ 表示，所以也是初等函数。

### 1.1.4　分段函数

有些函数，对于其定义域区间内自变量 $x$ 的不同取值，不能用一个统一的数学解析式表示，而要用两个或两个以上的式子表示，这类函数称为 分段函数。

例如　函数 $f(x)=\begin{cases} x^2, & -2\leqslant x<0, \\ 3, & x=0, \\ x+1, & 0<x\leqslant 3, \end{cases}$

与"引例 1　出租车定价问题"中的 $y=\begin{cases} 10, & x\leqslant 3, \\ 10+(x-3)\times 2, & 3<x\leqslant 15, \\ 34+(x-15)\times 3, & x>15, \end{cases}$

都是分段函数。

说明：

(1) 分段函数的定义域是各段函数自变量取值范围的并集。

(2) 求分段函数在某点 $x_0$ 处的函数值，要根据 $x_0$ 所属的范围选择相应的解析式求函数的值 $f(x_0)$。

相关例题见例 1.6。

## 典型例题

例 1.1　试确定函数 $y=\dfrac{x-1}{x+3}+\sqrt{16-x^2}$ 的定义域。

解：要使 $y=\dfrac{x-1}{x+3}+\sqrt{16-x^2}$ 有意义，只需 $x+3\neq 0$ 且 $16-x^2\geqslant 0$，即 $x\neq -3$ 且 $-4\leqslant x\leqslant 4$，所以函数的定义域为 $[-4,-3)\cup(-3,4]$。

例 1.2　试确定函数 $y=\ln(x+3)$ 的定义域。

解：要使 $y=\ln(x+3)$ 有意义，只需 $x+3>0$，即 $x>-3$，所以函数的定义域为 $(-3,+\infty)$。

例 1.3　下列每组中各对函数是否为相同函数？为什么？

(1) $y=x$ 与 $y=(\sqrt{x})^2$；　　　　　　　(2) $y=x+1$ 与 $y=\dfrac{x^2-1}{x-1}$；

(3) $y=x$ 与 $y=\sqrt{x^2}$；　　　　　　　　(4) $y=\ln(x+1)^2$ 与 $y=2\ln(x+1)$；

(5) $y=x$ 与 $y=\sqrt[3]{x^3}$。

解：根据函数的定义域 $D$ 和对应法则 $f$ 决定一个函数的原则，判断两个函数是否为相同函数，就是判断定义域 $D$ 和对应法则 $f$ 是否皆相同。

（1）由于 $y=(\sqrt{x})^2$ 的定义域是 $[0,+\infty)$，而 $y=x$ 的定义域是 $\mathbf{R}$，所以，$y=x$ 与 $y=(\sqrt{x})^2$ 不是相同的函数。

（2）$y=\dfrac{x^2-1}{x-1}$ 的定义域是 $(-\infty,1)\bigcup(1,+\infty)$，$y=x+1$ 的定义域是 $\mathbf{R}$，所以，$y=x+1$ 与 $y=\dfrac{x^2-1}{x-1}$ 不是相同的函数。

（3）$y=x$ 与 $y=\sqrt{x^2}$ 的定义域都是 $\mathbf{R}$，但是 $y=\sqrt{x^2}$ 的对应法则是平方再开方取算术根，因而，$y=x$ 与 $y=\sqrt{x^2}$ 的对应法则不同，所以，$y=x$ 与 $y=\sqrt{x^2}$ 不是相同的函数。

（4）$y=2\ln(x+1)$ 的定义域是 $(-1,+\infty)$，$y=\ln(x+1)^2$ 的定义域是 $(-\infty,-1)\bigcup(-1,+\infty)$，所以，$y=\ln(x+1)^2$ 与 $y=2\ln(x+1)$ 不是相同的函数。

（5）$y=x$ 与 $y=\sqrt[3]{x^3}$ 的定义域是 $\mathbf{R}$，$y=\sqrt[3]{x^3}$ 为 $x$ 的立方再开立方等于 $x$，对应法则也相同，所以，$y=x$ 与 $y=\sqrt[3]{x^3}$ 是相同的函数。

例1.4　将以下各组函数中的 $y$ 表示为 $x$ 的函数：

（1）$y=\ln u,u=x^2+2$；

（2）$y=\sqrt{u},u=1+x^2$；

（3）$y=\sqrt{u},u=\ln v,v=x+1$；

（4）$y=3^u,u=\sqrt{v},v=\sin x$。

解：

（1）把 $u=x^2+2$ 代入 $y=\ln u$ 中得到 $y=\ln(x^2+2)$。

（2）把 $u=1+x^2$ 代入 $y=\sqrt{u}$ 中得到 $y=\sqrt{1+x^2}$。

（3）把 $v=x+1$ 代入 $u=\ln v$ 中得到 $u=\ln(x+1)$，再把 $u=\ln(x+1)$ 代入 $y=\sqrt{u}$ 中得到 $y=\sqrt{\ln(x+1)}$。

（4）把 $v=\sin x$ 代入 $u=\sqrt{v}$ 中得到 $u=\sqrt{\sin x}$，再把 $u=\sqrt{\sin x}$ 代入 $y=3^u$ 中得到 $y=3^{\sqrt{\sin x}}$。

例1.5　将下列复合函数拆分成几个简单函数的形式：

（1）$y=\mathrm{e}^{\cos x}$；

（2）$y=\sin^5 x$；

（3）$y=\sin^2 3x$。

解：

（1）解法1　由内层函数向外层函数分解，就是按由 $x$ 确定 $y$ 的顺序进行。先由 $x$ 获得内层函数 $u=\cos x$，再将 $u$ 替换指数函数 $y$ 中的 $\cos x$ 得 $y=\mathrm{e}^u$。

于是函数 $y=\mathrm{e}^{\cos x}$ 拆分成 $u=\cos x,y=\mathrm{e}^u$。

解法2　由外层函数向内层函数分解，就是先确定外层函数 $y=\mathrm{e}^u$，再将 $u$ 用 $\cos x$ 表出，得 $u = \cos x$。同样可得函数 $y = e^{\cos x}$ 拆分成 $y = e^u, u = \cos x$。

（2）由内层函数向外层函数分解，就是按由 $x$ 确定 $y$ 的顺序进行。先由 $x$ 获得内层函数 $u = \sin x$，再将 $u$ 替换指数函数 $y$ 中的 $\sin x$ 得 $y = u^5$。

于是函数 $y = \sin^5 x$ 是由 $y = u^5, u = \sin x$ 复合而成的。

（3）函数 $y = \sin^2 3x$ 是由 $y = u^2, u = \sin v, v = 3x$ 复合而成的。

例 1.6　设 $f(x) = \begin{cases} x^2, & -2 \leqslant x < 0, \\ 3, & x = 0, \\ x+1, & 0 < x \leqslant 3, \end{cases}$

（1）求 $f(x)$ 的定义域；

（2）求 $f(-1), f(2)$；

（3）作出函数图像。

解：（1）这是分段函数，分段点为 $x = 0$，定义域是各段函数自变量取值范围的并集，即 $[-2, 0) \cup \{0\} \cup (0, 3]$，所以定义域是 $[-2, 3]$。

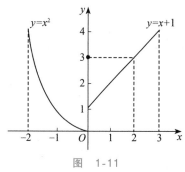

图　1-11

（2）函数的对应法则是：若自变量 $x$ 在区间 $[-2, 0)$ 内取值，则相对应的函数值用 $f(x) = x^2$ 计算；若 $x$ 取值为 0，则对应的函数值是 $f(0) = 3$；若自变量 $x$ 在区间 $(0, 3]$ 内取值，则对应的函数值用 $f(x) = x+1$ 计算。

因为 $-1 \in [-2, 0)$，所以 $f(-1) = (-1)^2 = 1$；又因为 $2 \in (0, 3]$，所以 $f(2) = 2 + 1 = 3$。

（3）函数图像如图 1-11 所示。

## 课堂巩固 1.1

### 基础训练 1.1

1. 求下列函数的定义域。

（1）$y = \dfrac{1}{1 - x^2}$；

（2）$y = \sqrt{x^2 - x - 6}$；

（3）$y = \dfrac{\sqrt{x-1}}{3-x}$；

（4）$y = \dfrac{1}{\ln(1+x)} + \sqrt{100 - x^2}$。

2. 下列各对函数是否相同，试说明理由。

（1）$y = \cos x$ 与 $y = \sqrt{1 - \sin^2 x}$；

（2）$y = \sin^2 x + \cos^2 x$ 与 $y = 1$；

（3）$f(x) = \ln x^2$ 与 $f(x) = 2\ln x$；

（4）$f(x) = x$ 与 $g(x) = \sqrt{x^2}$。

3. 对所给函数，计算相应的函数值。

（1）$f(x) = \dfrac{x+1}{x-1}$，求 $f(0), f(-2), f\left(\dfrac{1}{a}\right), f(x+1)$；

(2) $f(x)=n\begin{cases} x+1, & x<0, \\ 0, & x=0, \\ x-1, & x>0, \end{cases}$ 求 $f(0),f(1),f(-2)$。

4. 将下列函数中的 $y$ 表示为 $x$ 的函数。

(1) $y=\sqrt{u}$，$u=\ln v$，$v=\sqrt{x}$；

(2) $y=\sqrt{u}$，$u=\tan v$，$v=\dfrac{x}{3}$。

5. 将下列复合函数拆分为较简单的函数。

(1) $y=\sqrt{1-2x^2}$；　　　　　　　(2) $y=e^{x^2}$；

(3) $y=\cos\dfrac{1}{x}$；　　　　　　　　(4) $y=\sqrt{\sin x}$；

(5) $y=\sin\dfrac{x^2}{3}$；　　　　　　　(6) $y=3^{\lg 2x}$；

(7) $y=10^{\sqrt{x+1}}$；　　　　　　　(8) $y=\lg \sin x^2$。

提升训练 1.1

1. 下列函数是否相同？为什么？

(1) $f(x)=\dfrac{x}{x}$ 与 $g(x)=1$；　　　(2) $y=\lg x^2$ 与 $y=2\lg x$；

(3) $y=f(x)$ 与 $s=f(t)$。

2. 将下列函数拆分成简单函数。

(1) $y=\sin^3 x$；　　　　　　　　(2) $y=\sin 7x$；

(3) $y=\sqrt{1+x^2}$；　　　　　　　(4) $y=e^{x^2}$。

3. 设 $f(x)=x^2$，$g(x)=\sin x$，求 $f[g(x)]$，$g[f(x)]$。

# 1.2　初等数学常用公式

1. 完全平方、完全立方公式

$$(a+b)^2=a^2+2ab+b^2;$$
$$(a-b)^2=a^2-2ab+b^2;$$
$$(a+b)^3=a^3+3a^2b+3ab^2+b^3;$$
$$(a-b)^3=a^3-3a^2b+3ab^2-b^3。$$

2. 因式分解

$$a^2-b^2=(a+b)(a-b);$$
$$x^2+(a+b)x+ab=(x+a)(x+b);$$
$$a^3+b^3=(a+b)(a^2-ab+b^2);$$
$$a^3-b^3=(a-b)(a^2+ab+b^2)。$$

### 3. 一元二次方程

$$x^2 + (a+b)x + ab = (x+a)(x+b);$$

$ax^2 + bx + c = 0$ 的两个根为 $\dfrac{-b+\sqrt{b^2-4ac}}{2a}$、$\dfrac{-b-\sqrt{b^2-4ac}}{2a}$；

$$ax^2 + bx + c = a\left(x - \dfrac{-b+\sqrt{b^2-4ac}}{2a}\right)\left(x - \dfrac{-b-\sqrt{b^2-4ac}}{2a}\right)。$$

### 4. 一元二次不等式

$$(x-x_1)(x-x_2) \geqslant 0, \quad (x_1 < x_2)\text{的解为} x \leqslant x_1 \text{或} x \geqslant x_2;$$

$$(x-x_1)(x-x_2) \leqslant 0, \quad (x_1 < x_2)\text{的解为} x_1 \leqslant x \leqslant x_2。$$

### 5. 幂运算法则

$$a^n = a \times a \times \cdots \times a \ (n\text{个}a\text{相乘});$$

$$a^{-n} = \dfrac{1}{a^n};$$

$$a^0 = 1;$$

$$a^{\frac{n}{m}} = \sqrt[m]{a^n} \ (m\text{和}n\text{均为正整数，且}m\text{不为}1);$$

$$a^{-\frac{n}{m}} = \dfrac{1}{\sqrt[m]{a^n}} \ (m\text{和}n\text{均为正整数，且}m\text{不为}1);$$

$$a^m a^n = a^{m+n};$$

$$\dfrac{a^m}{a^n} = a^{m-n};$$

$$(a^n)^m = a^{mn};$$

$$(ab)^m = a^m b^m;$$

$$\left(\dfrac{b}{a}\right)^m = \dfrac{b^m}{a^m}。$$

### 6. 对数运算法则

若 $a^y = x(a > 0 \text{且} a \neq 1)$，则 $y = \log_a x(a > 0 \text{且} a \neq 1)$。

$$\log_a mn = \log_a m + \log_a n;$$

$$\log_a \dfrac{m}{n} = \log_a m - \log_a n;$$

$$\log_a m^n = n \log_a m;$$

$$\log_a 1 = 0;$$

$$\lg 10 = 1;$$

$$\ln 1 = 0;$$

$$\ln e = 1。$$

### 7. 特殊角三角函数值

特殊角三角函数值如表1-4所示。

表 1-4

| 角 $x$ | 0° | 30° | 45° | 60° | 90° | 180° |
|---|---|---|---|---|---|---|
| 弧度 | 0 | $\frac{\pi}{6}$ | $\frac{\pi}{4}$ | $\frac{\pi}{3}$ | $\frac{\pi}{2}$ | $\pi$ |
| $\sin x$ | 0 | $\frac{1}{2}$ | $\frac{\sqrt{2}}{2}$ | $\frac{\sqrt{3}}{2}$ | 1 | 0 |
| $\cos x$ | 1 | $\frac{\sqrt{3}}{2}$ | $\frac{\sqrt{2}}{2}$ | $\frac{1}{2}$ | 0 | $-1$ |
| $\tan x$ | 0 | $\frac{\sqrt{3}}{3}$ | 1 | $\sqrt{3}$ | 不存在 | 0 |

8. 三角函数恒等关系式

$$\sin^2\alpha + \cos^2\alpha = 1;$$

$$\tan\alpha = \frac{\sin\alpha}{\cos\alpha};$$

$$\cot\alpha = \frac{\cos\alpha}{\sin\alpha};$$

$$\sin 2\alpha = 2\sin\alpha\cos\alpha;$$

$$\cos 2\alpha = \cos^2\alpha - \sin^2\alpha = 2\cos^2\alpha - 1 = 1 - 2\sin^2\alpha。$$

9. 直线方程表达式

斜截式： $\qquad\qquad y = kx + b。$

点斜式： $\qquad\qquad y - y_0 = k(x - x_0)。$

# 总结提升1

1. 单项选择题。

(1) 设 $f(x) = \begin{cases} x+2, & -\infty < x < 0, \\ 2^x, & 0 \leqslant x < 2, \\ (x-2)^2, & 2 \leqslant x < +\infty, \end{cases}$ 则下列等式中不成立的是( )。

 A. $f(0) = f(1)$      B. $f(2) = f(-2)$

 C. $f(0) = f(-1)$      D. $f(3) = f(-1)$

(2) 设 $f(x) = \sin x$，则 $f\left(-\sin\frac{\pi}{2}\right) = ($ )。

 A. 1    B. $-1$    C. $\sin 1$    D. $-\sin 1$

(3) 设 $f(x+1) = x^2 + 5x + 3$，则 $f(x) = ($ )。

 A. $x^2 - 3x + 1$      B. $x^2 + 3x - 1$

 C. $-x^2 + 3x + 1$      D. $x^2 - 3x - 1$

（4）下列函数中有界的是(　　　)。

A. $y=\left(\dfrac{1}{e}\right)^{x}$　　　B. $y=e^{x}$　　　　　　　C. $y=\dfrac{1}{x}$　　　　　　D. $y=\sin x$

2. 求下列函数的定义域。

（1）$y=\sqrt{3-x}+\dfrac{1}{\ln(x+1)}$；　　　　　（2）$y=\ln\dfrac{1+x}{1-x}$。

3. 设 $f(x)=\dfrac{x^{2}}{x-1}$，试求 $f(-1),f(0),f(2),f(a),f(a+b)$。

4. 将下列函数拆分成简单函数。

（1）$y=e^{\sqrt{1+\sin x}}$；　　　　　　　　（2）$y=(1+2x)^{7}$；

（3）$y=\cos 3x$；　　　　　　　　　（4）$y=\sin^{2}\left(3x+\dfrac{\pi}{4}\right)$。

# 第2章 极限与连续

# 中西数学的较量——割圆术与穷竭法

## 数学故事

圆的面积一直是古代数学研究中的热点问题,古埃及时期就对圆的面积有过近似的计算,但当时并没有对圆周率作出详细的解释。后来,古希腊和古中国的数学家对曲线围成的面积问题特别是圆的面积都分别进行了深入的研究。

"穷竭法"是由古希腊的安提芬最早提出的,在研究"化圆为方"的问题时,提出使用圆内接正多边形面积来近似代替圆的思想。其后,欧多克斯(Eudoxus,约公元前408—前355年)和阿基米德(Archimedes,公元前287—前212年)改进了这种方法。他用一系列规则图形来逼近不规则图形。例如,用圆内接正多边形逼近圆来"穷竭"圆。穷竭法是微积分的核心思想。阿基米德也对"穷竭法"做了进一步的改进,并将其应用到对曲线、曲面和不规则体的体积的研究与讨论上,在圆锥曲线和二次曲面的面积求解中,利用"穷竭法"得出了许多重要的求面积公式,为现代积分学打开了隐蔽之门。

"割圆术"是用圆内接正多边形的面积去无限逼近圆的面积,并以此求出圆周率(图2-1)的方法。早在我国先秦时期的《墨经》中就提出过圆的定义,而后世人更是在此基础上研究了圆的面积问题。我国古代数学经典《九章算术》中也曾有"半周半径相乘得积步"的著名公式。公元三世纪,三国魏人刘徽在撰写《九章算术注》时,对这一公式进行了长达1800字的批注,该注释中就包含著名的"割圆术"。"割之弥细,所失弥少,割之又割,以至于不可割,则与圆合体,而无所失矣。刘徽利用"割圆术"来研究"圆周率",只要认真、耐心、精确地算出圆周长,就能得出较为准确的"圆周率"。之后,祖冲之利用该方法将"圆周率"精确到了3.1415926~3.1415927。

图 2-1

## 数学思想

"割圆术"和"穷竭法"是古代东西方数学的代表，它们既有相同之处，也有诸多的不同。

"割圆术"和"穷竭法"都是用圆内接正多边形去逼近圆。例如，刘徽的"割圆术"是从圆的正六边形开始，依次是正十二边形，正二十四变形等，圆周分割越细，误差就越小，其内接正多边形就越接近于圆周，如此分割下去，一直到无法分割为止。而欧几里得的"穷竭法"也是从圆内接正四边形开始，依次为正八边形、正十六边形等。因此，"割圆术"和"穷竭法"的推理思想与推理过程不谋而合。

但是它们也存在差别。刘徽的"割圆术"体现了极限的思想，他认为圆可以无限分割，分割得越细，误差就越小，损失就越少，分割到最后，就会与圆无限逼近，这时正多边形就与圆合体了。而"穷竭法"由于其所处的时代和对无限的回避，使"穷竭法"并没有涉及极限的思想，它始终是一个有限的过程。这也是两种思想在根本上的不同之处。

众所周知，古希腊数学取得了非常高的成就，建立了严密的演绎体系。然而，刘徽的"割圆术"却在人类历史上首次将极限和无穷小分割引入数学证明，成为人类文明史中不朽的篇章。

## 数学人物

刘徽（图2-2右）是魏晋时期伟大的数学家，他的《九章算术注》和《海岛算经》是中国最宝贵的数学遗产。刘徽自幼热爱数学，并为数学努力研究一生，他主张用逻辑推理来研究数学问题。他的主要成就一是形成了较为完整的数系理论，二是利用割圆术研究圆周率，给出了著名的"徽率"和"牟合方盖"的几何模型。刘徽的这些工作不仅给中国数学发展带来了深远的影响，也使中国数学在世界数学史上确立了崇高的地位，所以后人称他为"中国数学史上的牛顿"。

欧多克斯（图2-2左）出生在一个医生家庭，年轻时怀揣着梦想和热情来到雅典，就读于当时刚成立的柏拉图学院。柏拉图学院是由古希腊伟大的哲学家柏拉图建立的，柏拉图非常推崇数学的逻辑美，认为数学的严密性和逻辑性可以锻炼思维，因此把通晓数学作为进入柏拉图学院的基本条件，因此，培养出了许多杰出的数学家。欧多克斯就是其中的一位，他被认为是仅次于阿基米德的数学家，在比例论和穷竭法研究上都有杰出的贡献。欧多克斯建立了比例理论，对实数进行了严密的定义，进而处理了无理数的问题，为解决因为无理数带来的第一次数学危机作出了贡献。欧多克斯的第二个重要贡献就是利用穷竭法求解曲面围成的复杂图形的面积和体积，成为微积分理论的基础。

图 2-2

# 2.1　极　　限

## 问题导入

引例1　人影的长度

考虑一个人走向路灯时其影子的长度问题,若其目标总是灯的正下方的点,灯与地面的垂直高度为$H$,则当此人越来越接近目标时,其影子的长度逐渐趋近于零。

人距灯的正下方的距离为$x$,人的高度为$h$,灯高为$H$,人影长为$y$,如图2-3所示,则

$$\frac{DB}{DO}=\frac{BC}{OA},$$

即

$$\frac{y}{x+y}=\frac{h}{H},$$

$$y=\frac{h}{H-h}x。$$

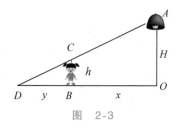

图　2-3

可见影子的长度$y$是$x$的函数,当$x$越来越近于0(无论从左侧还是右侧)时,函数值$y$也越来越近于0。即当人逐渐走向灯的正下方时,人影的长度逐渐为零。

引例2　割圆术

我国古代数学家刘徽早在公元263年就用"割圆求周长"(简称"割圆术")的方法算出$\pi\approx3.14$。割圆术方法的要点就是:先把直径为1的圆均等划分成6等份,12等份,24等份,$\cdots$,$3\times2^n$等份,以至无穷;内接正六边形的周长为3;内接正十二边形的周长为$12\times\frac{1}{2}\times\frac{\sin30°}{\sin75°}\approx3.10582854$;内接正二十四边形的周长为$24\times\frac{1}{2}\times\frac{\sin15°}{\sin82.5°}\approx3.13262861\cdots\cdots$

将以上过程无限地继续下去,如表2-1所示。

由表2-1中数值看到,内接正多边形的边数越多,多边形的边就越贴近圆周。这正如刘徽所说:"割之弥细,所失弥小,割之又割,以至于不可割,则与圆合体而无所失矣。"

表 2-1

| 序号 | 内接正多边形边数 | 正多边形周长 |
|---|---|---|
| 1 | 6 | 3.00000000 |
| 2 | 12 | 3.10582854 |
| 3 | 24 | 3.13262861 |
| 4 | 48 | 3.13935020 |
| 5 | 96 | 3.14103194 |
| 6 | 192 | 3.14145247 |
| 7 | 384 | 3.14155761 |
| 8 | 768 | 3.14158389 |
| 9 | 1536 | 3.14159046 |
| 10 | 3072 | 3.141592106 |
| 11 | 6144 | 3.141592617 |
| 12 | 12288 | 3.141592619 |
| 13 | 24576 | 3.141592645 |
| 14 | 49152 | 3.141592651 |
| 15 | 98304 | 3.141592653 |

这个例子反映了一类数列所具有的共性。即对于数列 $\{a_n\}$，存在某一常数 $A$，随着 $n$ 的无限增大，$a_n$ 无限地接近于这个常数 $A$。而这就是我们将要学习的极限的概念。

## 知识归纳

### 2.1.1 数列极限的概念

一般而言，当 $n$ 无限增大（记作 $n \to \infty$）时，数列 $\{a_n\}$ 的变化趋势有以下三种情形。

（1）$a_n$ 的绝对值无限增大。

（2）$a_n$ 的变化趋势不确定。

（3）$a_n$ 无限接近某个常数 $A$。

[定义2.1]　对于数列 $\{a_n\}$，如果当 $n$ 无限增大（$n \to \infty$）时，$a_n$ 无限接近于一个确定的常数 $A$，则称当 $n$ 趋向于无穷大时，数列 $\{a_n\}$ 以常数 $A$ 为极限，记作

$$\lim_{n \to \infty} a_n = A \quad 或 \quad a_n \to A (n \to \infty)。$$

数列 $\{a_n\}$ 以常数 $A$ 为极限，也称数列 $\{a_n\}$ 收敛于常数 $A$；如果数列 $\{a_n\}$ 没有极限，则称数列 $\{a_n\}$ 发散。

### 2.1.2　函数 $f(x)$ 在 $x \to \infty$ 时的极限

若把数列理解为函数,那么数列极限就是讨论自变量 $n \to \infty$ 的变化过程中,函数 $a_n = f(n)$ 的变化趋势的问题。

对于一般函数 $y = f(x)$,则需讨论自变量 $x \to \infty$ 过程中,函数 $f(x)$ 的变化趋势的问题。在这里,$x$ 作为函数 $f(x)$ 的自变量,在趋向于 $\infty$ 的变化过程中,若取正值且无限增大,则记为 $x \to +\infty$,读作"$x$ 趋于正无穷";若 $x$ 取负值,且其绝对值 $|x|$ 无限增大,则记为 $x \to -\infty$,读作"$x$ 趋于负无穷";若 $x$ 既取正值又取负值,且其绝对值 $|x|$ 无限增大,则记为 $x \to \infty$,读作"$x$ 趋于无穷"。

1. $x \to \infty$ 时,函数 $f(x)$ 的极限定义

观察函数 $f(x) = \dfrac{1}{x-1}$ 的图像,如图 2-4 所示,可以看到,当自变量 $x$ 趋于正无穷 $(x \to +\infty)$ 时,$f(x) = \dfrac{1}{x-1}$ 与 0 的距离即 $\left| \dfrac{1}{x-1} - 0 \right|$ 越来越小,即要有多小就有多小,此时称 0 为这个函数当 $x \to +\infty$ 时的极限。

【定义 2.2】　设函数 $f(x)$ 在区间 $(a, +\infty)$ 上有定义,当 $x$ 趋于正无穷大 $(x \to +\infty)$ 时,如果 $f(x)$ 无限接近于某个常数 $A$,则称 $A$ 是函数 $f(x)$ 当 $x \to +\infty$ 时的极限,记作

$$\lim_{x \to +\infty} f(x) = A \quad \text{或} \quad f(x) \to A (x \to +\infty)\text{。}$$

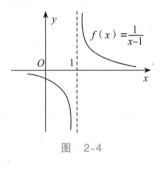

图　2-4

同样地,从图 2-4 可以看出,当自变量 $x$ 趋于负无穷 $(x \to -\infty)$ 时,函数 $f(x) = \dfrac{1}{x-1}$ 也无限趋近于常数 0。此时称 0 为这个函数当 $x \to -\infty$ 时的极限。

【定义 2.3】　设函数 $f(x)$ 在区间 $(-\infty, b)$ 上有定义,当 $x$ 趋于负无穷 $(x \to -\infty)$ 时,如果 $f(x)$ 无限接近于某个常数 $A$,则称 $A$ 是函数 $f(x)$ 当 $x \to -\infty$ 时的极限,记作

$$\lim_{x \to -\infty} f(x) = A \quad \text{或} \quad f(x) \to A (x \to -\infty)\text{。}$$

综合定义 2.2 与 2.3　当自变量 $x$ 既可取正值又可取负值,且其绝对值无限增大 $(x \to \infty)$ 时,函数 $f(x)$ 都无限趋近于常数 $A$。此时称 $A$ 为这个函数当 $x \to \infty$ 时的极限。

【定义 2.4】　已知函数 $f(x)$ 在无穷区间 $(-\infty, b) \bigcup (a + \infty)$ 上有定义,当 $|x|$ 趋于正无穷大 $(x \to \infty)$ 时,如果 $f(x)$ 无限接近于某个常数 $A$,则称 $A$ 是函数 $f(x)$ 当 $x \to \infty$ 时的极限,记作

$$\lim_{x \to \infty} f(x) = A \quad \text{或} \quad f(x) \to A (x \to \infty)\text{。}$$

注意:$x \to \infty$ 意味着 $x \to +\infty$ 以及 $x \to -\infty$,于是有定理 2.1。

2. 当 $x \to \infty$ 时，函数 $f(x)$ 的极限存在的充分必要条件

【定理2.1】 极限 $\lim\limits_{x \to \infty} f(x) = A$ 存在的充分必要条件是以下条件同时成立：

(1) $\lim\limits_{x \to +\infty} f(x) = A_1$ 存在；

(2) $\lim\limits_{x \to -\infty} f(x) = A_2$ 存在；

(3) $A_1 = A_2$。

例如 由上面观察即得 $\lim\limits_{x \to \infty} f(x) = \lim\limits_{x \to \infty} \dfrac{1}{x-1} = 0$。

❀ 相关例题见例2.1和例2.2。

### 2.1.3 $x \to x_0$ 时，函数 $f(x)$ 的极限

1. $x \to x_0$ 时，函数 $f(x)$ 的极限的定义

自变量 $x$ 的变化趋势除了 $x \to \infty$，$x \to +\infty$ 或 $x \to -\infty$ 以外，还可以是以有限数值 $x_0$ 为其趋势值。在这里，$x$ 作为函数 $f(x)$ 的自变量，在趋向于 $x_0$ 的变化过程中，若 $x$ 从大于 $x_0$ 的方向($x_0$ 的右侧)向 $x_0$ 无限接近，则记为 $x \to x_0^+$，读作"$x$ 趋于 $x_0^+$"；若 $x$ 从小于 $x_0$ 的方向($x_0$ 的左侧)向 $x_0$ 无限接近，则记为 $x \to x_0^-$，读作"$x$ 趋于 $x_0^-$"；若 $x$ 既可以从大于 $x_0$ 的方向，也可以从小于 $x_0$ 的方向，向 $x_0$ 无限接近，则记为 $x \to x_0$，读作"$x$ 趋于 $x_0$"。

提示：在 $x \to x_0$ 的过程中，$x$ 不等于 $x_0$。

❀ 相关例题见例2.3。

【定义2.5】 设 $f(x)$ 在点 $x_0$ 的去心邻域 $(x_0 - \delta, x_0) \bigcup (x_0, x_0 + \delta)$ 上有定义，如果当 $x$ 无限趋近于定值 $x_0$ 时，函数值 $f(x)$ 无限趋近于一个确定的常数 $A$，则称常数 $A$ 为函数 $f(x)$ 当 $x \to x_0$ 时的极限，记为

$$\lim_{x \to x_0} f(x) = A \quad \text{或} \quad f(x) \to A \, (x \to x_0)。$$

说明：函数 $f(x)$ 在点 $x_0$ 的极限存在与否与函数 $f(x)$ 在点 $x_0$ 是否有定义无关。

一般地，对于基本初等函数都有：设基本初等函数 $f(x)$ 在 $x_0$ 的邻域 $(x_0 - \delta, x_0 + \delta)$ 内有定义，则当 $x \in (x_0 - \delta, x_0 + \delta)$ 时，$\lim\limits_{x \to x_0} f(x) = f(x_0)$。

❀ 相关例题见例2.4。

2. 单侧极限

分段函数在分段点的极限

【定义 2.6】 设 $f(x)$ 在点 $x_0$ 的左(右)近旁有定义，如果当 $x \to x_0^-$($x \to x_0^+$)时，函数值 $f(x)$ 无限趋近于一个确定的常数 $A$，则称常数 $A$ 为函数 $f(x)$ 当 $x \to x_0$ 时的左(右)极限，记为

$$\text{左极限} \, f(x_0^-) = \lim_{x \to x_0^-} f(x) = A,$$

$$\text{右极限} \, f(x_0^+) = \lim_{x \to x_0^+} f(x) = A。$$

❀ 相关例题见例2.5和例2.6。

3. 当 $x \to x_0$ 时，函数 $f(x)$ 的极限存在的充分必要条件

类似于定理 2.1，有以下定理。

【定理 2.2】 极限 $\lim\limits_{x \to x_0} f(x) = A$ 存在的充分必要条件是以下条件同时成立：

(1) $\lim\limits_{x \to x_0^-} f(x) = A_1$ 存在；

(2) $\lim\limits_{x \to x_0^+} f(x) = A_2$ 存在；

(3) $A_1 = A_2$。

🌸 相关例题见例 2.7 和例 2.8。

### 2.1.4 极限的基本性质

关于极限的性质很多，以下只列出其中几个供参考。

1. 唯一性

若 $\lim\limits_{x \to x_0} f(x)$ 存在，则极限值唯一。

换言之，函数极限如果存在一定只有一个。

2. 局部有界性

若 $\lim\limits_{x \to x_0} f(x)$ 存在，则函数 $f(x)$ 在 $x_0$ 的某个去心邻域内有界。

3. 保号性及其推论

若 $f(x)$ 在 $x_0$ 的某个去心邻域内恒有 $f(x) \geqslant 0 (\leqslant 0)$，则当 $\lim\limits_{x \to x_0} f(x) = A$ 时，必有 $A \geqslant 0$（或 $A \leqslant 0$）。

反之，若 $\lim\limits_{x \to x_0} f(x) = A$，且 $A > 0$（或 $A < 0$），则存在 $x_0$ 的某个去心邻域 $(x_0 - \delta, x_0) \bigcup (x_0, x_0 + \delta)$，使得 $f(x)$ 在此去心邻域内恒有 $f(x) > 0$（或 $f(x) < 0$）。

4. 夹逼性

若在 $x_0$ 的某个去心邻域 $(x_0 - \delta, x_0) \bigcup (x_0, x_0 + \delta)$ 内成立着

(1) $f(x) \leqslant h(x) \leqslant g(x)$；

(2) $\lim\limits_{x \to x_0} f(x) = A, \lim\limits_{x \to x_0} g(x) = A$；

则 $\lim\limits_{x \to x_0} h(x) = A$。

## 典型例题

例 2.1 利用函数的图像，判断下列函数的极限是否存在：

(1) $\lim\limits_{x \to \infty} c$；　　(2) $\lim\limits_{x \to \infty} \dfrac{1}{x}$；　　(3) $\lim\limits_{x \to \infty} x^2$。

解：由图 2-5 观察可得

(1) $\lim\limits_{x \to \infty} c = c$。

(2) $\lim\limits_{x\to\infty}\dfrac{1}{x}=0$。

(3) $\lim\limits_{x\to\infty}x^2$ 不存在。

例2.2　试讨论下列函数的极限是否存在，并说明理由。

(1) $\lim\limits_{x\to-\infty}2^x$；　　(2) $\lim\limits_{x\to\infty}2^x$；　　(3) $\lim\limits_{x\to+\infty}\left(\dfrac{1}{2}\right)^x$

解：由图 2-6 观察可得

(1) $\lim\limits_{x\to-\infty}2^x=0$。

(2) 因为 $\lim\limits_{x\to+\infty}2^x$ 不存在，所以 $\lim\limits_{x\to\infty}2^x$ 不存在。

(3) $\lim\limits_{x\to+\infty}\left(\dfrac{1}{2}\right)^x=0$。

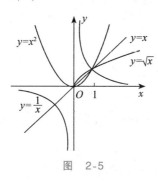

图　2-5

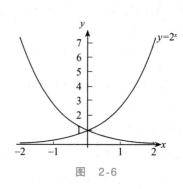

图　2-6

例2.3　讨论 $x\to1$ 时，函数 $f(x)=\dfrac{x^2-1}{x-1}$ 的变化趋势。

解：由图 2-7 可以看到，当 $x$ 从点1的左侧无限地接近点1时，函数 $f(x)=\dfrac{x^2-1}{x-1}$ 逐渐增大并接近于2，而当 $x$ 从点1的右侧无限地接近点1时，函数 $f(x)=\dfrac{x^2-1}{x-1}$ 逐渐减少也接近于2。所以，当 $x\to1$ 时，函数 $f(x)=\dfrac{x^2-1}{x-1}$ 无限趋向于2。

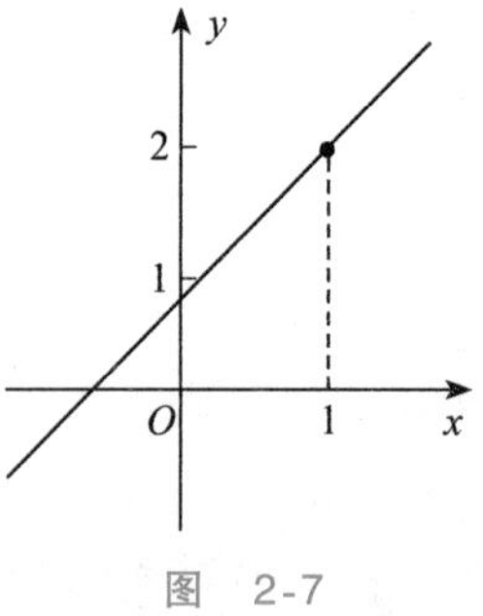

图　2-7

例2.4　求下列函数的极限：

(1) $\lim\limits_{x\to3}\sin x$；　　(2) $\lim\limits_{x\to2}\mathrm{e}^{-x}$；　　(3) $\lim\limits_{x\to2}x^5$。

解：利用代入法。

(1) $\lim\limits_{x\to3}\sin x=\sin3$。

(2) $\lim\limits_{x\to2}\mathrm{e}^{-x}=\mathrm{e}^{-2}$。

(3) $\lim\limits_{x\to2}x^5=2^5$。

例2.5　设 $f(x)=\begin{cases}1-x, & x<0,\\ x^2+1, & x\geqslant0,\end{cases}$ 试求 $\lim\limits_{x\to0^-}f(x)$ 和 $\lim\limits_{x\to0^+}f(x)$。

解：由图 2-8 可知，

$$\lim_{x \to 0^-} f(x) = \lim_{x \to 0^-} (1-x) = 1 - 0 = 1,$$

$$\lim_{x \to 0^+} f(x) = \lim_{x \to 0^+} (x^2 + 1) = 0 + 1 = 1,$$

$$\lim_{x \to 0^-} f(x) = \lim_{x \to 0^+} f(x) = 1。$$

由定理2.2得 $\lim_{x \to 0} f(x) = 1$。

例2.6 设 $f(x) = \begin{cases} 1+x, & x < 0 \\ x^2, & x \geqslant 0 \end{cases}$，试求 $\lim_{x \to 0^-} f(x)$ 和 $\lim_{x \to 0^+} f(x)$。

解：由图2-9可知，

$$\lim_{x \to 0^-} f(x) = \lim_{x \to 0^-} (1+x) = 1 + 0 = 1,$$

$$\lim_{x \to 0^+} f(x) = \lim_{x \to 0^+} (x^2) = 0,$$

$$\lim_{x \to 0^-} f(x) \neq \lim_{x \to 0^+} f(x)。$$

由定理2.2得 $\lim_{x \to 0} f(x)$ 不存在。

例2.7 验证 $\lim_{x \to 0} \dfrac{|x|}{x}$ 不存在。

证明：

$$\lim_{x \to 0^-} \frac{|x|}{x} = \lim_{x \to 0^-} \frac{-x}{x} = \lim_{x \to 0^-} (-1) = -1,$$

$$\lim_{x \to 0^+} \frac{|x|}{x} = \lim_{x \to 0^+} \frac{x}{x} = \lim_{x \to 0^+} 1 = 1。$$

虽然左、右极限存在，但不相等，如图2-10所示。

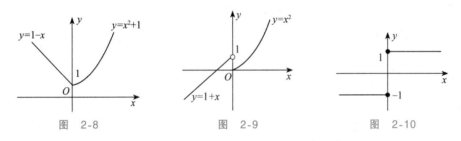

图 2-8       图 2-9       图 2-10

由定理2.2得 $\lim_{x \to 0} \dfrac{|x|}{x}$ 不存在。

例2.8 设 $f(x) = 2^{\frac{1}{x}}$，试讨论 $\lim_{x \to 0} 2^{\frac{1}{x}}$ 是否存在。

解：当 $x \to 0^-$ 时，$\dfrac{1}{x} \to -\infty$，所以 $\lim_{x \to 0^-} 2^{\frac{1}{x}} = 0$；

而当 $x \to 0^+$ 时，由于 $\dfrac{1}{x} \to +\infty$，所以 $\lim_{x \to 0^+} 2^{\frac{1}{x}}$ 不存在。

由定理2.2得 $\lim_{x \to 0} 2^{\frac{1}{x}}$ 不存在。

## 应用案例

案例 2.1：野生动物增长案例

某自然环境保护区内投入一群野生动物,总数为 20 只,若被精心照料,预计根据野生动物增长规律,第 $t$ 年后动物总数为

$$N = \frac{220}{1 + 10 \times 0.83^t}。$$

当这群野生动物达到 80 只以后,野生动物即使没有被精心照料,也会进入正常的生长状态,即其群体增长仍然符合上式中的增长规律。那么这群野生动物最后会稳定在多少只?

解：随着时间的推移,由于各种资源的限制,这群野生动物的数量达到饱和,稳定在一个数值,也就是 $\lim\limits_{t \to +\infty} N$,

$$\lim_{t \to +\infty} N = \lim_{t \to +\infty} \frac{220}{1 + 10 \times 0.83^t} = 220。$$

所以这群野生动物最后会稳定在 220 只。

## 课堂巩固 2.1

基础训练 2.1

1. 当 $n \to \infty$ 时,观察并写出下列数列的极限:

(1) $x_n = 1 - \dfrac{1}{2^n}$;

(2) $x_n = \dfrac{n}{n+1}$;

(3) $x_n = \dfrac{1}{3^n}$。

2. 观察下列函数在给定自变量的变化趋势下是否有极限,如有极限,试写出它们的极限:

(1) $\lim\limits_{x \to \infty} \cos x$;

(2) $\lim\limits_{x \to -\infty} 10^x$;

(3) $\lim\limits_{x \to 0} \cos x$;

(4) $\lim\limits_{x \to 0} x^6$;

(5) $\lim\limits_{x \to 0^-} \dfrac{|x|}{x}$。

3. 设函数 $f(x) = \begin{cases} x - 1, & x < 0, \\ 0, & x = 0, \\ x + 1, & x > 0, \end{cases}$ 试讨论当 $x \to 0$ 时,$f(x)$ 的极限是否存在。

提升训练2.1

1. 设函数$f(x)=\begin{cases} x^2-1, & x<0, \\ 0, & x=0, \\ 2x+1, & x>0, \end{cases}$ 试讨论当$x\to 0$时,$f(x)$的极限是否存在。

2. 已知$f(x)=\begin{cases} 3x+2, & x\leqslant 0, \\ x^2+1, & 0<x<1, \\ \dfrac{2}{x}, & 1\leqslant x, \end{cases}$ 求

(1) $\lim\limits_{x\to 0} f(x)$;    (2) $\lim\limits_{x\to 1} f(x)$;    (3) $\lim\limits_{x\to +\infty} f(x)$。

# 2.2 无穷小量与无穷大量

## 问题导入

研究函数极限时,有两种特殊的变量非常重要。它们在极限理论中扮演着十分重要的角色:一种是以0为其极限的变量,这种变量的特征在于可以无限变小,俗称要多小就有多小;另一种则是在自变量变化过程中可以无限变大的变量,俗称要多大就有多大。这就是无穷小量和无穷大量。

## 知识归纳

### 2.2.1 无穷小量

#### 1. 无穷小量的概念

【定义2.7】 若函数$y=f(x)$在自变量$x$的某个变化过程中以数0为极限,则称$f(x)$为该变化过程中的无穷小量,常用希腊字母$\alpha,\beta,\gamma$等表示。

例如 下列变量皆为不同变化趋势下的无穷小量。

$\lim\limits_{x\to\infty}\dfrac{1}{x}=0\Rightarrow\dfrac{1}{x}$是$x\to\infty$时的无穷小量;

$\lim\limits_{x\to-\infty}e^x=0\Rightarrow e^x$是$x\to-\infty$时的无穷小量;

$\lim\limits_{x\to+\infty}e^{-x}=0\Rightarrow e^{-x}$是$x\to+\infty$时的无穷小量;

$\lim\limits_{x\to 0}\sin x=0\Rightarrow\sin x$是$x\to 0$时的无穷小量;

$\lim\limits_{x\to x_0}(x-x_0)=0\Rightarrow(x-x_0)$是$x\to x_0$时的无穷小量。

注意：

（1）无穷小量是以零为极限的变量。

（2）无穷小量是变量，不能与很小的数混淆。

（3）无穷小量与自变量的变化过程有关。

（4）零是常数中唯一的无穷小量。

**2. 无穷小量的性质**

一般数0所具有的性质，无穷小量也有相对应的性质。

**性质1** 有限个无穷小量的代数和仍然是无穷小量。

注意：无穷多个无穷小量的代数和未必是无穷小量。

**性质2** 有限个无穷小量的乘积仍然是无穷小量。

**性质3** 有界变量与无穷小量的积仍然是无穷小量。

**推论1** 常数与无穷小量的乘积是无穷小量。

**3. 无穷小量与函数极限的关系**

【定理2.3】 在自变量的同一变化过程中，函数 $y=f(x)$ 有极限 $A$ 的充分必要条件是 $f(x)$ 可以表示为某一常数 $A$ 与一个无穷小量 $\alpha$ 之和，即

$$\lim f(x)=A \Leftrightarrow f(x)=A+\alpha,$$

其中 $\lim \alpha=0$。

例如 $\lim\limits_{x \to \infty} \dfrac{x+1}{x}=1 \Leftrightarrow \dfrac{x+1}{x}=1+\dfrac{1}{x}$，其中 $\alpha=\dfrac{1}{x} \to 0(x \to \infty)$。

❀ 相关例题见例2.9。

## 2.2.2 无穷大量

【定义2.8】 如果在某一变化过程中，自变量 $x$ 所对应函数 $f(x)$ 的绝对值 $|f(x)|$ 无限增大，则称 $f(x)$ 为在该变化过程中的无穷大量，记作

$$\lim f(x)=\infty。$$

特殊情形：正无穷大量记作 $\lim f(x)=+\infty$；负无穷大量记作 $\lim f(x)=-\infty$。

注意：

（1）无穷大量是变量，不能与很大的数混淆。

（2）$\lim f(x)=\infty$ 只是一个记号，它并不表示极限存在。

（3）无穷大量与自变量 $x$ 的变化过程有关。

❀ 相关例题见例2.10。

## 2.2.3 无穷小量与无穷大量的关系

A比0型

【定理2.4】 在自变量的同一变化过程中，如果变量 $y$ 为无穷大量，则变量 $\dfrac{1}{y}$ 为无穷小量；反之，恒不为零的无穷小量 $y$ 的倒数 $\dfrac{1}{y}$ 为无穷大量。

例如　由于 $\lim\limits_{x\to0}\sin x=0$，因此 $\lim\limits_{x\to0}\dfrac{1}{\sin x}=\infty$。

类似地，由于 $\lim\limits_{x\to0}\dfrac{1}{\sin x}=\infty$，因此 $\lim\limits_{x\to0}\sin x=0$。

相关例题见例 2.11。

### 2.2.4　无穷小量的阶

【定义 2.9】　设 $\alpha,\beta$ 是自变量在同一变化过程中的两个无穷小量，即 $\lim\limits_{x\to x_0}\alpha=0$，$\lim\limits_{x\to x_0}\beta=0$，且 $\lim\limits_{x\to x_0}\dfrac{\alpha}{\beta}=c$，则

(1) 当 $c=0$ 时，称 $\alpha$ 是比 $\beta$ 高阶的无穷小量，或称 $\beta$ 是比 $\alpha$ 低阶的无穷小量，记为 $\alpha=O(\beta)$。

(2) 当 $c\neq0$ 时，称 $\alpha$ 与 $\beta$ 为同阶的无穷小量。

特别地，当 $c=1$ 时，称 $\alpha$ 与 $\beta$ 为等价无穷小量，记作

$$\alpha\sim\beta\,(x\to x_0)。$$

因此，等价无穷小量必是同阶无穷小量，反之不然。

说明：

(1) 上述 $x\to x_0$ 也可以是 $x\to\infty$ 等其他形式。

(2) 无穷小量的阶的比较，反映的是无穷小量趋于 0 的速度的快慢程度。

例如　当 $x\to0$ 时，$x,2x,x^2$ 都是无穷小，但它们趋于 0 的速度却不一样。

由于 $\lim\limits_{x\to0}\dfrac{x}{2x}=\dfrac{1}{2}$，所以 $x$ 与 $2x$ 是同阶无穷小。

由于 $\lim\limits_{x\to0}\dfrac{x^2}{x}=\lim\limits_{x\to0}x=0$，所以 $x$ 是比 $x^2$ 低阶的无穷小。

相关例题见例 2.12。

## 典型例题

例 2.9　自变量 $x$ 在怎样的变化过程中，下列函数为无穷小。

(1) $y=\dfrac{1}{x-1}$；　　　　　　　(2) $y=2x-1$；

(3) $y=2^x$；　　　　　　　(4) $y=\left(\dfrac{1}{4}\right)^x$。

解：(1) 因为 $\lim\limits_{x\to\infty}\dfrac{1}{x-1}=0$，所以当 $x\to\infty$ 时，$\dfrac{1}{x-1}$ 是无穷小；

(2) 因为 $\lim\limits_{x\to\frac{1}{2}}(2x-1)=0$，所以当 $x\to\dfrac{1}{2}$ 时，$2x-1$ 是无穷小；

(3) 因为 $\lim\limits_{x\to-\infty}2^x=0$，所以当 $x\to-\infty$ 时，$2^x$ 是无穷小；

(4) 因为 $\lim\limits_{x \to +\infty} \left(\dfrac{1}{4}\right)^x = 0$, 所以当 $x \to +\infty$ 时, $\left(\dfrac{1}{4}\right)^x$ 是无穷小。

例2.10 自变量 $x$ 在怎样的变化过程中，下列函数为无穷大。

(1) $y = \dfrac{1}{x-1}$;

(2) $y = 2x - 1$;

(3) $y = 2^x$。

解:(1) 因为 $\lim\limits_{x \to 1} (x-1) = 0$, 所以当 $x \to 1$ 时, $\dfrac{1}{x-1}$ 是无穷大;

(2) 因为 $\lim\limits_{x \to \infty} \dfrac{1}{2x-1} = 0$, 所以当 $x \to \infty$ 时, $2x-1$ 是无穷大;

(3) 因为 $\lim\limits_{x \to +\infty} 2^{-x} = 0$, 所以当 $x \to +\infty$ 时, $2^x$ 是无穷大。

例2.11 求 $\lim\limits_{x \to 1} \dfrac{4x-1}{x^2+2x-3}$ $\left(\dfrac{A}{0}型\right)$。

解:因为

$$\lim\limits_{x \to 1} (x^2+2x-3) = \lim\limits_{x \to 1} (x+3)(x-1) = 0,$$

又因为

$$\lim\limits_{x \to 1} (4x-1) = 3 \neq 0,$$

从而

$$\lim\limits_{x \to 1} \dfrac{x^2+2x-3}{4x-1} = \dfrac{0}{3} = 0。$$

所以

$$\lim\limits_{x \to 1} \dfrac{4x-1}{x^2+2x-3} = \infty。$$

例2.12 当 $x \to 0$ 时，试比较无穷小 $(2+x)^2-4$ 与 $x$ 的阶。

解:因为

$$\lim\limits_{x \to 0} \dfrac{(2+x)^2-4}{x} = \lim\limits_{x \to 0} \dfrac{x^2-4x}{x} = \lim\limits_{x \to 0} (x+4) = 4,$$

所以当 $x \to 0$ 时, $(2+x)^2-4$ 与 $x$ 是同阶无穷小。

## 应用案例

案例2.2:投资问题

国家向某企业投资50万元，这家企业将投资作为抵押品向银行贷款，得到抵押品价值75%的贷款，该企业将此贷款进行投资后，再次将投资作为抵押品向银行进行贷款，仍得到相当于抵押品价值75%的贷款，如果这个企业反复进行贷款—投资—抵押再贷款—再投资的模式扩大生产，问该企业共投资多少万元?

解:设 $S$ 为投资与再投资的总和, $a_n$ 表示每次进行的投资, 于是得到一个数列:

$$a_1 = 50,$$
$$a_2 = 50 \times 0.75,$$
$$a_3 = 50 \times 0.75^2,$$
$$\cdots$$
$$a_n = 5_\circ$$

此数列为一个等比数列,且公比为 0.75,所以根据等比数列求和公式,

$$S = \lim_{n \to +\infty} \frac{50 \times (1 - 0.75^n)}{1 - 0.75} = \lim_{n \to +\infty} 200 \times (1 - 0.75^n) = 200_\circ$$

因此,该企业共计投资 200 万元。

# 课堂巩固 2.2

## 基础训练 2.2

1. 下列变量在 $x \to 0$ 时是无穷小量还是无穷大量?

(1) $\sqrt{x}$ ;

(2) $\sqrt[3]{x}$ ;

(3) $100x^2$ ;

(4) $x^2 + 0.1x$ ;

(5) $\dfrac{x}{0.01}$ ;

(6) $\dfrac{x}{x^2}$ ;

(7) $\dfrac{x^2}{x}$ ;

(8) $0.000000001$。

2. 在下列变量中,当 $x \to ?$ 时,是无穷小量;当 $x \to ?$ 时,是无穷大量。

(1) $y = x^2 - 1$ ;

(2) $y = \ln x$ ;

(3) $y = \dfrac{1}{x-1}$ ;

(4) $y = \dfrac{x+1}{x-1}$。

## 拓展提升 2.2

观察下列各题中哪些是无穷小量,哪些是无穷大量。

(1) $y = \dfrac{1+2x}{x}$ ($x \to 0$ 时);

(2) $y = \dfrac{1+2x}{x^2}$ ($x \to \infty$ 时);

(3) $y = \tan x$ ($x \to 0$ 时);

(4) $y = \mathrm{e}^{-x}$ ($x \to +\infty$ 时);

(5) $y = 2^{\frac{1}{x}}$ ($x \to 0^-$ 时);

(6) $y = \left(\dfrac{1}{2}\right)^x$ ($x \to -\infty$ 时)。

# 2.3 极限的四则运算

## 问题导入

根据函数极限的定义，我们已获知基本初等函数在其定义域内点的极限为函数在该点的函数值。问题是对一般的初等函数，如何求出极限常数$A$？下面将介绍极限的运算法则，利用这些法则与基本性质，可以求一些简单的初等函数的极限。

## 知识归纳

### 极限的运算法则

极限的运算法则所涉及的自变量$x$的变化趋势可以是六种趋势之一。为简化说明，以下谨以趋势$x \to x_0$阐述。

极限的四则
运算

法则1　若$\lim\limits_{x \to x_0} f(x) = A$，$\lim\limits_{x \to x_0} g(x) = B$，则极限

$$\lim_{x \to x_0} [f(x) \pm g(x)] = \lim_{x \to x_0} f(x) \pm \lim_{x \to x_0} g(x) = A \pm B。$$

（代数和的极限等于极限的代数和）

推论1　当$\lim\limits_{x \to x_0} f_i(x) = A_i$时，$\lim\limits_{x \to x_0} \sum\limits_{i=1}^{n} f_i(x) = \sum\limits_{i=1}^{n} A_i$。

✿ 相关例题见例2.13。

法则2　若$\lim\limits_{x \to x_0} f(x) = A$，$\lim\limits_{x \to x_0} g(x) = B$，则极限

$$\lim_{x \to x_0} [f(x) \times g(x)] = \lim_{x \to x_0} f(x) \times \lim_{x \to x_0} g(x) = A \times B。$$

（乘积的极限等于极限的乘积）

推论2　如果$\lim\limits_{x \to x_0} f(x)$存在，而$c$为常数，则极限

$$\lim_{x \to x_0} [cf(x)] = c \lim_{x \to x_0} f(x)。$$

（常数因子可以提到极限记号外面）

例如　$\lim\limits_{x \to 1} 3x = 3 \lim\limits_{x \to 1} x = 3 \times 1 = 3$。

推论3　当$\lim\limits_{x \to x_0} f_i(x) = A_i$时，$\lim\limits_{x \to x_0} \prod\limits_{i=1}^{n} f_i(x) = \prod\limits_{i=1}^{n} A_i$。

特别地，$\lim\limits_{x \to x_0} [f(x)]^n = \left[ \lim\limits_{x \to x_0} f(x) \right]^n$。

（幂的极限等于极限的幂）

例如　$\lim\limits_{x \to 2} x^{10} = \left( \lim\limits_{x \to 2} x \right)^{10} = 2^{10} = 1024$。

$$\lim_{x \to 2}(x^3 + x) = \lim_{x \to 2} x^3 + \lim_{x \to 2} x = 8 + 2 = 10。$$

法则3 若 $\lim\limits_{x \to x_0} f(x) = A$，$\lim\limits_{x \to x_0} g(x) = B$，则极限

$$\lim_{x \to x_0} \frac{f(x)}{g(x)} = \frac{\lim\limits_{x \to x_0} f(x)}{\lim\limits_{x \to x_0} g(x)} = \frac{A}{B}(当 B \neq 0 时)。$$

（商的极限等于极限的商）

特别地，$\lim\limits_{x \to x_0} \dfrac{c}{g(x)} = \dfrac{\lim\limits_{x \to x_0} c}{\lim\limits_{x \to x_0} g(x)} = \dfrac{c}{B}(当 B \neq 0 时)。$

注意：运用法则1～法则3时，必须首先判断法则的前提条件 $\lim\limits_{x \to x_0} f(x) = A$ 与 $\lim\limits_{x \to x_0} g(x) = B$ 极限的存在。

相关例题见例2.14。

法则4 若 $\lim\limits_{x \to x_0} u(x) = A$，且 $f\left[\lim\limits_{x \to x_0} u(x)\right]$ 有意义，则

$$\lim_{x \to x_0} f\left[u(x)\right] = f\left[\lim_{x \to x_0} u(x)\right]。$$

相关例题见例2.15。

法则5 若函数 $f(x)$ 是定义在 $D$ 上的初等函数，且有限点 $x_0 \in D$，则极限

$$\lim_{x \to x_0} f(x) = f(x_0)。$$

提示：法则5将求极限的过程转化为求函数在给定点的函数值的问题，提供了较好的求极限的方法。

例如 （1）$\lim\limits_{x \to 1} \sin x = \sin 1$；　　　　（2）$\lim\limits_{x \to 0} \sin x = \sin 0 = 0。$

相关例题见例2.16～例2.22。

## 典型案例

例2.13 求 $\lim\limits_{x \to 2}(x^2 - 3x + 5)$。

解：
$$\lim_{x \to 2}(x^2 - 3x + 5) = \lim_{x \to 2} x^2 - \lim_{x \to 2} 3x + \lim_{x \to 2} 5$$
$$= \left(\lim_{x \to 2} x\right)^2 - 3\lim_{x \to 2} x + \lim_{x \to 2} 5$$
$$= 2^2 - 3 \times 2 + 5 = 3。$$

一般地，当 $f(x) = a_0 x^n + a_1 x^{n-1} + \cdots + a_n$ 时，极限
$$\lim_{x \to x_0} f(x) = a_0(\lim_{x \to x_0} x)^n + a_1(\lim_{x \to x_0} x)^{n-1} + \cdots + a_n$$
$$= a_0 x_0^n + a_1 x_0^{n-1} + \cdots + a_n$$
$$= f(x_0)。$$

例 2.14　求 $\lim\limits_{x \to 3} \dfrac{x^2+1}{x-4}$。

解：$\lim\limits_{x \to 3} \dfrac{x^2+1}{x-4} = \dfrac{\lim\limits_{x \to 3}(x^2+1)}{\lim\limits_{x \to 3}(x-4)} = \dfrac{\lim\limits_{x \to 3} x^2 + \lim\limits_{x \to 3} 1}{\lim\limits_{x \to 3} x - \lim\limits_{x \to 3} 4} = \dfrac{9+1}{3-4} = -10$。

当 $g(x_0) \neq 0$ 时，$\lim\limits_{x \to x_0} \dfrac{f(x)}{g(x)} = \dfrac{\lim\limits_{x \to x_0} f(x)}{\lim\limits_{x \to x_0} g(x)} = \dfrac{f(x_0)}{g(x_0)}$。

例 2.15　求 $\lim\limits_{x \to 3} \sqrt{\dfrac{x-3}{x^2-9}}$。

解：令 $u = \dfrac{x-3}{x^2-9}$，因为 $\lim\limits_{x \to 3} u = \dfrac{1}{6}$，所以 $\lim\limits_{x \to 3} \sqrt{\dfrac{x-3}{x^2-9}} = \lim\limits_{x \to 3} \sqrt{u} = \sqrt{\dfrac{1}{6}} = \dfrac{\sqrt{6}}{6}$。

未定型消去零
因式法

例 2.16　求 $\lim\limits_{x \to 3} \dfrac{x^2-9}{x-3} \left(\dfrac{0}{0} \text{型}\right)$（消去零因式法）。

解：因为 $(x^2-9) = (x-3)(x+3)$，又因为当 $x \to 3$ 时要求 $x \neq 3$，即 $x-3 \neq 0$，所以分子、分母可以同除以 $(x-3)$，所以

$$\lim\limits_{x \to 3} \dfrac{x^2-9}{x-3} = \lim\limits_{x \to 3} \dfrac{(x+3)(x-3)}{(x-3)} = \lim\limits_{x \to 3}(x+3) = 6。$$

例 2.17　求 $\lim\limits_{x \to 0} \dfrac{\sqrt{x+1}-1}{x} \left(\dfrac{0}{0} \text{型}\right)$（根式有理化法）。

未定型根式有
理化法

解：原式 $= \lim\limits_{x \to 0} \dfrac{(\sqrt{x+1}-1)(\sqrt{x+1}+1)}{x(\sqrt{x+1}+1)}$

$= \lim\limits_{x \to 0} \dfrac{1}{\sqrt{x+1}+1} = \lim\limits_{x \to 0} \dfrac{1}{\sqrt{0+1}+1} = \dfrac{1}{2}$。

例 2.18　求 $\lim\limits_{x \to \infty} \dfrac{2x^2+3}{3x^2+1} \left(\dfrac{\infty}{\infty} \text{型}\right)$（分子、分母同时除以 $x$ 的最高次幂）。

解：当 $x \to \infty$ 时，分子、分母的极限都是无穷大，可以先用 $x^2$ 去除分子分母，分出无穷小，再求极限。

无穷比无穷型
三种及结论

$$\lim\limits_{x \to \infty} \dfrac{2x^2+3}{3x^2+1} = \lim\limits_{x \to \infty} \dfrac{2+\dfrac{3}{x^2}}{3+\dfrac{1}{x^2}} = \dfrac{\lim\limits_{x \to \infty}\left(2+\dfrac{3}{x^2}\right)}{\lim\limits_{x \to \infty}\left(3+\dfrac{1}{x^2}\right)} = \dfrac{2+0}{3+0} = \dfrac{2}{3}。$$

例 2.19　求 $\lim\limits_{x \to \infty} \dfrac{3x^2+x+2}{4x^3+2x+3} \left(\dfrac{\infty}{\infty} \text{型}\right)$（分子、分母同时除以 $x$ 的最高次幂）。

解：当 $x \to \infty$ 时，分子分母的极限都是无穷大，可以先用 $x^3$ 去除分子分母，分出无穷小，再求极限。

$$\lim_{x \to \infty} \frac{3x^2 + x + 2}{4x^3 + 2x + 3} = \lim_{x \to \infty} \frac{\dfrac{3}{x} + \dfrac{1}{x^2} + \dfrac{2}{x^3}}{4 + \dfrac{2}{x^2} + \dfrac{3}{x^3}}$$

$$= \frac{\lim\limits_{x \to \infty}\left(\dfrac{3}{x} + \dfrac{1}{x^2} + \dfrac{2}{x^3}\right)}{\lim\limits_{x \to \infty}\left(4 + \dfrac{2}{x^2} + \dfrac{3}{x^3}\right)} = \frac{0}{4} = 0。$$

例 2.20 求 $\lim\limits_{x \to \infty} \dfrac{x^2 + x + 1}{x + 1}$ $\left(\dfrac{\infty}{\infty} 型\right)$（分子、分母同时除以 $x$ 的最高次幂）。

解：用 $x^2$ 去除分子、分母，分出无穷小，再求极限。

$$\lim_{x \to \infty} \frac{x^2 + x + 1}{x + 1} = \lim_{x \to \infty} \frac{1 + \dfrac{1}{x} + \dfrac{1}{x^2}}{\dfrac{1}{x} + \dfrac{1}{x^2}}。$$

因为 $\dfrac{\lim\limits_{x \to \infty}\left(\dfrac{1}{x} + \dfrac{1}{x^2}\right)}{\lim\limits_{x \to \infty}\left(1 + \dfrac{1}{x} + \dfrac{1}{x^2}\right)} = 0$，所以 $\dfrac{\lim\limits_{x \to \infty}\left(1 + \dfrac{1}{x} + \dfrac{1}{x^2}\right)}{\lim\limits_{x \to \infty}\left(\dfrac{1}{x} + \dfrac{1}{x^2}\right)} = \infty$，即 $\lim\limits_{x \to \infty} \dfrac{x^2 + x + 1}{x + 1} = \infty$。

可以发现，例 2.18～例 2.20 属于同一类型问题，都是求多项式的商在 $x \to \infty$ 时的极限。其解题方法可以通过下面公式，或者以分子、分母中自变量的最高次幂除分子、分母，以分出无穷小，然后再求极限。

一般地，当 $a_0 \neq 0, b_0 \neq 0, m$ 和 $n$ 为非负整数时，有

$$\lim_{x \to \infty} \frac{a_0 x^m + a_1 x^{m-1} + \cdots + a_m}{b_0 x^n + b_1 x^{n-1} + \cdots + b_n} = \begin{cases} \dfrac{a_0}{b_0}, & 当 n = m, \\ 0, & 当 n > m, \\ \infty, & 当 n < m。 \end{cases}$$

例 2.21 求 $\lim\limits_{x \to 1} \left(\dfrac{1}{x - 1} - \dfrac{2}{x^2 - 1}\right)$（$\infty - \infty$ 型）。

解：$\lim\limits_{x \to 1} \left(\dfrac{1}{x - 1} - \dfrac{2}{x^2 - 1}\right) = \lim\limits_{x \to 1} \left(\dfrac{x + 1}{x^2 - 1} - \dfrac{2}{x^2 - 1}\right) = \lim\limits_{x \to 1} \dfrac{x - 1}{x^2 - 1} = \lim\limits_{x \to 1} \dfrac{1}{x + 1} = \dfrac{1}{2}$。

例 2.22 求 $\lim\limits_{n \to \infty} \left(\dfrac{1}{n^2} + \dfrac{2}{n^2} + \cdots + \dfrac{n}{n^2}\right)$。

解：$\lim\limits_{n \to \infty} \left(\dfrac{1}{n^2} + \dfrac{2}{n^2} + \cdots + \dfrac{n}{n^2}\right) = \lim\limits_{n \to \infty} \dfrac{1 + 2 + \cdots + n}{n^2} = \lim\limits_{n \to \infty} \dfrac{\dfrac{1}{2} n(n + 1)}{n^2}$

$$= \frac{1}{2} \lim_{n \to \infty} \left(1 + \frac{1}{n}\right) = \frac{1}{2}。$$

## 应用案例

案例 2.3：浓度变化案例

一个储水池中有 5000L 的纯水，现用含盐 30g/L 的盐水以 25L/min 的速度注入这个水池，$t$ min 后水池中盐的浓度（单位：g/L）为

$$C(t) = \frac{30t}{200 + t}。$$

请问当 $t \to +\infty$ 时，盐的浓度如何变化？

解：$\lim\limits_{t \to +\infty} C(t) = \lim\limits_{t \to +\infty} \frac{30t}{200 + t} = \lim\limits_{t \to +\infty} \frac{30}{\dfrac{200}{t} + 1} = 30$，

即当 $t \to +\infty$ 时，盐的浓度接近 30g/L。

## 课堂巩固 2.3

### 基础训练 2.3

求下列函数的极限。

(1) $\lim\limits_{x \to 1} (3x^2 + 5x - 2)$;

(2) $\lim\limits_{x \to 3} \dfrac{x}{x - 3}$;

(3) $\lim\limits_{x \to 1} \dfrac{x^2 - 3}{2x^2 - x - 1}$;

(4) $\lim\limits_{x \to 0} \dfrac{x + 1}{x^2 + x + 2}$。

(5) $\lim\limits_{x \to 1} \dfrac{x^2 - 3x + 2}{1 - x^2}$;

(6) $\lim\limits_{x \to 1} \dfrac{\sqrt{3x + 1} - 2}{x - 1}$;

(7) $\lim\limits_{x \to \infty} \dfrac{2x + 3}{x}$;

(8) $\lim\limits_{x \to \infty} \dfrac{5x^2 - x - 9}{x^2 - 2x + 6}$;

(9) $\lim\limits_{x \to \infty} \dfrac{4x^3 - 2x^2 + 4x}{x^2 + 2x}$;

(10) $\lim\limits_{x \to 1} \left( \dfrac{3}{1 - x^3} - \dfrac{1}{1 - x} \right)$。

### 提升提升 2.3

1. 求下列函数的极限。

(1) $\lim\limits_{x \to 3} \dfrac{6x}{x - 3}$;

(2) $\lim\limits_{x \to 1} \dfrac{x^2 - 2}{4x^2 - 3x - 1}$;

(3) $\lim\limits_{x \to 0} \dfrac{x^2}{1 - \sqrt{1 + x^2}}$;

(4) $\lim\limits_{x \to 4} \dfrac{\sqrt{1 + 2x} - 3}{\sqrt{x} - 2}$。

(5) $\lim\limits_{x \to +\infty} \dfrac{\sqrt{2x^2 + 1}}{x + 1}$;

(6) $\lim\limits_{x \to \infty} \dfrac{x + 4}{x^2 + 6} \sin x$;

(7) $\lim\limits_{x \to \infty} \dfrac{x+1}{7x}$。

2. 设 $f(x) = \dfrac{x^2-4}{x^2-x-6}$，求：

(1) $\lim\limits_{x \to 2} f(x)$;

(2) $\lim\limits_{x \to -2} f(x)$;

(3) $\lim\limits_{x \to 3} f(x)$;

(4) $\lim\limits_{x \to \infty} f(x)$。

3. 若 $\lim\limits_{x \to 2} \dfrac{x-2}{x^2-ax-6} = b$，试求非零常数 $a, b$ 的值。

# 2.4 两个重要极限

## 问题导入

无理数 e 在数学理论或实际应用中都有重要作用，如物体的冷却、放射性元素的衰变、细胞的繁殖等都要用到一个特殊的极限，以此来反映一些事物成长或消失的数量规律。

## 知识归纳

### 2.4.1 第一个重要极限 $\lim\limits_{x \to 0} \dfrac{\sin x}{x} = 1$

首先看一看在计算机上进行的数值计算结果，如表2-2所示。

第一个重要
极限

表 2-2

| $x \to 0$ | $\dfrac{\sin x}{x} \to 1$ |
|---|---|
| 0.1 | 0.998334166468281547501 80 |
| 0.01 | 0.999983333416666453352 7 |
| 0.001 | 0.999999983333334163670 97 |
| 0.0001 | 0.999999999833333341747 73 |
| 0.00001 | 0.999999999998333322093 20 |
| 0.000001 | 0.999999999999983335552 40 |
| 0.0000001 | 1.000000000000000000000 00 |
| 0.00000001 | 1 |

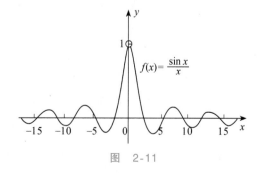

图 2-11

然后观察函数 $y = \dfrac{\sin x}{x}$ 的图像，从表2-2和图2-11中可以看出：

当 $x \to 0$ 时，$\dfrac{\sin x}{x} \to 1$，即 $\lim\limits_{x \to 0} \dfrac{\sin x}{x} = 1$。

极限 $\lim\limits_{x \to 0} \dfrac{\sin x}{x} = 1$ 的特点如下。

（1）它是关于三角函数 $\dfrac{0}{0}$ 型的极限。

（2）其结构为 $\lim\limits_{\blacksquare \to 0} \dfrac{\sin \blacksquare}{\blacksquare} = 1$，其中 $\blacksquare$ 表示自变量 $x$ 或 $x$ 的函数。

（3）其极限值为1。

相关例题见例2.23~例2.28。

第二个重要极限

### 2.4.2　第二个重要极限 $\lim\limits_{x \to \infty} \left(1 + \dfrac{1}{x}\right)^{x} = \mathrm{e}$

实际上，$\lim\limits_{x \to \infty} \left(1 + \dfrac{1}{x}\right)^{x}$ 是幂的极限，属于 $1^{\infty}$ 型，当 $x \to -\infty$ 和 $x \to +\infty$ 时，函数 $y = \left(1 + \dfrac{1}{x}\right)^{x}$ 的对应值的变化如表2-3所示。

表　2-3

| $x$ | … | $-100000$ | $-1000$ | $-100$ | $100$ | $1000$ | $100000$ | … |
|---|---|---|---|---|---|---|---|---|
| $\left(1 + \dfrac{1}{x}\right)^{x}$ | … | 2.718 | 2.720 | 2.732 | 2.705 | 2.717 | 2.718 | … |

从表2-3中可以看出，当 $x \to \pm\infty$ 时，函数 $y = \left(1 + \dfrac{1}{x}\right)^{x}$ 的变化趋势是稳定的，并可以证明当 $x \to \infty$ 时，$\lim\limits_{x \to \infty} \left(1 + \dfrac{1}{x}\right)^{x}$ 存在，且等于e。

极限 $\lim\limits_{x \to \infty} \left(1 + \dfrac{1}{x}\right)^{x} = \mathrm{e}$ 的特点如下。

（1）极限中的底数一定是数1加上一个无穷小量，属于 $1^{\infty}$ 型极限。

（2）指数与底数中无穷小量具有互为倒数的关系。

（3）当所求极限满足上述两个特征时，所求极限值为e。

相关例题见例2.29~例2.35。

由复合函数极限性质与无穷大和无穷小关系性质，以上极限还可以写成以下三种形式。

（1）$\lim\limits_{x \to 0} (1 + x)^{\frac{1}{x}} = \mathrm{e}$。

如果做变换令 $u = \dfrac{1}{x}$，则当 $x \to \infty$ 时，$u \to 0$，于是得到上式。

（2）$\lim\limits_{u(x)\to 0}\left[1+u(x)\right]^{\frac{1}{u(x)}}=\mathrm{e}$。

（3）$\lim\limits_{u(x)\to\infty}\left[1+\dfrac{1}{u(x)}\right]^{u(x)}=\mathrm{e}$（其中 $u(x)\to\infty$）。

## 典型例题

例 2.23　求 $\lim\limits_{x\to 0}\dfrac{x}{\sin x}\left(\dfrac{0}{0}型\right)$。

解：原式 $=\lim\limits_{x\to 0}\dfrac{1}{\dfrac{\sin x}{x}}=\dfrac{1}{\lim\limits_{x\to 0}\dfrac{\sin x}{x}}=1$。

例 2.24　求 $\lim\limits_{x\to 0}\dfrac{\sin 5x}{x}\left(\dfrac{0}{0}型\right)$。

解：原式 $=\lim\limits_{x\to 0}\dfrac{\sin 5x}{5x}\cdot 5=5\cdot\lim\limits_{x\to 0}\dfrac{\sin 5x}{5x}=5$。

例 2.25　求 $\lim\limits_{x\to 0}\dfrac{\sin 2x}{3x}\left(\dfrac{0}{0}型\right)$。

解：原式 $=\lim\limits_{x\to 0}\dfrac{\sin 2x}{3x}\cdot\dfrac{2}{2}=\dfrac{2}{3}\lim\limits_{x\to 0}\dfrac{\sin 2x}{2x}=\dfrac{2}{3}$。

例 2.26　求 $\lim\limits_{x\to 0}\dfrac{\tan x}{x}\left(\dfrac{0}{0}型\right)$。

解：原式 $=\lim\limits_{x\to 0}\dfrac{\sin x}{\cos x}\cdot\dfrac{1}{x}=\lim\limits_{x\to 0}\dfrac{\sin x}{x}\cdot\dfrac{1}{\cos x}=\lim\limits_{x\to 0}\dfrac{1}{\cos x}\cdot\lim\limits_{x\to 0}\dfrac{\sin x}{x}=1$。

例 2.27　求 $\lim\limits_{x\to 0}\dfrac{1-\cos x}{x^2}\left(\dfrac{0}{0}型\right)$。

解：

解 1　原式 $=\lim\limits_{x\to 0}\dfrac{2\sin^2\dfrac{x}{2}}{x^2}=\lim\limits_{x\to 0}\dfrac{\sin\dfrac{x}{2}}{\dfrac{x}{2}}\cdot\lim\limits_{x\to 0}\dfrac{\sin\dfrac{x}{2}}{\dfrac{x}{2}}\cdot\dfrac{1}{2}=\dfrac{1}{2}$。

解 2　原式 $=\lim\limits_{x\to 0}\dfrac{1-\cos x}{x^2}=\lim\limits_{x\to 0}\dfrac{(1-\cos x)(1+\cos x)}{x^2(1+\cos x)}=\lim\limits_{x\to 0}\dfrac{1-\cos^2 x}{x^2(1+\cos x)}$

$=\lim\limits_{x\to 0}\dfrac{\sin^2 x}{x^2(1+\cos x)}=\dfrac{1}{2}$。

例 2.28　求 $\lim\limits_{x\to\infty}x\sin\dfrac{1}{x}(0\cdot\infty型)$。

解：原式 $=\lim\limits_{x\to\infty}\dfrac{\sin\dfrac{1}{x}}{\dfrac{1}{x}}=1$。

例 2.29　求 $\lim\limits_{x \to \infty}\left(1+\dfrac{1}{x}\right)^{2x}$（$1^{\infty}$型）。

解：原式 $=\lim\limits_{x \to \infty}\left[\left(1+\dfrac{1}{x}\right)^{x}\right]^{2}=\left[\lim\limits_{x \to \infty}\left(1+\dfrac{1}{x}\right)^{x}\right]^{2}=\mathrm{e}^{2}$。

例 2.30　求 $\lim\limits_{x \to \infty}\left(1+\dfrac{1}{x}\right)^{x+2}$（$1^{\infty}$型）。

解：原式 $=\lim\limits_{x \to \infty}\left(1+\dfrac{1}{x}\right)^{x} \cdot \left(1+\dfrac{1}{x}\right)^{2}=\lim\limits_{x \to \infty}\left(1+\dfrac{1}{x}\right)^{x} \cdot \lim\limits_{x \to \infty}\left(1+\dfrac{1}{x}\right)^{2}=\mathrm{e}$。

例 2.31　求 $\lim\limits_{x \to \infty}\left(1+\dfrac{2}{x}\right)^{x}$（$1^{\infty}$型）。

解：原式 $=\lim\limits_{x \to \infty}\left(1+\dfrac{2}{x}\right)^{\frac{x}{2} \cdot 2}=\lim\limits_{x \to \infty}\left[\left(1+\dfrac{2}{x}\right)^{\frac{x}{2}}\right]^{2}=\mathrm{e}^{2}$。

例 2.32　求 $\lim\limits_{x \to \infty}\left(1-\dfrac{1}{x}\right)^{x+1}$（$1^{\infty}$型）。

解：原式 $=\lim\limits_{x \to \infty}\left(1-\dfrac{1}{x}\right)^{x} \cdot \left(1-\dfrac{1}{x}\right)=\lim\limits_{x \to \infty}\left(1-\dfrac{1}{x}\right)^{x} \cdot \lim\limits_{x \to \infty}\left(1-\dfrac{1}{x}\right)=\lim\limits_{x \to \infty}\left[1+\dfrac{1}{(-x)}\right]^{(-x)(-1)}$

$\qquad =\lim\limits_{x \to \infty}\left\{\left[1+\dfrac{1}{(-x)}\right]^{(-x)}\right\}^{(-1)}=\dfrac{1}{\mathrm{e}}$。

例 2.33　求 $\lim\limits_{x \to 0}\left(1+\dfrac{x}{3}\right)^{\frac{2}{x}}$（$1^{\infty}$型）。

解：原式 $=\lim\limits_{x \to 0}\left(1+\dfrac{x}{3}\right)^{\frac{2}{x} \cdot \frac{3}{3}}=\left[\lim\limits_{x \to 0}\left(1+\dfrac{x}{3}\right)^{\frac{3}{x}}\right]^{\frac{2}{3}}=\mathrm{e}^{\frac{2}{3}}$。

例 2.34　求 $\lim\limits_{x \to \infty}\left(\dfrac{x}{x+1}\right)^{2x+3}$（$1^{\infty}$型）。

解：原式 $=\lim\limits_{x \to \infty}\left(\dfrac{x}{x+1}\right)^{2x} \cdot \lim\limits_{x \to \infty}\left(\dfrac{x}{x+1}\right)^{3}=\lim\limits_{x \to \infty}\dfrac{1}{\left(1+\dfrac{1}{x}\right)^{2x}}=\mathrm{e}^{-2}$。

例 2.35　求 $\lim\limits_{x \to \infty}\left(\dfrac{x-1}{x+1}\right)^{x+2}$（$1^{\infty}$型）。

解：原式 $=\lim\limits_{x \to \infty}\left(\dfrac{x-1}{x+1}\right)^{x} \cdot \left(\dfrac{x-1}{x+1}\right)^{2}=\lim\limits_{x \to \infty}\left(\dfrac{x-1}{x+1}\right)^{x} \cdot \lim\limits_{x \to \infty}\left(\dfrac{x-1}{x+1}\right)^{2}=\lim\limits_{x \to \infty}\left(\dfrac{1-\dfrac{1}{x}}{1+\dfrac{1}{x}}\right)^{2}$

$$= \lim_{x \to \infty} \frac{\left(1 - \dfrac{1}{x}\right)^x}{\left(1 + \dfrac{1}{x}\right)^x} = \frac{\lim\limits_{x \to \infty}\left(1 - \dfrac{1}{x}\right)^x}{\lim\limits_{x \to \infty}\left(1 + \dfrac{1}{x}\right)^x} = \frac{\mathrm{e}^{-1}}{\mathrm{e}} = \mathrm{e}^{-2}。$$

## 应用案例

案例 2.4：连续复利问题

所谓连续复利,就是将第一年的利息和本金之和作为第二年的本金,然后反复计算利息。将一笔本金 $A_0$ 存入银行,设年利率为 $r$,则一年末的本利和为

$$A_1 = A_0 + A_0 r = A_0(1 + r)。$$

把 $A_1$ 作为本金存入银行,第二年末的本利和为

$$A_2 = A_1 + A_1 r = A_0(1 + r)^2。$$

再把 $A_2$ 作为本金存入银行,如此反复计算,第 $t$ 年末的本利和为

$$A_t = A_0(1 + r)^t,$$

这就是以年息为期的复利计算公式。

若把一年均分为 $n$ 期计息,年利率为 $r$,则每期利息为 $\dfrac{r}{n}$,于是推得 $t$ 年末的本息和的离散复利为

$$A_n(t) = A_0\left(1 + \frac{r}{n}\right)^{nt}。$$

若计息期无限缩短,即期数 $n \to \infty$,于是得到计算连续复利的公式

$$\lim_{n \to \infty} A_n(t) = \lim_{n \to \infty} A_0\left(1 + \frac{r}{n}\right)^{nt} = A_0 \lim_{n \to \infty}\left(1 + \frac{r}{n}\right)^{nt} = A_0 \mathrm{e}^{rt}。$$

## 课堂巩固 2.4

基础训练 2.4

求下列函数的极限。

(1) $\lim\limits_{x \to \infty} \dfrac{\sin x}{x}$;

(2) $\lim\limits_{x \to 0} x \sin \dfrac{1}{x}$;

(3) $\lim\limits_{x \to 0} \dfrac{\sin 5x}{x}$;

(4) $\lim\limits_{x \to 0} \dfrac{\sin 2x}{\sin 3x}$;

(5) $\lim\limits_{x \to 0} \dfrac{x - \sin x}{x + \sin x}$。

(6) $\lim\limits_{x \to \infty} \left(1 - \dfrac{1}{x}\right)^x$;

(7) $\lim\limits_{x \to 0} (1 + 3x)^{\frac{1}{x}}$;

(8) $\lim\limits_{x \to 0} (1 + x)^{\frac{1}{x} + 2}$;

(9) $\lim\limits_{n \to \infty}\left(1+\dfrac{2}{n}\right)^{-n}$；

(10) $\lim\limits_{x \to \infty}\left(1+\dfrac{1}{x}\right)^{2x+1}$；

(11) $\lim\limits_{x \to \infty}\left(\dfrac{x}{x+2}\right)^{3x}$；

(12) $\lim\limits_{x \to \infty}\left(\dfrac{x-2}{x}\right)^{3x}$；

(13) $\lim\limits_{x \to \infty}\left(\dfrac{x-1}{x+1}\right)^{\frac{x}{2}+4}$。

## 提升提升 2.4

1. 求下列函数的极限。

(1) $\lim\limits_{x \to 0}\dfrac{\sin \sin x}{\sin x}$；

(2) $\lim\limits_{n \to \infty} n \sin \dfrac{4}{n}$；

(3) $\lim\limits_{x \to 0}\dfrac{\sin^2 x}{x}$；

(4) $\lim\limits_{x \to 1}\dfrac{\sin(x-1)}{x^2-1}$。

(5) $\lim\limits_{x \to \infty}\left(1+\dfrac{2}{x}\right)^{x+2}$；

(6) $\lim\limits_{x \to 0}\left(1+\dfrac{x}{3}\right)^{\frac{1}{x}}$；

(7) $\lim\limits_{x \to \infty}\left(\dfrac{x+2}{x+1}\right)^{x}$；

(8) $\lim\limits_{x \to \infty}\left(\dfrac{x}{x+1}\right)^{2x+1}$。

2. 已知极限 $\lim\limits_{x \to 0}(1+kx)^{\frac{1}{x}}=3$，求常数 $k$ 的值。

# 2.5 函数的连续性

## 问题导入

连续函数是非常重要的一类函数，在客观世界和日常生活中，许多变量的变化都是连续不断的。例如，生物的生长、流体的连续流动以及气温的连续变化，等等。如果将客观现象表述成函数，则它们的图像都是一条连续不断的曲线，即从起点开始到终点都不间断。为了更好地研究初等函数，有必要对函数的"连续性"特征给予数量上的刻画。

## 知识归纳

### 2.5.1 函数连续的概念

1. 函数的改变量

【定义 2.10】 设函数 $y=f(x)$，则

（1）当自变量 $x$ 由初始值 $x_0$ 改变到终值 $x_1$ 时,称自变量的差 $x_1-x_0$ 为自变量 $x$ 的改变量(或增量),记作 $\Delta x$,即

$$\Delta x = x_1 - x_0。$$

（2）相应地,当函数值由初始值 $f(x_0)$ 改变到终值 $f(x_1)=f(x_0+\Delta x)$ 时,称函数值的差 $f(x_0+\Delta x)-f(x_0)$ 为函数 $f(x)$ 的改变量(或增量),记作 $\Delta y$(或 $\Delta f$),即

$$\Delta y = f(x_0+\Delta x)-f(x_0)。$$

❀ 相关例题见例 $2.36$。

2. 函数连续的定义

观察图 2-12 和图 2-13 中两条函数曲线在 $x=x_0$ 处的情况。

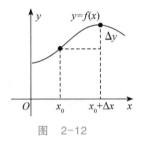

图　2-12

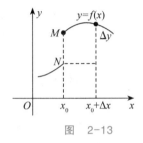

图　2-13

在图 2-13 中,当自变量的改变量 $\Delta x$ 很小时,对应的函数的改变量 $\Delta y$ 有一个间距。而在图 2-12 中,当自变量的改变量 $\Delta x$ 很小时,对应的函数的改变量 $\Delta y$ 也很小。由此得出函数连续特征的刻画如下。

［定义 $2.11$］　设 $y=f(x)$ 在 $x_0$ 的某一邻域 $(x_0-\delta, x_0+\delta)$ 内有定义,如果当自变量 $x$ 在 $x_0$ 处的改变量 $\Delta x$ 趋近于零时,相应的函数 $f(x)$ 的改变量 $\Delta y$ 也趋近于零,即

$$\lim_{\Delta x \to 0} \Delta y = 0。$$

则称函数 $y=f(x)$ 在点 $x_0$ 连续,称 $x_0$ 为函数的连续点。函数不连续的点称为间断点。如果函数在定义域中逐点连续,则称函数为定义域上的连续函数。

说明:函数 $y=f(x)$ 在点 $x_0$ 连续,则必在点 $x_0$ 有定义。

3. 证明函数在一点连续

证明函数在一点连续的一般步骤如下。

（1）求 $\Delta y$ 的表达式。

（2）验证 $\lim_{\Delta x \to 0} \Delta y = 0$。

函数的连续性

❀ 相关例题见例 $2.37$。

4. 函数连续的等价定义

在定义 2.11 中,将 $\Delta x = x - x_0$ 改写为 $x = x_0 + \Delta x$,则函数的改变量 $\Delta y = f(x)-f(x_0)$,以及 $\Delta x \to 0$ 意味着 $x \to x_0$,从而 $\lim_{\Delta x \to 0} \Delta y = 0 \Leftrightarrow \lim_{x \to x_0} f(x) = f(x_0)$。这就是函数在点 $x_0$ 处连续的另一种表述形式。

［定义 $2.12$］　如果函数 $y=f(x)$ 满足下列三个条件:

（1）$y=f(x)$在$x_0$的某一邻域内有定义；

（2）$\lim\limits_{x\to x_0}f(x)$存在；

（3）$\lim\limits_{x\to x_0}f(x)=f(x_0)$,

则称函数$y=f(x)$在点$x_0$连续。

提示：

（1）函数在一点连续的三个条件缺一不可。

（2）利用以上三个条件可以有效验证分段函数在一点是否连续。

相关例题见例2.38。

由定义2.3以及极限内容中左、右极限的概念，可以类似地引入函数在一点左、右连续的概念。这样函数$f(x)$在点$x_0$连续也就等价于函数$f(x)$既在点$x_0$左连续，也在点$x_0$右连续。

【定义2.13】 设函数$f(x)$在闭区间$[a,b]$上有定义，并且满足：

（1）如果函数$f(x)$在区间$(a,b)$内的每一点都连续，则称函数$y=f(x)$在开区间$(a,b)$内连续，区间$(a,b)$称为函数$f(x)$的连续区间。

（2）对于闭区间$[a,b]$的左、右端点，满足

$$\lim\limits_{x\to a^+}f(x)=f(a),\quad (f(x)在点a右连续),$$
$$\lim\limits_{x\to b^-}f(x)=f(b),\quad (f(x)在点a左连续),$$

则称函数$f(x)$为闭区间$[a,b]$上的连续函数。

### 2.5.2 函数的间断点

间断点是指函数在该点不连续的点。

根据定义2.12，函数$f(x)$在点$x_0$连续的条件是：

（1）$f(x)$在$x_0$处有定义；

（2）$\lim\limits_{x\to x_0}f(x)$存在；

（3）$\lim\limits_{x\to x_0}f(x)=f(x_0)$。

如任何一个条件不满足，则称函数$f(x)$在点$x_0$处就是间断的，称点$x_0$为间断点。

注意：讨论函数的连续性也可以看作为对间断点的讨论。函数的间断点按其特性，可以分为以下几种类型。

可去间断点：满足条件（2），但不满足（1）或（3）的间断点。

跳跃间断点：左、右极限均存在，但不满足条件（2）的间断点。

无穷间断点：左、右极限中至少有一侧不存在的间断点，且间断点处如果有单侧趋势为$\infty$等。

相关例题见例2.39~例2.41。

### 2.5.3 初等函数的连续性

1. **连续函数的四则运算法则**

【定理2.5】 若函数 $f(x)$ 和 $g(x)$ 都在点 $x_0$ 处连续,则和函数 $f(x)+g(x)$、差函数 $f(x)-g(x)$、乘积函数 $f(x)g(x)$ 和商函数 $\dfrac{f(x)}{g(x)}(g(x_0)\neq 0)$ 在点 $x_0$ 处也连续。

2. **复合函数的连续性**

【定理2.6】 若函数 $u=\varphi(x)$ 在点 $x_0$ 处连续, $\varphi(x_0)=u_0$ ,而函数 $y=f(u)$ 在点 $u_0$ 处连续,则复合函数 $y=f[\varphi(x)]$ 在点 $x=x_0$ 处也连续。

3. **初等函数的连续性**

【定理2.7】 初等函数在其有定义区间内是连续的。

由定理2.7可得:

(1) 求初等函数的连续区间,就是求它的定义区间;

(2) 求初等函数在定义区间内某一点的极限值,就是求它在该点的函数值(初等函数求极限的方法——代入法),即

$$\lim_{x\to x_0}f(x)=f(x_0)=f(\lim_{x\to x_0}x),\quad (x_0\in D)。$$

### 2.5.4 闭区间上连续函数的性质

1. **最大值和最小值定理**

【定义2.14】 设函数 $f(x)$ 在区间 $D$ 上有定义,如果有 $x_0\in D$ ,使得对于任意 $x\in D$ 都有 $f(x)\leqslant f(x_0)(f(x)\geqslant f(x_0))$ ,则称 $f(x_0)$ 是函数 $f(x)$ 在区间 $D$ 上的最大值(最小值)。

【定理2.8】 (最值定理) 如果函数 $f(x)$ 在闭区间 $[a,b]$ 上连续,则它在这个区间上一定有最大值和最小值。

注意:

(1) 最值定理要求的定义区间需为闭区间。

(2) 若闭区间内有间断点,最值定理不一定成立。

2. **介值定理**

【定理2.9】 (介值定理) 如果函数 $f(x)$ 在闭区间 $[a,b]$ 上连续, $M$ 和 $m$ 分别为 $f(x)$ 在 $[a,b]$ 上的最大值和最小值,则对介于 $m$ 与 $M$ 之间的任一实数 $C$ ,至少存在一点 $\xi\in(a,b)$ 使得 $f(\xi)=C$ 。

推论(零点定理) 如果函数 $f(x)$ 在 $[a,b]$ 上连续, $f(a)\cdot f(b)<0$ ,则至少存在一点 $\xi\in(a,b)$ 使得 $f(\xi)=0$ 。

❀ 相关例题见例2.42。

## 典型例题

例 2.36　设 $f(x)=2x+1$，分别求出满足下列条件的 $\Delta x$ 与 $\Delta y$。

(1) $x$ 由 2 变到 2.1;　　(2) $x$ 由 2 变到 1.8。

解:(1) 由于 $x$ 由 2 变到 2.1，因而，

$$\Delta x=2.1-2=0.1,$$
$$\Delta y=f(2.1)-f(2)=(2\times 2.1+1)-(2\times 2+1)=5.2-5=0.2。$$

(2) 由于 $x$ 由 2 变到 1.8，因而，

$$\Delta x=1.8-2=-0.2,$$
$$\Delta y=f(1.8)-f(2)=(2\times 1.8+1)-(2\times 2+1)=4.6-5=-0.4。$$

例 2.37　证明函数 $f(x)=3x^2-1$ 在点 $x=1$ 处连续。

证明:因为 $f(x)=3x^2-1$ 的定义域为 $(-\infty,+\infty)$。

所以函数在 $x=1$ 的某一邻域内有定义。

设自变量在点 $x=1$ 处有改变量 $\Delta x$，则函数的相应改变量

$$\begin{aligned}\Delta y&=f(x+\Delta x)-f(x)\\&=3(1+\Delta x)^2-3\times 1^2\\&=3+6\Delta x+3(\Delta x)^2-3=6\Delta x+3(\Delta x)^2。\end{aligned}$$

所以 $\lim\limits_{\Delta x\to 0}\Delta y=\lim\limits_{\Delta x\to 0}[6\Delta x+3(\Delta x)^2]=0$。由连续的定义，函数 $y=3x^2-1$ 在点 $x=1$ 处连续。

例 2.38　验证 $f(x)=\begin{cases}1-x,&x<0,\\x^2+1,&x\geqslant 0,\end{cases}$ 在 $x=0$ 处连续。

证明:因为 $f(x)$ 在 $x=0$ 处有定义，且 $f(0)=1$。又因为

$$\lim\limits_{x\to 0^-}f(x)=\lim\limits_{x\to 0^-}(1-x)=1,$$
$$\lim\limits_{x\to 0^+}f(x)=\lim\limits_{x\to 0^+}(x^2+1)=1,$$

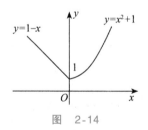

图　2-14

即左、右极限存在且相等，所以 $\lim\limits_{x\to 0}f(x)=1$，即 $\lim\limits_{x\to 0}f(x)=f(0)$。

由函数在一点连续的定义，$y=f(x)$ 在 $x=0$ 处连续，如图 2-14 所示。

例 2.39　讨论函数 $f(x)=\dfrac{1}{x-1}$ 在 $x_0=1$ 处的连续性。

解:由于函数 $f(x)=\dfrac{1}{x-1}$ 在 $x_0=1$ 处没有定义，所以 $x_0=1$ 为函数的间断点。

又因为 $\lim\limits_{x\to 1}\dfrac{1}{x-1}=\infty$，所以 $x_0=1$ 是 $f(x)=\dfrac{1}{x-1}$ 的无穷间断点。

例 2.40　讨论下列函数 $y=f(x)$ 在 $x_0=0$ 处的连续性。

(1) $f(x)=\begin{cases} x-1, & x<0, \\ 0, & x=0, \\ x+1, & x>0; \end{cases}$

(2) $f(x)=\begin{cases} \dfrac{\sin x}{x}, & x\neq 0, \\ 0, & x=0。 \end{cases}$

解:(1) 因为 $f(0)=0$, $\lim\limits_{x\to 0^-}f(x)=\lim\limits_{x\to 0^-}(x-1)=-1$, $\lim\limits_{x\to 0^+}f(x)=\lim\limits_{x\to 0^+}(x+1)=1$,

所以 $\lim\limits_{x\to 0^-}f(x)\neq\lim\limits_{x\to 0^+}f(x)$, 即 $\lim\limits_{x\to 0}f(x)$ 不存在。所以 $f(x)$ 在 $x_0=0$ 处不连续。如图 2-15 所示,此间断点为跳跃间断点。

(2) 因为 $f(0)=0$, $\lim\limits_{x\to 0}f(x)=\lim\limits_{x\to 0}\dfrac{\sin x}{x}=1$, 所以 $\lim\limits_{x\to 0}f(x)\neq f(0)$, 即 $f(x)$ 在 $x_0=0$ 处不连续。

如图 2-16 所示,此间断点为可去间断点。

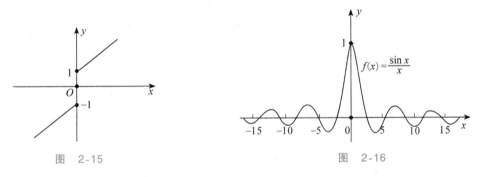

图 2-15          图 2-16

例 2.41  已知 $f(x)=\begin{cases} \dfrac{x^2-4}{x-2}, & x\neq 2, \\ k, & x=2 \end{cases}$ 在 $x=2$ 处连续,求 $k$。

解:因为 $f(2)=k$, $\lim\limits_{x\to 2}f(x)=\lim\limits_{x\to 2}\dfrac{x^2-4}{x-2}=\lim\limits_{x\to 2}(x+2)=4$, 又因为 $f(x)$ 在 $x=2$ 处连续,即应满足条件 $\lim\limits_{x\to 2}f(x)=f(2)$, 所以 $k=4$。

例 2.42  证明三次方程 $x^3-x+3=0$ 在 $(-2,1)$ 内至少有一个实根。

证明:设 $f(x)=x^3-x+3$, 则 $f(x)$ 的定义域是 $(-\infty,+\infty)$。

因为 $f(x)$ 是初等函数,所以 $f(x)$ 在 $[-2,1]\subset(-\infty,+\infty)$ 内连续。又因为 $f(-2)=-3<0$, $f(1)=3>0$, 由推论可知,在 $(-2,1)$ 内至少有一点 $\xi$, 使得 $f(\xi)=0$, 即方程 $x^3-x+3=0$ 在 $(-2,1)$ 内至少有一个实根。

## 应用案例

案例 2.5:出租车付费问题问题

乘坐某种出租汽车,行驶路程不超过 3km 时,付费 13 元;行驶路程超过 3km 时,超过部分每1km付费2.3元，每一运次加收1元的燃油附加费。假定出租汽车行驶中没有拥堵和等候时间，则付费金额 $f(x)$ 与行驶路程 $x$ 之间的关系为

$$f(x)=\begin{cases} 14, & 0<x\leqslant 3, \\ 14+2.3(x-3), & x>3。 \end{cases}$$

考查这个函数在 $x=3$ 处的连续性：

$$\lim_{x\to 3^-}14=\lim_{x\to 3^+}[14+2.3(x-3)]=14。$$

所以它在点 $x=3$ 处连续。

# 课堂巩固 2.5

## 基础训练 2.5

1. 求函数 $y=\sqrt{1+x}$ 在 $x=3,\Delta x=-0.2$ 时的增量 $\Delta y$。

2. 求出下列函数的极限。

(1) $\lim\limits_{x\to 0}\sqrt{1+3x-x^2}$；

(2) $\lim\limits_{x\to -1}\dfrac{\cos(x+1)}{\cot(x+1)}$；

(3) $\lim\limits_{x\to 0}\dfrac{\ln(2+x^2)}{\sin(2+x^2)}$；

(4) $\lim\limits_{x\to \frac{1}{2}}x\ln\left(1+\dfrac{1}{x}\right)$。

3. 讨论 $y=|x|,x\in(-\infty,+\infty)$ 在点 $x=0$ 处的连续性。

4. 利用连续函数的定义，判别下列函数在点 $x=0$ 处的连续性。

(1) $f(x)=\begin{cases} \dfrac{x}{x}, & x\neq 0, \\ 0, & x=0; \end{cases}$

(2) $f(x)=\begin{cases} x^2\sin\dfrac{1}{x}, & x\neq 0, \\ 0, & x=0。 \end{cases}$

## 提升训练 2.5

1. 试确定常数 $k$ 或 $a,b$ 的值，使下列分段函数在分断点处连续。

(1) $f(x)=\begin{cases} (1+5x)^{\frac{1}{x}}, & x\neq 0, \\ k, & x=0, \end{cases}$ 在 $x=0$ 处连续；

(2) $f(x)=\begin{cases} x+2, & -2\leqslant x\leqslant 0, \\ x^2+a, & 0<x<1, \\ bx, & 1\leqslant x<5 \end{cases}$ 在 $x=0$ 与 $x=1$ 处连续。

2. 求下列函数的间断点。

(1) $y=\dfrac{x}{\sin x}$；

(2) $y=\dfrac{\sin x}{x^2-1}$。

3. 求函数 $f(x)=\dfrac{|x+1|}{x+1}$ 的连续区间。

# 总结提升 2

1. 选择题。

(1) 函数 $f(x)$ 在 $x_0$ 有定义是它在该点处存在极限的(　　)。

    A. 必要条件但非充分条件　　　　B. 充分条件但非必要条件

    C. 充分必要条件　　　　　　　　D. 无关条件

(2) 设函数 $f(x)=x+3$, $g(x)=\dfrac{x^2-9}{x-3}$, 且 $\lim\limits_{x\to 3} f(x)=a$, $\lim\limits_{x\to 3} g(x)=b$, 则(　　)。

    A. $f(x)$ 与 $g(x)$ 不同, $a$ 与 $b$ 不同

    B. $f(x)$ 与 $g(x)$ 不同, $a$ 与 $b$ 相同

    C. $f(x)$ 与 $g(x)$ 相同, $a$ 与 $b$ 也相同

    D. $f(x)$ 与 $g(x)$ 相同, $a$ 与 $b$ 不同

(3) 若 $\lim\limits_{x\to\infty}\dfrac{x^4(1+a)+2+bx^3}{x^3+x^2-1}=-2$, 则(　　)。

    A. $a=-3$, $b=0$　　　　　　　B. $a=0$, $b=-2$

    C. $a=-1$, $b=0$　　　　　　　D. $a=-1$, $b=-2$

(4) 若 $\lim\limits_{x\to\infty}\dfrac{(x-1)(x-2)(x-3)(x-4)(x-5)}{(4x-1)^{\alpha}}=\beta$, 则常数 $\alpha,\beta$ 的值可以是(　　)。

    A. $1,\dfrac{1}{5}$　　　　　　　　　B. $1,\dfrac{1}{4}$

    C. $5,\dfrac{1}{4^5}$　　　　　　　　　D. $5,4^5$

(5) $\lim\limits_{x\to 1}\dfrac{|x-1|}{x-1}=$(　　)。

    A. $1$　　　　　　　　　　　　　B. $-1$

    C. $0$　　　　　　　　　　　　　D. 不存在

(6) 下列等式中成立的是(　　)。

    A. $\lim\limits_{n\to\infty}\left(1+\dfrac{1}{n}\right)^{2n}=\mathrm{e}$　　　　B. $\lim\limits_{n\to\infty}\left(1+\dfrac{2}{n}\right)^{n}=\mathrm{e}$

    C. $\lim\limits_{n\to\infty}\left(1+\dfrac{1}{n}\right)^{2+n}=\mathrm{e}$　　　D. $\lim\limits_{n\to\infty}\left(1+\dfrac{1}{2n}\right)^{n}=\mathrm{e}$

(7) 函数 $f(x)$ 在 $x_0$ 有定义, 是它在该点处连续的(　　)。

    A. 必要条件但非充分条件

    B. 充分条件但非必要条件

    C. 充分必要条件

    D. 无关条件

（8）函数 $f(x)$ 在 $x_0$ 的极限存在，是它在该点处连续的（　　）。

    A．必要条件但非充分条件　　　　B．充分条件但非必要条件

    C．充分必要条件　　　　　　　　D．无关条件

（9）函数 $f(x)=\begin{cases} \dfrac{\ln(1+3x)}{x}, & x>0, \\ a, & x=0, \\ 2^x+2, & x<0, \end{cases}$ 在 $x=0$ 处连续，则常数 $a=$（　　）。

    A．0　　　　　　　　　　　　　　B．1

    C．2　　　　　　　　　　　　　　D．3

（10）已知函数 $f(x)$ 在 $x\neq 0$ 时为 $f(x)=\dfrac{x^2}{\sqrt{x^2+1}-1}$，若函数 $f(x)$ 在点 $x=0$ 处连续，则函数值 $f(0)=$（　　）。

    A．0　　　　　　　　　　　　　　B．1

    C．2　　　　　　　　　　　　　　D．无法求

2．下列各对函数 $f(x)$ 与 $g(x)$，在 $x\to 1$ 时的极限是否相同？为什么？

（1）$f(x)=\dfrac{x+1}{2x+1}$，　$g(x)=\dfrac{x^2-1}{2x^2-x-1}$；

（2）$f(x)=3x+2$，　$g(x)=\begin{cases} 3x+2, & x\neq 1 \\ -1, & x=1 \end{cases}$。

3．设函数 $f(x)=\begin{cases} x+2, & x>1, \\ a-x, & x<1, \end{cases}$ 试确定常数 $a$ 的值，使得 $f(x)$ 在 $x=1$ 的极限存在。

4．在 $x\to 0$ 的变化过程中，下列变量中哪些是无穷小量？哪些是无穷大量？

（1）$\mathrm{e}^{-\left|\frac{1}{x}\right|}$；　　　　　　　　　　　　　（2）$\sqrt[2]{x}$；

（3）$1000x^2$；　　　　　　　　　　　（4）$x^2+0.1x$；

（5）$\dfrac{2}{x}$；　　　　　　　　　　　　　　（6）$\dfrac{x^2}{x}$。

5．在 $x$ 的何种变化趋向下，下列变量为无穷小量或为无穷大量？

（1）$y=\dfrac{x+1}{x-1}$；　　　　　　　　　（2）$y=\dfrac{x^2-3x+2}{x^2-x-2}$；

（3）$y=\dfrac{ax^3+(b-1)x^2+2}{x^2+1}$。

6．求下列函数的极限。

（1）$\lim\limits_{x\to 1}(7x^2-5x+2)$；　　　　　（2）$\lim\limits_{x\to 5}\dfrac{x-3}{x+3}$；

（3）$\lim\limits_{x\to 2}\dfrac{x^2-4}{x-2}$；　　　　　　　　（4）$\lim\limits_{x\to 1}\dfrac{x^2-2x+1}{1-x^2}$。

7. 求下列函数的极限。

(1) $\lim\limits_{x \to \infty} \dfrac{2x^2 - 9}{2x^4 - 2x + 9}$；

(2) $\lim\limits_{x \to \infty} \dfrac{(x-2)^{10}(2x-3)^{20}}{(1-3x)^{30}}$。

8. 设 $f(x) = \dfrac{4x^2 + 3}{x - 1} + ax + b$，试求常数 $a, b$ 的值，使得 $\lim\limits_{x \to \infty} f(x) = 0$。

9. 求下列函数的极限。

(1) $\lim\limits_{x \to 0} \dfrac{\sin kx}{x} \ (k \neq 0)$；

(2) $\lim\limits_{x \to 0} \dfrac{\sin mx}{\sin nx}$。

10. 求下列函数的极限。

(1) $\lim\limits_{x \to \infty} \left(1 - \dfrac{1}{2x}\right)^x$；

(2) $\lim\limits_{x \to 0} (1 - 2x)^{\frac{1}{x}}$。

11. 利用连续函数的定义，判别下列函数在点 $x = 0$ 处的连续性。

(1) $f(x) = \begin{cases} 2\mathrm{e}^x, & x < 0, \\ x + 2, & x \geqslant 0; \end{cases}$

(2) $f(x) = \begin{cases} 1 + \cos x, & x \leqslant 0, \\ \dfrac{\ln(1 + 2x)}{x}, & x > 0。 \end{cases}$

12. 试确定常数 $k$ 或 $a, b$ 的值，使函数 $f(x) = \begin{cases} x\sin\dfrac{1}{x} + \dfrac{\sin 2x}{x}, & x \neq 0, \\ k, & x = 0 \end{cases}$ 在点 $x = 0$ 处连续。

13. 求下列函数的间断点。

(1) $y = \dfrac{x}{(x+1)^2}$；

(2) $y = \dfrac{1+x}{x^3 + 1}$。

# 第3章　导数与微分

## 微积分中的"幽灵"——无穷小量

**数学故事**

历史上,数学的发展经历了三次重大的危机,每次危机都是因为数学的基础内容受到了质疑,每次危机也为数学的发展提供了前进的动力。第二次数学危机是发生在17世纪牛顿(图3-1中)和莱布尼兹(图3-1右)发明了微积分后到来的,是对微积分中无穷小量的质疑,引出诸多数学问题。

第二次数学危机的导火索就是对微积分中无穷小量的争议。牛顿在研究自由落体运动时,认为 $t_0$ 时刻的瞬时速度为 $\dfrac{\Delta y}{\Delta t}=gt_0+\dfrac{1}{2}g(\Delta t)$,牛顿认为 $\Delta t$ 是一个无穷小量,因此 $\dfrac{1}{2}g(\Delta t)$ 也是一个非常小的量,因此 $t_0$ 时刻的瞬时速度就为 $t_0$。牛顿这一发现,解决了很多解决不了的问题,因此非常受欢迎。

但是,英国大主教贝克莱(图3-1左)认为,$\Delta t$ 作为分母是不为0的,再求瞬时速度时又假设它为0,这是一个悖论。它认为这个理论非常荒谬,还用讥讽的语言称这个无穷小量为"已死量的幽灵"。贝克莱的理论一针见血地指出了问题所在,在之后的200多年的时间里,人们都无法解决这个问题,直到柯西创立了极限理论,才较好地反驳了这个悖论。

图　3-1

**数学思想**

"无穷小量"的方法在概念和逻辑上都缺乏基础,数学家们相信它是因为它使用起来非常方便有效,并且得出的结果总是对的。例如,当时海王星、冥王星的发现都依赖于牛顿的理论,因为大家都认为实践是检验真理的唯一标准,因此十分相信牛顿理论的正确性。

虽然牛顿提到了极限这个词语,但是没有严格定义和说明极限。德国数学家莱布尼茨也没有说明极限的定义。所以,第二次数学危机的实质是"极限"的概念不清和理论基础的不牢固。更为糟糕的是,在这个基础上,数学的发展出现了很多错误的理论和方法。比如,在研究无穷级数时,就出现了人们在对级数没有严格证明其收敛性的基础上就对其进行求解。

18世纪时,人们已经建立了极限理论,但是当时的极限理论是粗糙的。直到1754年,达朗贝尔利用可靠性理论代替当时的粗糙极限理论。之后,法国数学家柯西在1821—1823年出版的《分析教程》和《无穷小计算讲义》中对极限给出了精确的定义,然后用它定义了连续、导数、微分、定积分和无穷级数的收敛性。在这些基础研究之上,德国数学家维尔斯特拉斯建立了精确的实数集,并建立起了精确的"$\epsilon$-$\delta$"语言,也就是极限的精确定义,消除了各种模糊的说法,像"无限趋近于"等模糊语言。在这个语言的基础上,最终解释了 $\Delta t$ 极限为 0 但是不等于 0 的理论,使贝克莱悖论得到解决,也解决了第二次数学危机。

回顾数学理论建立的历史会发现,微积分的"逻辑顺序"是实数—极限—微积分,但是微积分的建立顺序则正好相反,是先有微积分,后有极限,最后才是完备的实数理论。这也说明知识的逻辑理论有时跟历史的发展顺序是不同的。了解理论的建立历史对我们掌握理论知识具有重要的意义。

## 数学人物

奥古斯丁·路易斯·柯西(图3-2)出生于法国巴黎。他的父亲原来是法国波旁王朝的议会律师,但是就在柯西出生前不久,法国大革命爆发,柯西一家逃亡乡下,开始了长达数十年的隐居生活。就是在这样的环境中,柯西的父亲都没有放弃对柯西的教育,在科学知识和人文素养等多个方面培养与教育柯西。在乡下生活时,柯西的邻居就是当时在数学上颇有建树的著名数学家拉普拉斯,年轻的柯西的数学才华一度受到拉普拉斯的赞赏。18世纪末,柯西的父亲回到巴黎卢浮宫工作,柯西也随同父亲一起,期间遇到了父亲的同事——法国著名的数学家、物理学家拉格朗日,他也对柯西的数学才能大为赞赏。在拉格朗日和拉普拉斯的鼓励与帮助下,柯西放弃成为工程师而致力于数学的研究。

图 3-2

在拉格朗日的帮助下,柯西解出了巴黎科学院当时的全奖题目,从此在数学界展露头角。后来,柯西证明了百年来无人能解的费马多边形猜想,从而获得了法国科学院数学大奖,正式步入一流数学家的行列。而在数学上,柯西最大的贡献就是在微积分中引进了极限的概念,并以极限为基础建立了逻辑清晰的分析体系,后经维尔斯特拉斯的改进,形成了现在所说的柯西极限定义，因此结束了微积分二百多年的混乱局面，并使微积分成为现代数学最基础和最庞大的高等数学学科。

在定积分方面，柯西将定积分定义为和的极限，并做出了最系统的开创性工作。复变函数的微积分就是柯西创立的。柯西的数学论文在数量上仅次于欧拉，据说他在法国科学院时经常发表文章，而那时的印刷费又比较贵，科学院曾一度限制他每篇论文的页数，以至于柯西常常将论文发表在其他的期刊上。但是，这样一个伟大的数学家也有犯错的时候，历史上他在担任评审时就因为弄丢了年轻数学家阿贝尔和伽罗华的数学手稿，导致数学中的群论晚了半个世纪面世。

# 3.1 导 数

## 问题导入

在实际问题中经常遇到求函数的变化率问题，比如一般曲线的切线的斜率，变速直线运动的瞬时速度，某一时刻的电流强度等，这些问题能不能用一种统一而又简便的数学方法解决呢？首先看两个引例。

引例 1 曲线的切线问题

导数的概念——引例

如果是一个圆，可以直接沿用欧几里得的描述方法，即中学中的切线定义：切线是一条与这个圆只有一个交点的直线，如图 3-3 所示。而对于更复杂的曲线，这个定义已经不适用。如图 3-4 所示，通过曲线 $C$ 上一点 $P$，可以画出多条直线，比如有两条直线 $l$ 与 $l_1$，直线 $l$ 与 $C$ 只相交一次，但它显然不是我们所想象的切线；相反，与曲线 $C$ 相交两次的直线 $l_1$ 看起来是一条切线。如何求某曲线上任意一点的切线呢？

事实上，曲线在其上任一点 $M_0(x_0, y_0)$ 处的切线，可以看成过曲线上点 $M_0$ 与其邻近一点 $M$ 的割线 $M_0M$，当点 $M$ 沿着曲线无限趋于点 $M_0$ 时的极限位置为 $M_0T$，如图 3-5 所示。

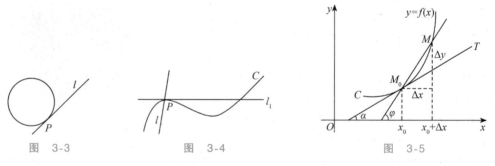

图 3-3　　　　　图 3-4　　　　　图 3-5

问题：已知曲线 $y = f(x)$，如何求它在点 $M_0(x_0, y_0)$ 处的切线斜率？

按上述确定切线的思路，在曲线 $y = f(x)$ 上任取接近于点 $M_0(x_0, y_0)$ 的点 $M(x_0 + \Delta x, y_0 + \Delta y)$，则割线 $M_0M$ 的倾角为 $\varphi$，其斜率是点 $M_0(x_0, y_0)$ 的纵坐标的改变量 $\Delta y$ 与

横坐标的改变量 $\Delta x$ 之比

$$\tan \varphi = \frac{\Delta y}{\Delta x} = \frac{f(x_0 + \Delta x) - f(x_0)}{\Delta x},$$

用割线 $M_0M$ 的斜率表示切线斜率，这是近似值；显然，$\Delta x$ 越小，点 $M$ 沿曲线越接近于点 $M_0$，其近似程度越高。

现让点 $M(x_0 + \Delta x, y_0 + \Delta y)$ 沿着曲线移动，并无限趋于给定的点 $M_0(x_0, y_0)$，即当 $\Delta x \to 0$ 时，割线 $M_0M$ 将绕着点 $M_0$ 移动而达到极限位置成为切线 $M_0T$。

所以割线 $M_0M$ 的斜率的极限

$$\tan \alpha = \lim_{\Delta x \to 0} \tan \varphi = \lim_{\Delta x \to 0} \frac{f(x_0 + \Delta x) - f(x_0)}{\Delta x}$$

如果存在，就是曲线 $y = f(x)$ 在点 $M_0(x_0, y_0)$ 处切线 $M_0T$ 的斜率，上式中的 $\alpha$ 为切线 $M_0T$ 的倾角。

以上计算过程可归纳为：先作割线，以求出割线斜率；然后通过取极限，从割线过渡到切线，从而求得切线斜率。

由此可知，曲线 $f(x)$ 过点 $M(x_0 + \Delta x, y_0 + \Delta y)$ 与 $M_0(x_0, y_0)$ 的割线斜率 $\frac{\Delta y}{\Delta x}$ 是曲线上的点 $M_0(x_0, y_0)$ 的纵坐标 $y$ 对横坐标 $x$ 在区间 $[x_0, x_0 + \Delta x]$ 上的平均变化率；而在点 $M_0$ 处的切线斜率是曲线上的点的纵坐标 $y$ 对横坐标 $x$ 在 $x_0$ 处的变化率。显然，后者反映了曲线的纵坐标 $y$ 随横坐标 $x$ 变化而变化，且在横坐标为 $x_0$ 处变化的快慢程度。

引例2　运动物体的瞬时速度问题

又如，当你驱车在道路上行驶时，观察汽车的速度表，你会发现指针在不停地变动。也就是说，汽车行驶时的速度不是恒定的。通过观察速度表，设想汽车在每一个瞬间都有一个明确的速度，但是"瞬间"速度如何定义呢？

一般地，若物体作匀速直线运动，以 $t$ 表示经历的时间，$S$ 表示所走过的路程，则匀速运动的速度

$$v = \frac{\text{所走路程}}{\text{经历时间}} = \frac{S}{t}.$$

现假设物体作变速直线运动，所走过的路程 $S$ 是经历的时间 $t$ 的函数，其运动方程为 $S = f(t)$。试讨论该物体在时刻 $t_0$ 的运动速度。

为此，可取邻近于 $t_0$ 的时刻 $t = t_0 + \Delta t$，在 $\Delta t$ 这段时间内，物体走过的路程是

$$\Delta S = f(t_0 + \Delta t) - f(t_0),$$

在 $\Delta t$ 这段时间内，物体运动的平均速度是

$$\bar{v} = \frac{\Delta S}{\Delta t} = \frac{f(t_0 + \Delta t) - f(t_0)}{\Delta t}.$$

用 $\Delta t$ 这段时间内的平均速度表示物体在时刻 $t_0$ 的运动速度，这是近似值；显然，$\Delta t$ 越小，即时刻 $t$ 越接近于时刻 $t_0$，其近似程度越好。

令 $\Delta t \to 0$，平均速度 $\bar{v}$ 的极限自然就是物体在时刻 $t_0$ 运动的瞬时速度

$$v(t_0) = \lim_{\Delta t \to 0} \frac{\Delta S}{\Delta t} = \lim_{\Delta t \to 0} \frac{f(t_0 + \Delta t) - f(t_0)}{\Delta t}。$$

以上计算过程可归纳为：先在局部范围内求出平均速度；然后通过取极限，由平均速度过渡到瞬时速度。

由此可知，若物体作变速直线运动，其运动方程为 $S = f(t)$，则在时刻 $t_0$ 到时刻 $t_0 + \Delta t$（即在 $\Delta t$ 这一段时间间隔）的平均速度 $\frac{\Delta S}{\Delta t}$ 是运动路程 $S$ 对运动时间 $t$ 的平均变化率；而在时刻 $t_0$ 的瞬时速度 $v(t_0)$ 是运动路程 $S$ 对运动时间 $t$ 在时刻 $t_0$ 的瞬时变化率。显然，后者反映了运动路程 $S$ 随运动时间 $t$ 变化而变化，且在时刻 $t_0$ 变化的快慢程度。

以上两个实际问题虽然反映的是两个不同领域的不同问题，但从数学角度看，解决它们的方法却完全一样，都是计算同一类型的极限问题。即函数的改变量与自变量的改变量之比，当自变量的改变量趋于零时的极限。

对函数 $y = f(x)$，要求计算下式的极限问题，

$$\lim_{\Delta x \to 0} \frac{\Delta y}{\Delta x} = \lim_{\Delta x \to 0} \frac{f(x_0 + \Delta x) - f(x_0)}{\Delta x}。$$

上式中，分母 $\Delta x$ 是自变量 $x$ 在点 $x_0$ 处取得的改变量，要求 $\Delta x \neq 0$；分子 $\Delta y = f(x_0 + \Delta x) - f(x_0)$ 是与 $\Delta x$ 相对应的函数 $f(x)$ 的改变量。因此，若上述极限存在，这个极限是函数在点 $x_0$ 处的变化率，它描述了函数 $f(x)$ 在点 $x_0$ 变化的快慢程度。

实际上，上述极限表达了自然科学、经济科学中很多不同质的现象在量方面的共性，正是这种共性的抽象引出函数的导数概念。

## 知识归纳

### 3.1.1　导数与导函数

**1. 导数的定义**

【定义 3.1】　设函数 $y = f(x)$ 在点 $x_0$ 的某一邻域内有定义，若极限

导数的概念

$$\lim_{\Delta x \to 0} \frac{\Delta y}{\Delta x} = \lim_{\Delta x \to 0} \frac{f(x_0 + \Delta x) - f(x_0)}{\Delta x}$$

存在，则称函数 $f(x)$ 在点 $x_0$ 处可导，并称这一极限值为函数 $f(x)$ 在点 $x_0$ 的导数，记作

$$f'(x_0), \quad y'|_{x=x_0}, \quad \frac{\mathrm{d}y}{\mathrm{d}x}\bigg|_{x=x_0}, \quad \frac{\mathrm{d}f}{\mathrm{d}x}\bigg|_{x=x_0}。$$

若上述极限不存在，则称函数 $f(x)$ 在点 $x_0$ 处不可导。

按照定义 3.1 所述，记号 $f'(x_0)$ 或 $y'|_{x=x_0}$ 等表示函数 $f(x)$ 在点 $x_0$ 的导数，它表示一个数值，并有

$$f'(x_0)=\lim_{\Delta x \to 0}\frac{f(x_0+\Delta x)-f(x_0)}{\Delta x}。 \tag{3.1}$$

若记 $x=x_0+\Delta x$,则 $\Delta x=x-x_0$,式 3.1 又可表示为

$$f'(x_0)=\lim_{x \to x_0}\frac{f(x)-f(x_0)}{x-x_0}。 \tag{3.2}$$

以后讨论函数 $f(x)$ 在点 $x_0$ 的导数问题时,可以采用式(3.1)或式(3.2)。

函数在 $x_0$ 的导数的本质意义就是函数在该点处的瞬时变化率。涉及变化率的问题可以转化为导数的问题再解决。

2.　利用定义求导数步骤

(1)　给定自变量的任意增量 $\Delta x$。

(2)　计算函数值的增量 $\Delta y=f(x_0+\Delta x)-f(x_0)$。

(3)　求增量的比值 $\dfrac{\Delta y}{\Delta x}$。

(4)　求极限

$$f'(x_0)=\lim_{\Delta x \to 0}\frac{\Delta y}{\Delta x}=\lim_{\Delta x \to 0}\frac{f(x_0+\Delta x)-f(x_0)}{\Delta x}。$$

❀ 相关例题见例 3.1 和例 3.2。

3.　左导数和右导数

既然函数 $f(x)$ 在点 $x_0$ 的导数是用极限定义的,而极限问题有左极限、右极限之分,因此,对于导数概念自然也就有左导数和右导数问题。

【定义 3.2】　设以 $f'_-(x_0)$ 和 $f'_+(x_0)$ 分别记函数 $f(x)$ 在点 $x_0$ 的左导数和右导数,则

$$左导数 f'_-(x_0)=\lim_{\Delta x \to 0^-}\frac{\Delta y}{\Delta x}=\lim_{\Delta x \to 0^-}\frac{f(x_0+\Delta x)-f(x_0)}{\Delta x},$$

$$右导数 f'_+(x_0)=\lim_{\Delta x \to 0^+}\frac{\Delta y}{\Delta x}=\lim_{\Delta x \to 0^+}\frac{f(x_0+\Delta x)-f(x_0)}{\Delta x}。$$

由函数极限存在的充分必要条件可知,函数在点 $x_0$ 的导数与在该点的左、右导数的关系有下述定理。

【定理 3.1】　$f'(x_0)$ 存在且等于 $A$ 的充分必要条件是 $f'_-(x_0)$ 与 $f'_+(x_0)$ 皆存在且 $f'_-(x_0)=f'_+(x_0)=A$。

❀ 相关例题见例 3.3。

4.　导函数

若函数 $y=f(x)$ 在区间 $(a,b)$ 内的每一点都可导,则称函数 $f(x)$ 在该区间 $(a,b)$ 内可导。

【定义 3.3】　设函数 $f(x)$ 在区间 $(a,b)$ 上可导,则对每一个 $x \in (a,b)$,$f(x)$ 在点 $x$ 处可导,这样对于 $x \in (a,b)$ 都有一个导数值 $f'(x)$ 与之对应,这样就得到了定义在 $(a,b)$ 上的一个新的函数,该函数称为函数 $y=f(x)$ 的导函数,记作

$$f'(x)\quad 或 \quad y'\quad 或 \quad \frac{\mathrm{d}y}{\mathrm{d}x}\quad 或 \quad \frac{\mathrm{d}f(x)}{\mathrm{d}x}。$$

即

$$f'(x)=\lim_{\Delta x\to 0}\frac{\Delta y}{\Delta x}=\lim_{\Delta x\to 0}\frac{f(x+\Delta x)-f(x)}{\Delta x}。 \tag{3.3}$$

注意：

（1）式(3.3)中的 $x$ 可取区间 $(a,b)$ 内的任意值，但在求极限过程中应把 $x$ 看作常量，$\Delta x$ 则是变量。

（2）显然，函数 $f(x)$ 在点 $x_0$ 的导数，正是函数 $f(x)$ 的导函数 $f'(x)$ 在点 $x_0$ 的函数值 $f'(x_0)$，即

$$f'(x_0)=f'(x)\big|_{x=x_0}。$$

（3）导函数简称为导数。在求导数时，若没有特别指明是求在某一定点的导数，都是指求导函数。

相关例题见例 3.4 和例 3.5。

### 3.1.2　可导与连续的关系

在例 3.3 中讨论绝对值函数 $f(x)=|x|$ 的可导性，虽然函数 $f(x)$ 在 $x=0$ 点连续，但是函数 $f(x)=|x|$ 在 $x=0$ 处是不可导的，即连续不一定可导。

然而，如果函数 $f(x)$ 在 $x=x_0$ 处可导，那么 $f'(x)=\lim_{\Delta x\to 0}\dfrac{\Delta y}{\Delta x}$ $(\Delta x\neq 0)$ 存在，从而

$$\lim_{\Delta x\to 0}\Delta y=\lim_{\Delta x\to 0}\frac{\Delta y}{\Delta x}\cdot\Delta x=\lim_{\Delta x\to 0}\frac{\Delta y}{\Delta x}\cdot\lim_{\Delta x\to 0}\Delta x=0,$$

即函数 $f(x)$ 在 $x=x_0$ 处连续。这就是下面的定理。

【定理 3.2】　若函数 $f(x)$ 在点 $x_0$ 处可导，则它在点 $x_0$ 处连续。

定理 3.2 的逆否命题为：函数在点 $x_0$ 处不连续，则函数 $f(x)$ 在点 $x_0$ 处不可导。

相关例题见例 3.6。

## 典型例题

例 3.1　求函数 $y=f(x)=x^2$ 在 $x=1$ 的导数。

解：

解法 1　运用式(3.1)，在 $x=1$ 处，当自变量有改变量 $\Delta x$ 时，函数相应的改变量
$$\Delta y=f(1+\Delta x)-f(1)=(1+\Delta x)^2-1^2=2\Delta x+(\Delta x)^2,$$
于是，在 $x=1$ 处的导数为
$$f'(1)=\lim_{\Delta x\to 0}\frac{f(1+\Delta x)-f(1)}{\Delta x}=\lim_{\Delta x\to 0}\frac{2\Delta x+(\Delta x)^2}{\Delta x}=2。$$
解法 2　运用式(3.2)，由于 $\Delta x=x-1$，相应的函数的改变量为
$$\Delta y=f(x)-f(1)=x^2-1^2,$$
于是，在 $x=1$ 处的导数

$$f'(1)=\lim_{x\to1}\frac{f(x)-f(1)}{x-1}=\lim_{x\to1}\frac{x^2-1}{x-1}=2。$$

例3.2 已知$f'(x_0)=2$,则$\lim_{\Delta x\to0}\dfrac{f(x_0-3\Delta x)-f(x_0)}{\Delta x}=$_____。

解:因为$\lim_{\Delta x\to0}\dfrac{f(x_0-3\Delta x)-f(x_0)}{\Delta x}=-3\lim_{\Delta x\to0}\dfrac{f(x_0-3\Delta x)-f(x_0)}{-3\Delta x}=-3f'(x_0)$,

所以

$$\lim_{\Delta x\to0}\frac{f(x_0-3\Delta x)-f(x_0)}{\Delta x}=-6。$$

例3.3 讨论函数$f(x)=|x|$在$x=0$处的导数。

解:按绝对值定义,

$$|x|=\begin{cases}x, & x\geqslant0,\\ -x, & x<0。\end{cases}$$

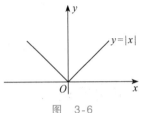

图 3-6

这是分段函数,$x=0$是其分段点,如图3-6所示。

先考察函数在$x=0$的左导数和右导数。由于$f(0)=0$,且

$$f'_-(0)=\lim_{\Delta x\to0^-}\frac{f(0+\Delta x)-f(0)}{\Delta x}=\lim_{\Delta x\to0^-}\frac{-\Delta x-0}{\Delta x}=-1,$$

$$f'_+(0)=\lim_{\Delta x\to0^+}\frac{f(0+\Delta x)-f(0)}{\Delta x}=\lim_{\Delta x\to0^+}\frac{\Delta x-0}{\Delta x}=1,$$

虽然该函数在$x=0$处的左导数和右导数都存在,但$f'_-(0)\neq f'_+(0)$,所以函数$f(x)=|x|$在$x=0$处不可导。

但绝对值函数$f(x)=|x|$在$x=0$处连续,这样就获得了连续不一定可导的结论。

例3.4 求$y=x^3$的导数$y'$,并求$y'|_{x=2}$。

解:先求函数的导函数。

对任意点$x$,当自变量的改变量为$\Delta x$时,相应的$y$的改变量

$$\Delta y=(x+\Delta x)^3-x^3=3x^2\Delta x+3x(\Delta x)^2+(\Delta x)^3。$$

由式(3.3),导函数

$$y'=\lim_{\Delta x\to0}\frac{(x+\Delta x)^3-x^3}{\Delta x}=\lim_{\Delta x\to0}\left[3x^2+3x\cdot\Delta x+(\Delta x)^2\right]=3x^2。$$

由导函数再求指定点的导数值即得

$$y'\big|_{x=2}=3x^2\big|_{x=2}=12。$$

例3.5 求常值函数$y=c$的导数。

解:对任意一点$x$,若自变量的改变量为$\Delta x$,则总有$\Delta y=c-c=0$。于是,由导函数的表示式(3.3)得

$$y'=\lim_{\Delta x\to0}\frac{\Delta y}{\Delta x}=\lim_{\Delta x\to0}\frac{0}{\Delta x}=0。$$

即常数的导数等于零。

例3.6 讨论函数 $f(x)=\begin{cases} x\sin\dfrac{1}{x}, & x\neq 0, \\ 0, & x=0 \end{cases}$ 在点 $x=0$ 处的连续性与可导性。

解：无穷小量与有界变量的乘积仍是无穷小量，故

$$\lim_{x\to 0} f(x)=\lim_{x\to 0} x\sin\frac{1}{x}=0=f(0)。$$

由函数在一点连续的定义可知，$f(x)$ 在 $x=0$ 处连续。

再来考察可导性。在 $x=0$ 处，由于

$$\frac{f(0+\Delta x)-f(0)}{\Delta x}=\frac{\Delta x\sin\dfrac{1}{\Delta x}-0}{\Delta x}=\sin\frac{1}{\Delta x},$$

显然，当 $\Delta x\to 0$ 时，上式的极限不存在，所以 $f(x)$ 在 $x=0$ 处不可导。

## 应用案例

案例3.1：电流强度模型

单位时间内通过导线横截面的电量叫作电流强度。设非恒定电流从 0 到 $t$ 这段时间通过导线横截面的电量为 $Q=Q(t)$，则该电流在 $t_0$ 时刻的瞬时电流强度为多少？

解：电流强度实质上就是变化率问题，根据函数在一点的导数的概念可知，$t_0$ 时刻的瞬时电流强度 $I(t_0)$ 为

$$I(t_0)=Q'(t_0)=\lim_{\Delta t\to 0}\frac{Q(t_0+\Delta t)-Q(t_0)}{\Delta t}。$$

案例3.2：化学反应速度模型

在化学反应中，某种物质的浓度和时间的关系为 $N=N(t)$，则该物质在 $t_0$ 时刻的瞬时反应速度为多少？

解：根据函数在一点的导数的概念可知，$t_0$ 时刻的瞬时反应速度为

$$N'(t_0)=\lim_{\Delta t\to 0}\frac{N(t_0+\Delta t)-N(t_0)}{\Delta t}。$$

## 课堂巩固 3.1

基础训练3.1

1. 已知 $f'(x_0)=3$，则 $\lim\limits_{\Delta x\to 0}\dfrac{f(x_0+2\Delta x)-f(x_0)}{\Delta x}=$_____。

2. 已知函数 $f(x)$ 在点 $x_0$ 处可导，则 $\lim\limits_{\Delta x\to 0}\dfrac{f(x_0+3\Delta x)-f(x_0)}{\Delta x}=$_____。

3. 已知 $f'(x_0)=1$，则 $\lim\limits_{h\to 0}\dfrac{f(x_0-5h)-f(x_0)}{h}=$ _____。

4. 若 $\lim\limits_{h\to 0}\dfrac{f(x_0+2h)-f(x_0)}{h}=6$，则 $f'(x_0)=$ _____。

**提升训练 3.1**

1. 已知 $f'(x_0)=5$，且 $\lim\limits_{\Delta x\to 0}\dfrac{f(x_0)-f(x_0-k\Delta x)}{\Delta x}=-10$，则 $k=$ _____。

2. 设函数 $f(x)$ 在 $x=0$ 处可导，且 $f(0)=0$，则 $\lim\limits_{x\to 0}\dfrac{f(4x)}{x}=$ _____。

3. 利用导数定义求下列函数的导函数 $f'(x)$ 与 $f'(4)$：

(1) $f(x)=x^2+1$；

(2) $f(x)=\sqrt{x}$。

4. 讨论函数 $f(x)=\begin{cases}x^2\cos\dfrac{1}{x}, & x>0,\\[2mm] 0, & x\leqslant 0\end{cases}$ 在 $x=0$ 处的连续性与可导性。

# 3.2 导数的基本公式与运算法则

## 问题导入

导数的定义中不仅阐明了导数概念的实质，也给出了根据定义求已知函数在给定点的导数的方法，即计算极限 $\lim\limits_{\Delta x\to 0}\dfrac{f(x+\Delta x)-f(x)}{\Delta x}$ 的方法。但是，如果对于每一个函数都直接用定义求它的导数，那将是极为复杂与困难的。因此，我们希望找到一些基本公式与运算法则，借助它们来简化求导数的计算。

在 3.1 节中，我们已经证明了常值函数的导数为零，即 $(c)'=0$，那么幂函数、指数函数、对数函数、三角函数等基本初等函数有没有固定的导数公式呢？有哪些求导法则呢？

## 知识归纳

### 3.2.1 基本初等函数的导数公式

**1. 幂函数的导数**

设 $y=x^n$（$n$ 为正整数），由二项式定理可知，

$$\Delta y = f(x+\Delta x) - f(x) = (x+\Delta x)^n - x^n$$

$$= x^n + nx^{n-1}\Delta x + \frac{n(n-1)}{2}x^{n-2}(\Delta x)^2 + \cdots + (\Delta x)^n - x^n$$

$$= nx^{n-1}\Delta x + \frac{n(n-1)}{2}x^{n-2}(\Delta x)^2 + \cdots + (\Delta x)^n,$$

于是

$$\frac{\Delta y}{\Delta x} = nx^{n-1} + \frac{n(n-1)}{2}x^{n-2}(\Delta x) + \cdots + (\Delta x)^{n-1},$$

因而

$$y' = \lim_{\Delta x \to 0}\frac{\Delta y}{\Delta x} = nx^{n-1},$$

即

$$(x^n)' = nx^{n-1}。$$

事实上，当指数为任意实数时，上述公式也是成立的，即

$$(x^a)' = ax^{a-1} \quad (a \text{为任意实数})。$$

相关例题见例 3.7。

2. 指数函数的导数

设 $y = a^x(a>0$ 且 $a \neq 1)$，则

$$\Delta y = f(x+\Delta x) - f(x) = a^{x+\Delta x} - a^x = a^x(a^{\Delta x} - 1),$$

$$\frac{\Delta y}{\Delta x} = \frac{a^x(a^{\Delta x}-1)}{\Delta x}。$$

设 $u = a^{\Delta x} - 1$，则 $\Delta x = \log_a(1+u)$。所以

$$y' = \lim_{\Delta x \to 0}\frac{\Delta y}{\Delta x} = \lim_{\Delta x \to 0}\frac{a^x(a^{\Delta x}-1)}{\Delta x} \quad (a^x \text{视为常量})$$

$$= a^x \lim_{\Delta x \to 0}\frac{a^{\Delta x}-1}{\Delta x} \quad (\text{令} a^{\Delta x}-1=u)$$

$$= a^x \lim_{u \to 0}\frac{u}{\log_a(1+u)} \quad (\text{当} \Delta x \to 0 \text{时}, u \to 0)$$

$$= a^x \lim_{u \to 0}\frac{1}{\log_a(1+u)^{\frac{1}{u}}}$$

$$= a^x \frac{1}{\log_a e} = a^x \ln a。$$

即

$$(a^x)' = a^x \ln a(a>0, \ a \neq 1)。$$

特别地，

$$(e^x)' = e^x。$$

3. 对数函数的导数

设 $y = \log_a x(a>0$ 且 $a \neq 1)$，则

$$\Delta y = f(x + \Delta x) - f(x) = \log_a(x + \Delta x) - \log_a x$$

$$= \log_a \frac{x + \Delta x}{x} = \log_a\left(1 + \frac{\Delta x}{x}\right),$$

由于

$$\frac{\Delta y}{\Delta x} = \frac{\log_a\left(1 + \dfrac{\Delta x}{x}\right)}{\Delta x} = \log_a\left(1 + \frac{\Delta x}{x}\right)^{\frac{1}{\Delta x}},$$

$$y' = \lim_{\Delta x \to 0} \frac{\Delta y}{\Delta x} = \lim_{\Delta x \to 0} \log_a\left(1 + \frac{\Delta x}{x}\right)^{\frac{1}{\Delta x}}$$

$$= \log_a \lim_{\Delta x \to 0}\left(1 + \frac{\Delta x}{x}\right)^{\frac{x}{\Delta x} \cdot \frac{1}{x}} = \log_a \mathrm{e}^{\frac{1}{x}}$$

$$= \frac{1}{x} \log_a \mathrm{e} = \frac{1}{x \ln a},$$

即

$$(\log_a x)' = \frac{1}{x \ln a} \quad (a > 0,\ a \neq 1)_{\circ}$$

特别地，

$$(\ln x)' = \frac{1}{x}_{\circ}$$

### 4. 三角函数的导数

设 $y = \sin x$，则

$$\Delta y = f(x + \Delta x) - f(x) = \sin(x + \Delta x) - \sin x$$

$$= 2 \sin \frac{\Delta x}{2} \cos \frac{2x + \Delta x}{2}_{\circ}$$

由于

$$\frac{\Delta y}{\Delta x} = \frac{2 \sin \dfrac{\Delta x}{2} \cos \dfrac{2x + \Delta x}{2}}{\Delta x},$$

所以

$$y' = \lim_{\Delta x \to 0} \frac{\Delta y}{\Delta x} = \lim_{\Delta x \to 0} \frac{\sin \dfrac{\Delta x}{2} \cos \dfrac{2x + \Delta x}{2}}{\dfrac{\Delta x}{2}} = \cos x,$$

即

$$(\sin x)' = \cos x_{\circ}$$

同理可得

$$(\cos x)' = -\sin x_{\circ}$$

基本初等函数的导数公式是进行导数运算的基础，在求导数的练习中要求熟练地背下来，以提高求导数的速度。

表 3-1 为基本初等函数的导数公式表，公式表中未证明的公式有兴趣的读者可自行推导。

表　3-1

| 序号 | 公　　式 | 序号 | 公　　式 |
|---|---|---|---|
| 1 | $(c)'=0$ | 8 | $(\cos x)'=-\sin x$ |
| 2 | $(x^a)'=ax^{a-1}(a$ 为任意实数$)$ | 9 | $(\tan x)'=\dfrac{1}{\cos^2 x}$ |
| 3 | $(a^x)'=a^x\ln a(a>0,\ a\neq 1)$ | 10 | $(\cot x)'=-\dfrac{1}{\sin^2 x}$ |
| 4 | $(\mathrm{e}^x)'=\mathrm{e}^x$ | 11 | $(\arcsin x)'=\dfrac{1}{\sqrt{1-x^2}}$ |
| 5 | $(\log_a x)'=\dfrac{1}{x\ln a}(a>0,\ a\neq 1)$ | 12 | $(\arccos x)'=-\dfrac{1}{\sqrt{1-x^2}}$ |
| 6 | $(\ln x)'=\dfrac{1}{x}$ | 13 | $(\arctan x)'=\dfrac{1}{1+x^2}$ |
| 7 | $(\sin x)'=\cos x$ | 14 | $(\operatorname{arccot} x)'=-\dfrac{1}{1+x^2}$ |

### 3.2.2　求导法则

基本初等函数的导数公式及将要学习的导数的四则运算法则将为求解较为复杂的初等函数的导数提供便捷的方法。

1. 代数和的导数

法则 1　设函数 $u=u(x),v=v(x)$ 都是可导函数，则 $y=u\pm v$ 也是可导函数，并且 $(u\pm v)'=u'\pm v'$。

证明　当 $x$ 取得改变量 $\Delta x$ 时，函数 $u(x)$ 和 $v(x)$ 分别取得改变量 $\Delta u$ 和 $\Delta v$，于是函数 $y$ 取得改变量

$$\Delta y=[u(x+\Delta x)\pm v(x+\Delta x)]-[u(x)\pm v(x)]$$
$$=[u(x+\Delta x)-u(x)]\pm[v(x+\Delta x)-v(x)]$$
$$=\Delta u\pm\Delta v,$$

因而

$$\frac{\Delta y}{\Delta x}=\frac{\Delta u\pm\Delta v}{\Delta x},$$

所以

$$y'=\lim_{\Delta x\to 0}\frac{\Delta y}{\Delta x}=\lim_{\Delta x\to 0}\frac{\Delta u\pm\Delta v}{\Delta x}=\lim_{\Delta x\to 0}\frac{\Delta u}{\Delta x}\pm\lim_{\Delta x\to 0}\frac{\Delta v}{\Delta x}=u'\pm v'。$$

2. 乘积的导数

法则 2　设函数 $u=u(x),v=v(x)$ 都是可导函数，则 $y=uv$ 也是可导函数，并且 $(u\cdot$

$v)'=u'v+uv'$。

证明 设函数 $y=u(x)v(x)$ 在点 $x$ 取得改变量 $\Delta x$,函数 $u(x)$ 和 $v(x)$ 分别取得改变量 $\Delta u$ 和 $\Delta v$,则相应的 $y$ 的改变量

$$
\begin{aligned}
\Delta y &= u(x+\Delta x)v(x+\Delta x)-u(x)v(x) \\
&= u(x+\Delta x)v(x+\Delta x)-u(x)v(x+\Delta x)+u(x)v(x+\Delta x)-u(x)v(x) \\
&= [u(x+\Delta x)-u(x)]\cdot[v(x+\Delta x)-v(x)+v(x)]-u(x)[v(x+\Delta x) \\
&\quad -v(x+\Delta x)] \\
&= \Delta u\cdot v(x)+u(x)\cdot\Delta v+\Delta u\cdot\Delta v,
\end{aligned}
$$

因而

$$
\frac{\Delta y}{\Delta x}=v(x)\frac{\Delta u}{\Delta x}+u(x)\frac{\Delta v}{\Delta x}+\frac{\Delta u}{\Delta x}\Delta v。
$$

由于 $u(x),v(x)$ 可导,而可导必连续,于是 $\lim\limits_{\Delta x\to 0}\Delta v=0$。所以

$$
y'=\lim_{\Delta x\to 0}\frac{\Delta y}{\Delta x}=v\lim_{\Delta x\to 0}\frac{\Delta u}{\Delta x}+u\lim_{\Delta x\to 0}\frac{\Delta v}{\Delta x}+\lim_{\Delta x\to 0}\frac{\Delta u}{\Delta x}\lim_{\Delta x\to 0}\Delta v=u'v+uv'。
$$

**3. 商的导数**

法则 3 设函数 $u=u(x),v=v(x)$ 都是可导函数,且 $v(x)\neq 0$,则 $y=\dfrac{u}{v}$ 也是可导函数,并且

$$
\left(\frac{u}{v}\right)'=\frac{u'v-uv'}{v^2}。
$$

证明 设函数 $y=u(x),v(x)$ 在点 $x$ 取得改变量 $\Delta x$,函数 $u(x)$ 和 $v(x)$ 分别取得改变量 $\Delta u$ 和 $\Delta v$,相应的 $y$ 的改变量

$$
\begin{aligned}
\Delta y &= \frac{u(x+\Delta x)}{v(x+\Delta x)}-\frac{u(x)}{v(x)} \\
&= \frac{u(x+\Delta x)v(x)-u(x)v(x+\Delta x)}{v(x+\Delta x)v(x)} \\
&= \frac{[u(x+\Delta x)-u(x)]\cdot v(x)}{v(x+\Delta x)v(x)}-\frac{u(x)\cdot[v(x+\Delta x)-v(x)]}{v(x+\Delta x)v(x)} \\
&= \frac{\Delta u\cdot v(x)-u(x)\cdot\Delta v}{v(x+\Delta x)v(x)},
\end{aligned}
$$

即

$$
\frac{\Delta y}{\Delta x}=\frac{1}{v(x+\Delta x)\cdot v(x)}\left(v(x)\cdot\frac{\Delta u}{\Delta x}-u(x)\cdot\frac{\Delta v}{\Delta x}\right)。
$$

因为 $v(x)$ 可导,而可导必连续,于是 $\lim\limits_{\Delta x\to 0}v(x+\Delta x)=v(x)$,所以

$$
y'=\lim_{\Delta x\to 0}\frac{\Delta y}{\Delta x}=\lim_{\Delta x\to 0}\frac{1}{v(x+\Delta x)\cdot v(x)}\left(v(x)\cdot\frac{\Delta u}{\Delta x}-u(x)\cdot\frac{\Delta v}{\Delta x}\right)=\frac{u'v-uv'}{v^2}。
$$

综上所示，表3-2为导数的四则运算法则公式表。

表 3-2

| 序号 | 导数的四则运算法则 | 有常数项的导数运算法则 |
|---|---|---|
| 1 | $(u \pm v)' = u' \pm v'$ | $(u \pm c)' = u'$（$c$为任意常数） |
| 2 | $(u_1 + u_2 + \cdots + u_n)' = u_1' + u_2' + \cdots + u_n'$ | |
| 3 | $(u \cdot v)' = u'v + uv'$ | $(cu)' = cu'$（$c$为任意常数） |
| 4 | $(uvw)' = u'vw + uv'w + uvw'$ | |
| 5 | $\left(\dfrac{u}{v}\right)' = \dfrac{u'v - uv'}{v^2}$ | $\left(\dfrac{c}{v}\right)' = -\dfrac{cv'}{v^2}$ |

相关例题见例 $3.8 \sim$ 例 $3.13$。

### 3.2.3　导数的几何意义

在3.1节引例1"切线问题"的讨论中，根据导数的定义可知：函数$f(x)$在$x=x_0$的导数$f'(x_0)$表示曲线$y=f(x)$在点$(x_0, f(x_0))$处的切线的斜率。如果曲线$y=f(x)$在$x=x_0$的切线倾角为$\alpha$，那么$f'(x_0)=\tan \alpha$（图3-3）。

根据导数的几何意义及解析几何中直线的点斜式方程，若函数$f(x)$在$x_0$处可导，则曲线$y=f(x)$在点$(x_0, f(x_0))$处的切线方程为

$$y - f(x_0) = f'(x_0)(x - x_0),$$

相应地，法线方程为（当$f'(x_0) \neq 0$时）

$$y - f(x_0) = -\frac{1}{f'(x_0)}(x - x_0)。$$

导数的几何
意义

特别地，当$f'(x_0)=0$时，曲线$y=f(x)$在点$(x_0, f(x_0))$处的切线方程为$y=y_0$；当$f'(x_0)$不存在时，曲线$y=f(x)$在点$(x_0, f(x_0))$处的切线方程为$x=x_0$或切线不存在。

相关例题见例 $3.14$ 和例 $3.15$。

## 典型例题

例3.7　填空题。

$(x)' = \underline{\hspace{3cm}}$，　　　　　　　$(x^{10})' = \underline{\hspace{3cm}}$，

$\left(\dfrac{1}{x}\right)' = \underline{\hspace{3cm}}$，　　　　　　$\left(\dfrac{1}{x^2}\right)' = \underline{\hspace{3cm}}$，

$(\sqrt{x})' = \underline{\hspace{3cm}}$，　　　　　　　$\left(\sqrt[3]{x^2}\right)' = \underline{\hspace{3cm}}$，

$$\left(\frac{1}{\sqrt{x}}\right)'=\underline{\qquad\qquad},\qquad\qquad\left(\frac{1}{\sqrt[3]{x}}\right)'=\underline{\qquad\qquad}。$$

解：$(x)'=1$，

$(x^{10})'=10x^{10-1}=10x^9$，

$\left(\dfrac{1}{x}\right)'=(x^{-1})'=-x^{-2}=-\dfrac{1}{x^2}$，

$\left(\dfrac{1}{x^2}\right)'=(x^{-2})'=-2x^{-3}=-\dfrac{2}{x^3}$，

$\left(\sqrt{x}\right)'=\left(x^{\frac{1}{2}}\right)'=\dfrac{1}{2}x^{\frac{1}{2}-1}=\dfrac{1}{2}x^{-\frac{1}{2}}=\dfrac{1}{2\sqrt{x}}$，

$\left(\sqrt[3]{x^2}\right)'=\left(x^{\frac{2}{3}}\right)'=\dfrac{2}{3}x^{\frac{2}{3}-1}=\dfrac{2}{3}x^{-\frac{1}{3}}=\dfrac{2}{3\sqrt[3]{x}}$，

$\left(\dfrac{1}{\sqrt{x}}\right)'=\left(x^{-\frac{1}{2}}\right)'=-\dfrac{1}{2}x^{-\frac{1}{2}-1}=-\dfrac{1}{2}x^{-\frac{3}{2}}$，

$\left(\dfrac{1}{\sqrt[3]{x}}\right)'=\left(x^{-\frac{1}{3}}\right)'=-\dfrac{1}{3}x^{-\frac{1}{3}-1}=-\dfrac{1}{3}x^{-\frac{4}{3}}$。

例 3.8　求 $y=x^4+7x^3-x+10$ 的导数。

解：由代数和的导数运算法则得

$$y'=\left(x^4+7x^3-x+10\right)'=\left(x^4\right)'+\left(7x^3\right)'-(x)'+(10)'=4x^3+21x^2-1。$$

例 3.9　求 $y=3x^4+\sin x-7\mathrm{e}^x$ 的导数。

解：由代数和的导数运算法则得

$$y'=3(x^4)'+(\sin x)'-7(\mathrm{e}^x)'=12x^3+\cos x-7\mathrm{e}^x。$$

例 3.10　求 $y=x^2\mathrm{e}^x$ 的导数。

解：由乘积的导数运算法则得

$$y'=(x^2\mathrm{e}^x)'=(x^2)'\mathrm{e}^x+x^2(\mathrm{e}^x)'=2x\mathrm{e}^x+x^2\mathrm{e}^x。$$

例 3.11　求 $y=x^3\ln x+2\sin x+5$ 的导数。

解：由导数四则运算法则得

$$\begin{aligned}y'&=\left(x^3\ln x\right)'+(2\sin x)'+(5)'\\&=\left(x^3\right)'\ln x+x^3(\ln x)'+2(\sin x)'+0\\&=3x^2\ln x+x^3\cdot\dfrac{1}{x}+2\cos x\\&=3x^2\ln x+x^2+2\cos x。\end{aligned}$$

四则运算

例 3.12　求 $y=\dfrac{2x-1}{x+1}$ 的导数。

解：由商的导数运算法则

$$y' = \frac{(2x-1)'(x+1)-(2x-1)(x+1)'}{(x+1)^2}$$

$$= \frac{2(x+1)-(2x-1)}{(x+1)^2} = \frac{3}{(x+1)^2}。$$

例 3.13　求 $y = \tan x$ 的导数。

解：由商的导数运算法则

$$y' = (\tan x)' = \left(\frac{\sin x}{\cos x}\right)' = \frac{(\sin x)'\cos x - \sin x(\cos x)'}{\cos^2 x}$$

$$= \frac{\cos^2 x + \sin^2 x}{\cos^2 x} = \frac{1}{\cos^2 x} = \sec^2 x。$$

即

$$(\tan x)' = \frac{1}{\cos^2 x} = \sec^2 x。$$

同理可得

$$(\cot x)' = -\frac{1}{\sin^2 x} = -\csc^2 x。$$

例 3.14　求曲线 $y = x^3$ 在点 $(2,8)$ 处的切线方程。

解：设切线斜率为 $k$，则根据导数的几何意义及导数公式，得

$$k = f'(2) = y'\big|_{x=2} = 3x^2\big|_{x=2} = 12。$$

所以，切线方程为

$$y - 8 = 12(x-2),$$

或

$$12x - y - 16 = 0。$$

例 3.15　求曲线 $y = x^2$ 在点 $(1,1)$ 处的切线方程和法线方程。

解：设切线斜率为 $k$，则根据导数的几何意义及导数公式，得

$$k = f'(1) = 2,$$

所以，切线方程为

$$y - 1 = 2(x-1),$$

即

$$y = 2x - 1。$$

法线方程为

$$y - 1 = -\frac{1}{2}(x-1),$$

即

$$y = -\frac{1}{2}x + \frac{3}{2}。$$

## 应用案例

案例3.3:瞬时速度问题

某物体的运动方程为

$$s = t^2 - t\ln t + 5, \ t \in [1, \ 5]。$$

式中,$s$(单位:m)为路程,$t$(单位:s)为时间,求物体在 $t = 3\mathrm{s}$ 时的瞬时速度($\ln 3 \approx 1.099$)。

解:瞬时速度就是路程在某一时刻的瞬时变化率,即路程函数在该点处的导数

$$v(3) = s'(3)。$$

根据导数的四则运算法则

$$s'(t) = (t^2 - t\ln t + 5)' = 2t - \ln t - t \cdot \frac{1}{t} = 2t - \ln t - 1,$$

则

$$v(3) = s'(3) = (2t - \ln t - 1)\Big|_{t=3} = 6 - \ln 3 - 1 \approx 3.901(\mathrm{m/s})。$$

故 $t = 3\mathrm{s}$ 时的瞬时速度约为 $3.901\mathrm{m/s}$。

案例3.4:冰箱温度变化率问题

冰箱断电后,其温度将慢慢升高,测试出某款冰箱断电后的时间 $t$ 与温度 $T$ 之间的关系为

$$T = \frac{2t}{0.05t + 1} - 20,$$

则冰箱温度 $T$ 关于时间 $t$ 的变化率为多少?

解:根据导数的本质意义可知,冰箱温度 $T$ 关于时间 $t$ 的变化率为

$$\frac{\mathrm{d}T}{\mathrm{d}t} = \left(\frac{2t}{0.05t + 1} - 20\right)' = \left(\frac{2t}{0.05t + 1}\right)'$$

$$= \frac{(2t)' \cdot (0.05t + 1) - 2t \cdot (0.05t + 1)'}{(0.05t + 1)^2}$$

$$= \frac{2 \times (0.05t + 1) - 2t \times 0.05}{(0.05t + 1)^2}$$

$$= \frac{2}{(0.05t + 1)^2},$$

故冰箱温度 $T$ 关于时间 $t$ 的变化率为

$$\frac{\mathrm{d}T}{\mathrm{d}t} = \frac{2}{(0.05t + 1)^2}。$$

## 课堂巩固 3.2

基础训练 3.2

1. 求下列函数的导数:

(1) $y = x^2 + \mathrm{e}^x + \sin x$;　　　　　　(2) $y = \log_2 x + 2\ln x + \cos x$;

(3) $y = x^e + \mathrm{e}^x - \mathrm{e}^e$;　　　　　　　(4) $y = 2\sqrt{x} + \dfrac{2}{\sqrt{x}}$;

(5) $y = x^5 + 5^x + 5^5$;　　　　　　　(6) $y = \mathrm{e}^x \cdot \sin x$;

(7) $y = (x^2 + 1)\ln x$;　　　　　　　(8) $y = 3^x \mathrm{e}^x$;

(9) $y = \dfrac{x+1}{x-1}$;　　　　　　　　(10) $y = \dfrac{\ln x}{x}$。

2．求下列函数的导数值：

(1) 已知 $f(x) = 2x\mathrm{e}^x$，求 $f'(0)$;　　　(2) 已知 $f(x) = x + \dfrac{1}{x}$，求 $f'(1)$。

3．求曲线 $y = \dfrac{2}{x} + x$ 在点 $(2,3)$ 处的切线方程及法线方程。

提升训练 3.2

1．求下列函数的导数：

(1) $y = x\sin x\ln x$;　　　　　　　(2) $y = \dfrac{\sin t}{1 + \cos t}$;

(3) $y = \dfrac{2}{\sin x} + \dfrac{\sin x}{x}$;　　　　　(4) $y = \dfrac{1 + \ln x}{1 - \ln x}$。

2．求下列函数的导数值：

(1) 已知 $y = \tan x$，求 $f'(x), f'(0)$;　　(2) 已知 $f(x) = \dfrac{x}{4^x}$，求 $f'(1)$。

3．验证函数 $y = x^2\ln x$ 满足关系式 $xy' - 2y = x^2$。

4．已知曲线 $y = x^3 + x - 2$ 与直线 $y = 4x - 1$，试求曲线上这样的点，使得曲线在该点处的切线与已知直线 $y = 4x - 1$ 平行。

# 3.3　复合函数的导数

## 问题导入

前面学习了基本初等函数的导数公式和四则运算法则，是否可以直接利用它们求解复合函数的导数呢？先看个引例，你是否认为 $y = \sin 2x$ 的导数是 $\cos 2x$ 呢？

引例　求 $y = \sin 2x$ 的导数。

解：因为 $y = 2\sin x \cdot \cos x$（倍角公式），所以

$$y' = 2(\sin x \cdot \cos x)'$$
$$= 2\big[(\sin x)' \cdot (\cos x) + (\sin x) \cdot (\cos x)'\big]$$
$$= 2(\cos^2 x - \sin^2 x)$$

$$= 2\cos 2x。$$

引例的求解利用了三角函数的倍角公式，将已知函数化归为基本初等函数标准型的和差积商形式予以解决。如果是 $y = \sin\sqrt{7}\,x$，还能利用上面的方法进行求导吗？答案显然是否定的。那么有何方法？

因为 $y = \sin 2x$ 是由 $y = \sin u, u = 2x$ 复合而成的复合函数，而 $y$ 关于中间变量 $u$ 的导数 $y'_u$ 和中间变量 $u$ 关于自变量 $x$ 的导数 $u'_x$ 分别为

$$y'_u = \cos u = \cos 2x, \qquad u'_x = 2。$$

根据引例的求解结果，可得 $y'_x = 2\cos 2x = 2\cos u = y'_u \cdot u'_x$。以上的计算过程就是把复合函数分成简单函数，并且对简单函数分别求导数，最后把各自求得的导数相乘即可。如果此法具有一般性，那么此法不仅简单而且应用广泛。

## 知识归纳

### 3.3.1　复合函数的求导法则——链式法则

【定理3.3】　设 $y = f(u)$ 与 $u = \varphi(x)$ 可以复合成一个新的函数 $y = f\big[\varphi(x)\big]$。如果 $u = \varphi(x)$ 在点 $x$ 处可导，而 $y = f(u)$ 在 $x$ 相对应的点 $u\big[=\varphi(x)\big]$ 处也可导，那么复合函数 $y = f\big[\varphi(x)\big]$ 在点 $x$ 处可导，并且其导数为

$$y' = y'_u \cdot u' \quad \text{或} \quad [f(\varphi(x))]' = f'(u)\varphi'(x)。$$

证明　因为 $u = \varphi(x)$ 在点 $x$ 处可导，故

$$\lim_{\Delta x \to 0} \frac{\Delta u}{\Delta x} = \varphi'(x)。$$

又因为 $y = f(u)$ 在点 $u$ 处可导，同时由于可导必连续，所以，当 $\Delta x \to 0$ 时，$\Delta u \to 0$，即得

$$\lim_{\Delta x \to 0} \frac{\Delta y}{\Delta u} = \lim_{\Delta u \to 0} \frac{\Delta y}{\Delta u} = f'(u)。$$

当 $\Delta u \neq 0$ 时，由于 $\dfrac{\Delta y}{\Delta x} = \dfrac{\Delta y}{\Delta u} \cdot \dfrac{\Delta u}{\Delta x}$，所以

$$\lim_{\Delta x \to 0} \frac{\Delta y}{\Delta x} = \lim_{\Delta x \to 0} \frac{\Delta y}{\Delta u} \cdot \lim_{\Delta x \to 0} \frac{\Delta u}{\Delta x} = \lim_{\Delta u \to 0} \frac{\Delta y}{\Delta u} \cdot \lim_{\Delta x \to 0} \frac{\Delta u}{\Delta x},$$

即

$$y' = \lim_{\Delta x \to 0} \frac{\Delta y}{\Delta x} = \lim_{\Delta x \to 0} \frac{\Delta y}{\Delta u} \cdot \lim_{\Delta x \to 0} \frac{\Delta u}{\Delta x} = f'(u) \cdot \varphi'(x)。$$

也即

$$\Big\{f\big[\varphi(x)\big]\Big\}' = f'(u) \cdot \varphi'(x),$$

或

$$y' = y'_u \cdot u'。$$

这就是复合函数的求导法则，也叫链式法则，即复合函数的导数等于已知函数对中间变量的导数乘以中间变量对自变量的导数。

### 3.3.2　复合函数求导数的步骤

（1）将复合函数分解为简单函数。

（2）对每个简单函数分别求导数。

（3）把所求的导数相乘。

相关例题见例 3.16～例 3.21。

### 3.3.3　复合函数求导数的说明

（1）在求复合函数导数时，是按复合函数由外向内的复合层次，一层一层对中间变量求导，直至对自变量 $x$ 求导。

（2）求复合函数的导数，其关键是分析清楚复合函数的构造。经过一定数量的练习之后，要一步就能写出已知函数对中间变量的导数。

（3）复合函数的求导法则可以推广到有限次复合。如已知函数由 $y=f(u),u=\varphi(v),v=w(x)$ 复合而成，则

$$y'=y'_u \cdot u'_v \cdot v'。$$

注意：在求复合函数导数时，已知函数要对中间变量求导数，所以计算式中如果出现了中间变量，最后必须将中间变量以自变量的函数代换。

相关例题见例 3.22～例 3.24。

## 典型例题

复合函数的
导数

例 3.16　求 $y=\sin\sqrt{7}\ x$ 的导数。

解：设 $y=\sin u,u=\sqrt{7}\ x$，则 $y'_u=\cos u,u'=\sqrt{7}$。

故 $y'=y'_u \cdot u'=\cos u \cdot \sqrt{7}=\sqrt{7}\cos\sqrt{7}\ x$。

例 3.17　求 $y=\sin x^3$ 的导数。

解：设 $y=\sin u,u=x^3$，则 $y'_u=\cos u,u'=3x^2$。

故 $y'=y'_u \cdot u'=\cos u \cdot 3x^2=3x^2\cos x^3$。

例 3.18　求 $y=\sqrt{1-x^2}$ 的导数。

解：设 $y=\sqrt{u},u=1-x^2$，则 $y'_u=\dfrac{1}{2\sqrt{u}},u'=-2x$。

故 $y'=y'_u \cdot u'=\dfrac{1}{2\sqrt{u}} \cdot (-2x)=-\dfrac{x}{\sqrt{1-x^2}}$。

说明：以上例题求解过程引入了中间变量分解复合函数，然后应用定理 3.3 求导。熟练后可不必写出中间变量，直接写成如下格式。

例 3.19　求 $y = \cos^2 x$ 的导数。

解：$y' = 2\cos x \cdot (\cos x)'$（将 $\cos x$ 当成 $u$）$= -2\cos x \sin x = -\sin 2x$。

例 3.20　求 $y = \ln \sin x$ 的导数。

解：$y' = \dfrac{1}{\sin x} \cdot (\sin x)'$（将 $\sin x$ 看成 $u$）$= \dfrac{\cos x}{\sin x} = \cot x$。

例 3.21　求 $y = e^{1-2x}$ 的导数。

解：$y' = e^{1-2x} \cdot (1-2x)'$（将 $1-2x$ 看成 $u$）$= -2e^{1-2x}$。

例 3.22　求 $y = e^{\tan \frac{1}{x}}$ 的导数。

解：$y' = e^{\tan \frac{1}{x}} \cdot \left( \tan \dfrac{1}{x} \right)'$（将 $\tan \dfrac{1}{x}$ 看成 $u$）$= e^{\tan \frac{1}{x}} \cdot \sec^2 \dfrac{1}{x} \cdot \left( \dfrac{1}{x} \right)'$（再将 $\dfrac{1}{x}$ 看成 $u$）

$= e^{\tan \frac{1}{x}} \cdot \sec^2 \dfrac{1}{x} \cdot \left( -\dfrac{1}{x^2} \right) = -\dfrac{1}{x^2} e^{\tan \frac{1}{x}} \sec^2 \dfrac{1}{x}$。

例 3.23　求 $y = x^2 \cdot \sin \dfrac{1}{x}$ 的导数。

解：$y' = (x^2)' \sin \dfrac{1}{x} + x^2 \left( \sin \dfrac{1}{x} \right)' = 2x \sin \dfrac{1}{x} + x^2 \cos \dfrac{1}{x} \left( \dfrac{1}{x} \right)'$

$= 2x \sin \dfrac{1}{x} + x^2 \cos \dfrac{1}{x} \left( -\dfrac{1}{x^2} \right) = 2x \sin \dfrac{1}{x} - \cos \dfrac{1}{x}$。

复合函数的导
数例 3.23

例 3.24　设 $y = f(x^3)$，求 $y'$。

解：设 $y = f(u), u = x^3$，则 $y'_u = f'(u), u' = 3x^2$。

故 $y' = y'_u \cdot u' = f'(u) \cdot 3x^2 = 3x^2 f'(x^3)$。

## 应用案例

案例 3.5：金属棒长度变化速度问题

设一根金属棒长度为 $l$，当温度 $H$ 每升高 $1℃$，其长度增加 $4\,\text{mm}$，而时间 $t$ 每过 $1$ 小时，温度又升高 $2℃$，则随着时间的变化，该金属棒的长度的变化速度为多少？

解：将金属棒长度 $l$ 看成关于温度 $H$ 的函数，而温度 $H$ 又是关于时间 $t$ 的函数，则长度 $l$ 是关于 $t$ 的复合函数。

根据题意

$$\frac{\mathrm{d}l}{\mathrm{d}H} = 4, \quad \frac{\mathrm{d}H}{\mathrm{d}t} = 2,$$

则金属棒长度 $l$ 随时间 $t$ 的变化速度为

$$\frac{\mathrm{d}l}{\mathrm{d}t} = \frac{\mathrm{d}l}{\mathrm{d}H} \cdot \frac{\mathrm{d}H}{\mathrm{d}t} = 4 \times 2 = 8,$$

即每过 $1$ 小时金属棒长度将增加 $8\,\text{mm}$。

案例3.6：碳-14的衰减速度问题

碳-14是碳的一种具有放射性的同位素，随着时间的推移，物体体内的碳-14成分会不断地减少，因此可以利用生物体内残余的碳-14成分含量来推断它的存在时间的长短，这在考古学中有重要应用。碳-14关于时间$t$的衰减函数为

$$Q = e^{-0.000121t}, \quad t \in [0, +\infty)。$$

式中，$Q$是第$t$年后碳-14的余量（单位：g）。求碳-14的衰减速度。

解：碳-14的衰减速度就是$Q$关于时间$t$的导数，而$Q$是一个复合函数，可以利用复合函数求导法则解决该问题，即碳-14的衰减速度为

$$\frac{dQ}{dt} = e^{-0.000121t} \cdot (-0.000121t)' = -0.000121e^{-0.000121t}。$$

## 课堂巩固 3.3

基础训练3.3

1. 求下列函数的导数：

(1) $y = \ln(4 - x^2)$;

(2) $y = \cos(x^2 + 1)$;

(3) $y = \ln \ln x$;

(4) $y = (3x + 2)^{10}$;

(5) $y = e^{3x}$;

(6) $y = \sin^3 x$;

(7) $y = \sin e^x$;

(8) $y = \log_3(x^2 + 1)$。

2. 设$y = f(x)$为已知的可导函数，求下列复合函数的导数：

(1) $y = f(\sin x)$;

(2) $y = e^{f(x)}$。

提升训练3.3

1. 求下列函数的导数：

(1) $y = e^{-x^2} + e^{x^2}$;

(2) $y = e^{-x} \cos 3x$;

(3) $y = x^2 \cos \dfrac{1}{x}$;

(4) $y = \dfrac{\cos^3 x}{x^2 + 1}$;

(5) $y = \ln \ln \ln x$;

(6) $y = \sin^4 5x$。

2. 设$y = f(x)$为已知的可导函数，求下列复合函数的导数：

(1) $y = f(\sin^2 x)$;

(2) $y = e^{f(x^2)}$。

# 3.4 高阶导数

## 问题导入

在定义3.3中学习了导函数$y' = f'(x)$，导函数仍然是一个函数，是否还可以继续求

导数呢？会有什么实际意义呢？

匀变速直线运动的路程公式为 $s = v_0 t + \dfrac{1}{2} a t^2$（其中，$v_0$ 是初始速度，$a$ 是加速度），某一时刻的速度公式为 $v(t) = v_0 + at$，学了导数的概念后再分析该问题，会发现路程 $s$、速度 $v$ 和加速度 $a$ 之间存着如下导数关系：

$$s' = v_0 + at = v(t), \qquad v'(t) = a。$$

实际上，加速度 $a$ 就是路程 $s$ 连续求两次导数的结果，即二阶导数。

## 知识归纳

### 3.4.1　二阶导数的定义

【定义 3.4】　如果导函数 $f'(x)$ 还可以对 $x$ 求导数，则称 $f'(x)$ 的导数为函数 $y = f(x)$ 的二阶导数，记作

$$y'', \quad f''(x), \quad \dfrac{\mathrm{d}^2 y}{\mathrm{d}x^2}, \quad \dfrac{\mathrm{d}^2 f(x)}{\mathrm{d}x^2}。$$

这时，也称函数 $f(x)$ 二阶可导。按导数定义，即得

$$f''(x) = \lim_{\Delta x \to 0} \dfrac{f'(x + \Delta x) - f'(x)}{\Delta x}。$$

函数 $y = f(x)$ 在点 $x_0$ 处的二阶导数记作

$$\left. y'' \right|_{x=x_0}, \quad f''(x_0), \quad \left. \dfrac{\mathrm{d}^2 y}{\mathrm{d}x^2} \right|_{x=x_0}, \quad \left. \dfrac{\mathrm{d}^2 f(x)}{\mathrm{d}x^2} \right|_{x=x_0}。$$

### 3.4.2　高阶导数的定义

同理，函数 $y = f(x)$ 的二阶导数 $f''(x)$ 的导数称为函数 $f(x)$ 的三阶导数，记作

$$y''', \quad f'''(x), \quad \dfrac{\mathrm{d}^3 y}{\mathrm{d}x^3}, \quad \dfrac{\mathrm{d}^3 f(x)}{\mathrm{d}x^3}。$$

一般地，$(n-1)$ 阶导数 $f^{(n-1)}(x)$ 的导数称为函数 $y = f(x)$ 的 $n$ 阶导数，记作

高阶导数的概念

$$y^{(n)}, \quad f^{(n)}(x), \quad \dfrac{\mathrm{d}^n y}{\mathrm{d}x^n}, \quad \dfrac{\mathrm{d}^n f(x)}{\mathrm{d}x^n}。$$

二阶和二阶以上的导数统称为高阶导数。自然地，函数 $f(x)$ 的导数 $f'(x)$ 就相应地称为一阶导数。

说明：根据高阶导数的定义可知，求函数的高阶导数不需要新的方法，只要对函数一阶接着一阶地求导就可以了。

相关例题见例 3.25～例 3.29。

## 典型例题

例 3.25　设 $f(x)=\ln x+\mathrm{e}^x$，求 $f''(x)$。

解：先求一阶导数

$$f'(x)=\frac{1}{x}+\mathrm{e}^x,$$

再求二阶导数

高阶导数

$$f''(x)=-\frac{1}{x^2}+\mathrm{e}^x。$$

例 3.26　设 $y=6x^3+3x^2+x+5$，求 $y'''$，$y^{(4)}$。

解：

$$y'=6\cdot 3x^2+6x+1;$$
$$y''=6\cdot 3\cdot 2x+6;$$
$$y'''=6\cdot 3\cdot 2\cdot 1=6\cdot 3!\ =36;$$
$$y^{(4)}=0。$$

说明：对幂函数而言，有如下求导公式

$$(x^n)^{(m)}=\begin{cases}\dfrac{n!}{(n-m)!}(x)^{(n-m)}, & m<n,\\[2mm] n!\ , & m=n,\\[2mm] 0, & m>n。\end{cases}$$

对多项式函数 $P(x)=a_0x^n+a_1x^{n-1}+\cdots+a_{n-1}x+a_n$ 求导，当导数的阶数等于最高次幂时，其导数一定是一个常数，即 $\big[P(x)\big]^{(n)}=n!$，所以当导数阶数 $m>n$ 时，其导数一定等于零，即 $\big[P(x)\big]^{(m)}=0$。

例 3.27　求函数 $y=\sin^3 x$ 在 $x=\dfrac{\pi}{6}$ 处的二阶导数。

解：　　$y'=3\sin^2 x\cdot(\sin x)'=3\sin^2 x\cos x;$

$$y''=3\Big[\big(\sin^2 x\big)'\cdot\cos x+\sin^2 x\cdot(\cos x)'\Big]$$
$$=3\big[2\sin x\cos x\cos x+\sin^2 x(-\sin x)\big]$$
$$=3\sin x\big(2\cos^2 x-\sin^2 x\big);$$
$$y''\Big(\frac{\pi}{6}\Big)=3\sin\frac{\pi}{6}\Big(2\cos^2\frac{\pi}{6}-\sin^2\frac{\pi}{6}\Big)$$
$$=3\times\frac{1}{2}\Bigg[2\times\Big(\frac{\sqrt{3}}{2}\Big)^2-\Big(\frac{1}{2}\Big)^2\Bigg]=\frac{3}{2}\times\Big(\frac{3}{2}-\frac{1}{4}\Big)=\frac{15}{8}。$$

例 3.28　验证 $y=\mathrm{e}^x\sin x$ 满足关系式 $y''-2y''+2y=0$。

解：先求 $y'$ 和 $y''$。

$$y' = \left(e^x\right)' \sin x + e^x (\sin x)'$$

$$= e^x \sin x + e^x \cos x = e^x (\sin x + \cos x);$$

$$y'' = \left(e^x\right)' (\sin x + \cos x) + e^x (\sin x + \cos x)'$$

$$= e^x (\sin x + \cos x) + e^x (\cos x - \sin x) = 2e^x \cos x.$$

再将 $y, y'$ 和 $y''$ 的表示式代入 $y'' - 2y' + 2y$ 中，则

$$y'' - 2y' + 2y = 2e^x \cos x - 2e^x (\sin x + \cos x) + 2e^x \sin x = 0,$$

即 $y = e^x \sin x$ 满足关系式 $y'' - 2y' + 2y = 0$。

例 3.29　求下列函数的 $n$ 阶导数:

(1) $y = a^x$;　　　　　　　　　　　(2) $y = \sin x$。

解:(1)

$$y' = \left(a^x\right)' = a^x \ln a;$$

$$y'' = \left(a^x \ln a\right)' = \ln a \left(a^x\right)' = a^x (\ln a)^2;$$

$$y''' = \left(a^x \ln^2 a\right)' = \ln^2 a \left(a^x\right)' = a^x (\ln a)^3.$$

由 $y, y'', y'''$ 的表达式可推出 $n$ 阶导数的表达式

$$y^{(n)} = a^x (\ln a)^n.$$

(2)

$$y' = (\sin x)' = \cos x = \sin\left(x + \frac{\pi}{2}\right);$$

$$y'' = \left[\sin\left(x + \frac{\pi}{2}\right)\right]' = \cos\left(x + \frac{\pi}{2}\right) = \sin\left(x + \frac{2\pi}{2}\right);$$

$$y''' = \left[\sin\left(x + \frac{2\pi}{2}\right)\right]' = \cos\left(x + \frac{2\pi}{2}\right) = \sin\left(x + \frac{3\pi}{2}\right).$$

以此类推,可得

$$y^{(n)} = (\sin x)^{(n)} = \sin\left(x + \frac{n\pi}{2}\right).$$

## 应用案例

案例 3.7:飞机加速度问题

飞机起飞后的一段时间内,设运动路程 $s$(单位:m)与时间 $t$(单位:s)的关系满足 $s = t^3 - \sqrt{t}$,当 $t = 4$ 时,飞机的瞬时加速度是多少呢?

分析:求加速度就相当于求路程的二阶导数。

解:

$$s' = 3t^2 - \frac{1}{2\sqrt{t}},$$

$$s'' = \left(3t^2 - \frac{1}{2\sqrt{t}}\right)' = 6t + \frac{1}{4t\sqrt{t}}.$$

当 $t=4$ 时，飞机的瞬时加速度为

$$a=s''|_{t=4}=6\times 4+\frac{1}{4\times 4\times\sqrt{4}}\approx 24.03\,(\mathrm{m/s^2})。$$

案例 3.8：汽车刹车问题

一辆汽车在投入使用之前要经过多轮各种性能的测试，在测试某一款车的刹车功能时发现，刹车后汽车行驶的距离 $s$（单位：m）与时间 $t$（单位：s）满足关系式

$$s=19.2t-0.4t^3。$$

则汽车从刹车开始到完全停车用时多长时间？此时的瞬时加速度为多少？

解：根据一阶导数和二阶导数的物理意义可知，速度函数和加速度函数分别为

$$v(t)=\frac{\mathrm{d}s}{\mathrm{d}t}=19.2-1.2t^2，$$

$$a(t)=\frac{\mathrm{d}^2s}{\mathrm{d}t^2}=-2.4t。$$

当汽车速度为零时就可以完全停车，即

$$v(t)=19.2-1.2t^2=0，$$

解得

$$t=4\ \mathrm{s}。$$

当 $t=4$ s时的瞬时加速度为

$$a(4)=\frac{\mathrm{d}^2s}{\mathrm{d}t^2}\bigg|_{t=4}=-2.4\times 4=-9.6\,(\mathrm{m/s^2})。$$

故此款汽车从开始刹车到完全停车需要 4s，此时的速度为减少速度，即瞬时加速度为 $-9.6\mathrm{m/s^2}$。

## 课堂巩固 3.4

基础训练 3.4

1. 求下列函数的二阶导数：

(1) $y=\cos x+x^2$;     (2) $y=2\mathrm{e}^x+\sin x$;

(3) $y=x\ln x$;     (4) $y=\mathrm{e}^{\sqrt{x}}$;

(5) $y=\sin^2 x$;     (6) $y=\mathrm{e}^{-x^2}$。

2. 求下列函数在给定点处的二阶导数：

(1) $f(x)=2x^3+\dfrac{1}{x}$，求 $f''(-1)$;

(2) $f(x)=\ln x+\sqrt{x}$，求 $f''(1)$;

(3) $f(x)=x\mathrm{e}^x$，求 $f''(0)$;

(4) $f(x)=\sin\left(2x-\dfrac{\pi}{2}\right)$，求 $f''\left(\dfrac{\pi}{2}\right)$。

提升训练3.4

1. 验证函数 $y = \cos e^x + \sin e^x$ 满足关系式 $y'' - y' + ye^{2x} = 0$。

2. 设 $f(x)$ 二阶可导,求下列函数的二阶导数:

(1) $y = f(\ln x)$; 　　　　　　　　(2) $y = f(e^x)$。

# 3.5　微分及其应用

## 问题导入

对函数 $y = f(x)$,当自变量 $x$ 在点 $x_0$ 处取改变量 $\Delta x$ 时,因变量的改变量为

$$\Delta y = f(x_0 + \Delta x) - f(x_0)。$$

在实际应用中,有的问题需要计算当 $|\Delta x|$ 发生很微小变化时的 $\Delta y$ 的值。一般而言, $\Delta y$ 是 $\Delta x$ 的一个较复杂的函数,计算 $\Delta y$ 往往较困难。这正是微分研究的基本出发点——给出一个近似计算 $\Delta y$ 的方法,并要达到两个要求:一是计算简便;二是近似程度好,即精度高。

引例　设有一边长为 $x$ 的正方形金属薄片,它的面积 $S = x^2$ 是 $x$ 的函数。若该金属薄片受温度变化的影响,其边长由 $x$ 改变了 $\Delta x$,如图3-7所示,相应地,面积 $S$ 的改变量

$$\Delta S = (x + \Delta x)^2 - x^2$$
$$= 2x\Delta x + (\Delta x)^2。$$

注意到面积的改变量由以下两部分组成。

第一部分, $2x\Delta x$ 是 $\Delta x$ 的线性函数,即图3-7中两个小矩形的面积。

第二部分, $(\Delta x)^2$ 是较 $\Delta x$ 高阶的无穷小量,即图3-7中以 $\Delta x$ 为边长的小正方形面积。

一般而言,当给边长 $x_0$ 一个微小的改变量(增加或减少) $\Delta x$ 时,由此所引起正方形面积的改变量 $\Delta S$ 可以近似地用第一部分 —— 即 $\Delta x$ 的线性函数 $2x_0\Delta x$ 来代替,这时所产生的误差是一个比 $\Delta x$ 较高阶的无穷小量,即图3-7中以 $\Delta x$ 为边长的小正方形面积。

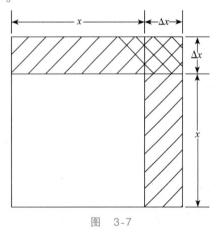

图　3-7

在上述问题中,函数 $S = x^2$ 的导数有

$$S' = 2x, \quad S'\big|_{x=x_0} = 2x_0。$$

这表明,用来近似代替面积改变量 $\Delta S$ 的 $2x_0\Delta x$,实际上是函数 $S = x^2$ 在点 $x_0$ 处的导数 $2x_0$ 与自变量 $x$ 在点 $x_0$ 处的改变量 $\Delta x$ 的乘积。这种近似代替具有一般性。

事实上,若函数 $y = f(x)$ 在点 $x_0$ 处可导,即

$$\lim_{\Delta x \to 0} \frac{\Delta y}{\Delta x} = \lim_{\Delta x \to 0} \frac{f(x_0 + \Delta x) - f(x_0)}{\Delta x} = f'(x_0),$$

由第2章无穷小量与函数极限关系的定理2.3得

$$\frac{\Delta y}{\Delta x} = f'(x_0) + a \quad \text{或} \quad \Delta y = f'(x_0) \cdot \Delta x + a \cdot \Delta x。$$

其中 $a \to 0$（当 $\Delta x \to 0$ 时）。

上式说明，当自变量 $x$ 在点 $x_0$ 取得改变量 $\Delta x$ 时，函数 $y$ 相应的改变量 $\Delta y$ 由以下两部分组成。

第一部分是 $f'(x_0)\Delta x$，其中 $f'(x_0)$ 是常数，它与 $\Delta x$ 无关，若将 $f'(x_0)$ 视为系数，则 $f'(x_0)\Delta x$ 是 $\Delta x$ 的线性函数。

第二部分是 $a \cdot \Delta x$，其中当 $\Delta x \to 0$ 时，$a \cdot \Delta x$ 是比 $\Delta x$ 高阶的无穷小量。

这样，如果 $f'(x_0) \neq 0$，那么当 $|\Delta x|$ 很小时，第一部分 $f'(x_0)\Delta x$ 就是 $\Delta y$ 的主要部分。若用 $f'(x_0)\Delta x$ 近似代替 $\Delta y$，正符合我们的要求：作为 $\Delta x$ 线性函数的 $f'(x_0)\Delta x$，不但容易计算，而且所产生的误差仅是 $a \cdot \Delta x$。

由以上分析可以看出，$f'(x_0)\Delta x$ 极为重要，为此，称它为函数 $y = f(x)$ 在点 $x_0$ 的微分，从而就有了微分的概念。

## 知识归纳

### 3.5.1　微分的概念

【定义3.5】　设函数 $y = f(x)$ 在点 $x_0$ 处可导，当自变量在点 $x_0$ 处取得改变量 $\Delta x$ 时，则称乘积 $f'(x_0)\Delta x$ 为函数 $y = f(x)$ 在点 $x_0$ 处相应于自变量的改变量 $\Delta x$ 的微分，记作

$$\mathrm{d}y \Big|_{x=x_0} \quad \text{或} \quad \mathrm{d}f(x) \Big|_{x=x_0},$$

即

$$\mathrm{d}y \Big|_{x=x_0} = f'(x_0)\Delta x。$$

这时，也称函数 $y = f(x)$ 在点 $x_0$ 处可微。

微分及其应
用——概念

若函数 $y = f(x)$ 在区间 $(a, b)$ 上的每一点都可微，则称 $f(x)$ 为区间 $(a, b)$ 上的可微函数。若 $x \in (a, b)$，则函数 $y = f(x)$ 在点 $x$ 处的微分记作 $\mathrm{d}y$，即

$$\mathrm{d}y = f'(x)\Delta x \quad \text{或} \quad \mathrm{d}y = y'\Delta x。$$

通常称函数 $y = f(x)$ 的微分 $\mathrm{d}y$ 为函数改变量 $\Delta y$ 的线性主部，并用 $\mathrm{d}y$ 近似代替 $\Delta y$。当 $f'(x_0) \neq 0$ 时，微分 $\mathrm{d}y$ 作为函数改变量 $\Delta y$ 的近似值，即 $\mathrm{d}y \approx \Delta y$。

说明：

（1）对函数 $y = x$，由于 $y' = 1$，从而

$$\mathrm{d}y = \mathrm{d}x = 1 \times \Delta x = \Delta x。$$

这个等式告诉我们：自变量的改变量 $\Delta x$ 与其微分 $\mathrm{d}x$ 相等。于是，函数 $y = f(x)$ 的微分一般又可记作

$$\mathrm{d}y = f'(x)\mathrm{d}x \quad 或 \quad \mathrm{d}y = y'\Delta x。$$

即函数的微分等于函数的导数与自变量微分的乘积。将上式改写作

$$y' = f'(x) = \frac{\mathrm{d}y}{\mathrm{d}x}。$$

即函数的导数等于函数的微分与自变量的微分之商。在此之前，必须把 $\dfrac{\mathrm{d}y}{\mathrm{d}x}$ 看作是导数的整体记号，现在就可以看作是分式了。

(2) 由微分定义可知：对函数 $y = f(x)$，在点 $x$ 处可导与可微是等价的。或者说，函数 $y = f(x)$ 在点 $x$ 处可微的充要条件是 $f(x)$ 在点 $x$ 处可导。

❀ 相关例题见例 3.30 和例 3.31。

### 3.5.2 微分的计算

按照微分的定义，如果函数的导数 $f'(x)$ 已经算出，那么只要乘上因子 $\Delta x = \mathrm{d}x$ 便得到函数的微分 $\mathrm{d}y = f'(x)\mathrm{d}x$。

于是，由基本初等函数的导数公式、复合函数的求导法则和导数的运算法则，便有了如下的微分公式和微分法则。

1. 基本初等函数的微分公式

(1) $\mathrm{d}c = 0$（$c$ 为任意实数）。

(2) $\mathrm{d}x^a = ax^{a-1}\mathrm{d}x$（$a$ 为任意实数）。

(3) $\mathrm{d}a^x = a^x \ln a \mathrm{d}x$（$a > 0, a \neq 1$）。

(4) $\mathrm{d}e^x = e^x \mathrm{d}x$。

(5) $\mathrm{d}\log_a x = \dfrac{1}{x \ln a}\mathrm{d}x$（$a > 0, a \neq 1$）。

(6) $\mathrm{d}\ln x = \dfrac{1}{x}\mathrm{d}x$。

(7) $\mathrm{d}\sin x = \cos x \mathrm{d}x$。

(8) $\mathrm{d}\cos x = -\sin x \mathrm{d}x$。

(9) $\mathrm{d}\tan x = \sec^2 x \mathrm{d}x$。

(10) $\mathrm{d}\cot x = -\csc^2 x \mathrm{d}x$。

2. 微分法则

(1) $\mathrm{d}[u(x) \pm v(x)] = \mathrm{d}u(x) \pm \mathrm{d}v(x)$。

(2) $\mathrm{d}[u(x)v(x)] = v(x)\mathrm{d}u(x) + u(x)\mathrm{d}v(x)$。

(3) $\mathrm{d}[cv(x)] = c\mathrm{d}v(x)$（$c$ 为任意常数）。

(4) $\mathrm{d}\left[\dfrac{u(x)}{v(x)}\right] = \dfrac{v(x)\mathrm{d}u(x) - u(x)\mathrm{d}v(x)}{[v(x)]^2}$。

（5）$\mathrm{d}\big[f(\varphi(x))\big]=f'(\varphi(x))\varphi'(x)\mathrm{d}x$。

3. 一阶微分形式和不变性

这里，最后一个公式是复合函数的微分法则，由此法则，可以得到微分的一个重要性质——一阶微分形式的不变性。

设函数 $y=f(u)$ 对 $u$ 可导，当 $u$ 是自变量时或当 $u$ 是某一自变量的可导函数时，都有
$$\mathrm{d}y=f'(u)\mathrm{d}u。$$

事实上，当 $u$ 是自变量时，由于 $f(u)$ 可导，则
$$\mathrm{d}y=f'(u)\mathrm{d}u。 \tag{3.4}$$

当 $u=\varphi(x)$ 且对 $x$ 可导时，由 $y=f(u)$、$u=\varphi(x)$ 构成的复合函数 $y=f\big[\varphi(x)\big]$，由复合函数的微分法则，有
$$\mathrm{d}y=f'\big[\varphi(x)\big]\varphi(x)\mathrm{d}x。$$

因 $u=\varphi(x)$ 且 $\mathrm{d}u=\varphi'(x)\mathrm{d}x$，所以上式可写作
$$\mathrm{d}y=f'(u)\mathrm{d}u。 \tag{3.5}$$

由以上推导说明，尽管式（3.4）与式（3.5）中的变量 $u$ 的意义不同（一个表示自变量，一个表示中间变量），但在求微分的形式上，两式完全相同。通常把这个性质称为一阶微分形式的不变性。

相关例题见例 3.32 和例 3.33。

### 3.5.3　微分的几何意义

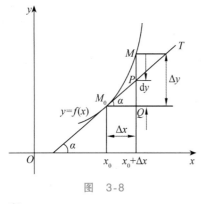

图　3-8

为了对微分有比较直观的了解，我们用图形来说明微分的几何意义。如图 3-8 所示，$MQ=\Delta y$，$M_0Q=\Delta x$，过点 $M_0$ 作切线 $M_0T$，它与 $x$ 轴的夹角为 $\alpha$，则
$$QP=M_0Q\cdot\tan\alpha=\Delta x\cdot f'(x_0)，$$
即 $QP=\mathrm{d}y$ 是 $\Delta PQM_0$ 的高。

当 $|\Delta x|$ 很小时，$|\Delta y-\mathrm{d}y|$ 比它更小。因此在点 $M_0$ 的近旁，不仅可以用微分 $\mathrm{d}y$ 近似代替函数改变量 $\Delta y$，还可以用切线段 $M_0P$ 来近似代替曲线段 $M_0M$。

### 3.5.4　微分的应用

前面已经说明，对函数 $y=f(x)$，如果 $f'(x_0)\neq 0$，那么当 $|\Delta x|$ 较小时，可用该函数在点 $x_0$ 处的微分 $\mathrm{d}y$ 近似代替改变量 $\Delta y$，即
$$\Delta y\approx \mathrm{d}y\big|_{x=x_0}。$$
而
$$\Delta y=f(x_0+\Delta x)-f(x_0)，$$

$$\mathrm{d}y\Big|_{x=x_0}=f'\left(x_0\right)\Delta x。$$

由此,有两个近似公式

$$\Delta y\approx f'\left(x_0\right)\Delta x, \tag{3.6}$$

$$f\left(x_0+\Delta x\right)\approx f\left(x_0\right)+f'\left(x_0\right)\Delta x。 \tag{3.7}$$

其中,式(3.6)是将函数 $y$ 在点 $x_0$ 处的改变量 $\Delta y$ 用在点 $x_0$ 处的微分 $f'\left(x_0\right)\Delta x$ 代替;而式(3.7)则将函数 $f\left(x\right)$ 在点 $x_0+\Delta x$ 处的函数值 $f\left(x_0+\Delta x\right)$ 用在点 $x_0$ 处的函数值 $f\left(x_0\right)$ 与它在点 $x_0$ 处的微分 $f'\left(x_0\right)\Delta x$ 之和来表示。

相关例题见例 3.34 和例 3.35。

## 典型例题

例 3.30 有一正方形的边长为 8cm,如果每边长增加:(1)1cm;(2)0.5cm,(3)0.1cm。试求在边长的不同改变条件下的面积分别改变多少,并分别求出面积(即函数)的微分。

解:设 $x$ 表示正方形的边长,$y$ 表示正方形的面积,则
$$y=x^2, \quad y'=2x,$$
$$\Delta y=(x+\Delta x)^2-x^2=2x\cdot\Delta x+(\Delta x)^2,$$
$$\mathrm{d}y=y'\Delta x=2x\cdot\Delta x。$$

(1) 当 $x=8\text{cm},\Delta x=1\text{cm}$ 时,则
$$\Delta y=2\times8\times1+1^2=17\,(\text{cm}^2),$$
$$\mathrm{d}y=2\times8\times1=16\,(\text{cm}^2),$$
$$|\Delta y-\mathrm{d}y|=17-16=1\,(\text{cm}^2)。$$

(2) 当 $x=8\text{cm},\Delta x=0.5\text{cm}$ 时,则
$$\Delta y=2\times8\times0.5+0.5^2=8.25\,(\text{cm}^2),$$
$$\mathrm{d}y=2\times8\times0.5=8\,(\text{cm}^2),$$
$$|\Delta y-\mathrm{d}y|=8.25-8=0.25\,(\text{cm}^2)。$$

(3) 当 $x=8\text{cm},\Delta x=0.1\text{cm}$ 时,则
$$\Delta y=2\times8\times0.1+0.1^2=1.61\,(\text{cm}^2),$$
$$\mathrm{d}y=2\times8\times0.1=1.6\,(\text{cm}^2),$$
$$|\Delta y-\mathrm{d}y|=1.61-1.6=0.01\,(\text{cm}^2)。$$

由以上计算并作比较可知,对所给的函数 $y=x^2$,当 $x=8$ 给定时,$|\Delta x|$ 越小,用函数的微分 $\mathrm{d}y$ 近似代替函数的改变量 $\Delta y$,其近似程度越好。

例 3.31 在半径为 1cm 的金属球表面镀上一层厚度为 0.01 cm 的铜,估计要用多少克的铜(铜的密度为 $8.9\,\text{g/cm}^3$)?

解：镀层的体积等于两同心球体的体积之差，也就是球体体积 $V = \dfrac{4}{3}\pi R^3$ 在 $R_0 = 1$ 取的改变量 $\Delta R = 0.01$ 时的改变量 $\Delta V$。

由微分的定义可得

$$\Delta V \approx dV = V'(R_0) \cdot \Delta R = 4\pi \cdot R_0^2 \cdot \Delta R = 4 \times 3.14 \times 1^2 \times 0.01 = 0.13(\text{cm}^3),$$

故要用的铜约为

$$0.13 \times 8.9 = 1.16(\text{g})。$$

例 3.32　求下列函数的微分：

(1) $y = e^x \sin x$；　　　　　　　　　(2) $y = \sin(2x+1)$。

解：先求导数，再求微分。

(1) 因为

$$y' = (e^x \sin x)' = e^x \sin x + e^x \cos x,$$

所以

$$dy = y'dx = e^x(\sin x + \cos x)dx。$$

(2) 把 $2x+1$ 看成 $u$，则

$$dy = d(\sin u) = \cos u \cdot du = \cos(2x+1)d(2x+1)$$
$$= \cos(2x+1) \cdot 2dx = 2\cos(2x+1)dx。$$

例 3.33　求下列函数的微分：

(1) $y = e^x \ln x^2 + \sin x$；　　　　　　(2) $y = e^{ax+bx^2}$。

解：(1) $dy = d(e^x \ln x^2) + d\sin x = \ln x^2 de^x + e^x d\ln x^2 + \cos x dx$
$$= \ln x^2 \cdot e^x dx + e^x \cdot \dfrac{2}{x}dx + \cos x dx$$
$$= \left(e^x \ln x^2 + \dfrac{2e^x}{x} + \cos x\right)dx。$$

(2) $dy = d\left(e^{ax+bx^2}\right) = e^{ax+bx^2}d(ax+bx^2) = e^{ax+bx^2}\left[d(ax) + d(bx^2)\right]$
$$= e^{ax+bx^2}(adx + 2bxdx) = (a+2bx)e^{ax+bx^2}dx。$$

例 3.34　求 $\sqrt[5]{1.03}$ 的近似值。

分析　求近似值可想到用微分。$\sqrt[5]{1.03}$ 可看作是函数 $f(x) = \sqrt[5]{x}$ 在 $x = 1.03$ 处的值，这是求函数值的问题，应用式(3.7)。

由于 $1.03 = 1 + 0.03$，而 $\sqrt[5]{1}$ 易于计算且 $0.03$ 较小，可把 $1$ 看作是式(3.7)中的 $x_0$，$0.03$ 看作是 $\Delta x$。

解：设 $f(x) = \sqrt[5]{x}$，$x_0 = 1$，$\Delta x = 0.03$。

由于 $f(1.03) = \sqrt[5]{1.03}$，$f(1) = \sqrt[5]{1} = 1$，且 $f'(x) = \dfrac{1}{5}x^{-\frac{4}{5}}$，$f'(1) =$

$\dfrac{1}{5}$，所以由式(3.7)，有

$$f(1.03) \approx f(1) + f'(1) \cdot (0.03),$$

即
$$\sqrt[5]{1.03} \approx \sqrt[5]{1} + \frac{1}{5} \times 0.03 = 1.006。$$

例 3.35　求 $\sin 29°$ 的近似值。

解：利用式(3.7)。由于 $29° = 30° - 1°$，而 $\sin 30°$ 是易于计算的，于是设 $f(x) = \sin x$，$x_0 = 30° = \frac{\pi}{6}, \Delta x = -1° = -0.0175$(弧度)。

由于 $f\left(\frac{\pi}{6}\right) = \sin\frac{\pi}{6} = \frac{1}{2}$，因而 $\sin 29° = f\left(\frac{\pi}{6} - 0.0175\right) = \sin\left(\frac{\pi}{6} - 0.0175\right)$。

由于 $f'(x) = \cos x$，因而 $f'\left(\frac{\pi}{6}\right) = \cos\frac{\pi}{6} = \frac{\sqrt{3}}{2}$。

所以由式(3.7)，有

$$\sin 29° \approx \sin\left(\frac{\pi}{6} - 0.0175\right)$$

$$\approx \sin\frac{\pi}{6} + \left(\cos\frac{\pi}{6}\right) \times (-0.0175) = \frac{1}{2} - \frac{\sqrt{3}}{2} \times 0.0175$$

$$= \frac{1}{2} - \frac{1}{2} \times 1.732 \times 0.0175 = \frac{1}{2} - 0.0151 = 0.485。$$

由于微分在近似计算中的作用，我们有了更精确的三角函数表和对数表。

## 应用案例

案例 3.9：总消费问题

设某国的国民经济消费模型为

$$y = 10 + 0.4x + 0.01x^{\frac{1}{2}}。$$

式中，$y$ 为总消费(单位：十亿元)；$x$ 为可支配收入(单位：十亿元)。当 $x = 100.05$ 时，问总消费是多少？

解：令 $x_0 = 100, \Delta x = 0.05$，因为 $\Delta x$ 相对于 $x_0$ 较小，可用上面的近似公式来求值。

$$f(x_0 + \Delta x) \approx f(x_0) + f'(x_0)\Delta x$$

$$= \left(10 + 0.4 \times 100 + 0.01 \times 100^{\frac{1}{2}}\right) + \left(10 + 0.4x + 0.01x^{\frac{1}{2}}\right)'\bigg|_{x=100} \cdot \Delta x$$

$$= 50.1 + \left(0.4 + \frac{0.01}{2\sqrt{x}}\right)\bigg|_{x=100} \times 0.05$$

$$= 50.12(十亿元)。$$

案例 3.10：钟摆周期问题

机械挂钟钟摆的周期为 1s。在冬季，因冷缩原因摆长缩短了 0.01cm，那钟表每天大约快多少？

解：由单摆的周期公式

$$T = 2\pi\sqrt{\frac{l}{g}},$$

式中，$l$ 是摆长（单位：cm）；$g$ 是重力加速度（$980\,\text{cm/s}^2$），可得

$$\frac{\mathrm{d}T}{\mathrm{d}l} = \frac{\pi}{\sqrt{gl}}。$$

当 $|\Delta l| \ll l$ 时，

$$\Delta T \approx \mathrm{d}T \approx \frac{\pi}{\sqrt{gl}}\Delta l。 \tag{1}$$

根据题意，钟摆的周期是 1s，即

$$1 = 2\pi\sqrt{\frac{l}{g}}。$$

由此可知钟摆的原长是 $\dfrac{g}{(2\pi)^2}\,\text{cm}$。现摆长的增量 $\Delta l = -0.01\,\text{cm}$，于是由式（1）可得钟摆周期的相应增量是

$$\Delta T \approx \mathrm{d}T \approx \frac{\pi}{\sqrt{g \cdot \dfrac{g}{(2\pi)^2}}} \times (-0.01)$$

$$\approx \frac{2\pi^2}{g} \times (-0.01) \approx -0.0002(\text{s})。$$

这就是说，由于摆长缩短了 0.01cm，钟摆的周期便相应缩短了约 0.0002s，即每秒约快 0.0002s，从而每天约快 $0.0002 \times 24 \times 60 \times 60 = 17.28(\text{s})$。

## 课堂巩固 3.5

### 基础训练 3.5

1. 若 $x = 1$，当 $\Delta x = 0.1, 0.01$ 时，问对于 $y = x^2$，$\Delta y$ 与 $\mathrm{d}y$ 之差是多少？

2. 求下列函数的微分：

（1）$y = x^2 + 2x + 5$；　　　　　　（2）$y = x\sin x$；

（3）$y = \cos x^2$；　　　　　　　（4）$y = \dfrac{\cos x}{1 - x^2}$；

（5）$y = \sqrt{1 - x^2}$；　　　　　　（6）$y = \ln\sin x$。

### 提升训练 3.5

1. 求下列各数的近似值：

（1）$\sqrt[5]{0.95}$；　　　　　　　　（2）$\cos 60°20'$。

2. 一平面圆形环，其内径为 10cm，宽为 0.01cm，求圆环面积的近似值。

3. 证明：当 $|x|$ 很小时，有近似公式

(1) $\sin x \approx x$；　　　　　　　　　　　　(2) $\mathrm{e}^x \approx 1+x$。

## 总结提升 3

1. 单项选择题。

(1) 函数 $f(x)$ 在点 $x_0$ 处可导，则极限 $\lim\limits_{x \to x_0} f(x) =$（ 　 ）。

    A. $f'(x)$　　　　　　　　　　　　B. $0$

    C. $f(x_0)$　　　　　　　　　　　　D. 无法确定

(2) 已知函数 $f(x)$ 在点 $x_0$ 处可导，则极限 $\lim\limits_{\Delta x \to 0} \dfrac{f(x_0 - 3\Delta x) - f(x_0)}{\Delta x} =$（ 　 ）。

    A. $-3f'(x_0)$　　　　　　　　　B. $3f'(x_0)$

    C. $-\dfrac{1}{3}f'(x_0)$　　　　　　　D. $\dfrac{1}{3}f'(x_0)$

(3) 已知函数 $f(x)$ 在点 $x=2$ 处可导，且 $f'(2)=1$，则极限 $\lim\limits_{h \to 0} \dfrac{f(2+h) - f(2-h)}{h} =$ （ 　 ）。

    A. $0$　　　　　　　　　　　　　B. $1$

    C. $2$　　　　　　　　　　　　　D. $3$

(4) 函数 $f(x)$ 在点 $x_0$ 处连续是在该点处可导的（ 　 ）。

    A. 必要条件　　　　　　　　　B. 充分条件

    C. 充要条件　　　　　　　　　D. 无关条件

(5) 下列说法正确的是（ 　 ）。

    A. 函数在点 $x_0$ 处不可导，则在点 $x_0$ 处必不存在切线

    B. 函数在点 $x_0$ 处不连续，则在点 $x_0$ 处必不可导

    C. 函数在点 $x_0$ 处不可导，则在点 $x_0$ 处必不连续

    D. 函数在点 $x_0$ 处不可导，则极限 $\lim\limits_{x \to x_0} f(x)$ 必不存在

(6) 设函数 $f(x)$ 在区间 $(a,b)$ 内连续，且 $x_0 \in (a,b)$，则在点 $x_0$ 处（ 　 ）。

    A. $f(x)$ 没有定义

    B. $f(x)$ 的极限不存在

    C. $f(x)$ 的极限存在，但不一定可导

    D. $f(x)$ 的极限存在且可导

(7) 下列导数运算中不正确的是（ 　 ）。

    A. $\left(\dfrac{x}{\sin x}\right)' = \dfrac{\sin x - x\cos x}{\sin^2 x}$　　　　B. $\left(\dfrac{1}{\cos x}\right)' = \dfrac{\sin x}{\cos^2 x}$

    C. $\left(\dfrac{1}{\sin x}\right)' = -\dfrac{1}{\cos x}$　　　　　　D. $\left(\dfrac{4}{x}\right)' = -\dfrac{4}{x^2}$

（8）下列函数中导数为 $\frac{1}{2}\sin 2x$ 的是（　　）。

　　A. $\frac{1}{2}\cos 2x$　　　　　　　　　　B. $\frac{1}{2}\sin^2 x$

　　C. $\frac{1}{2}\cos^2 x$　　　　　　　　　　D. $\frac{1}{4}\cos 2x$

（9）下列函数中导数为 $-\frac{1}{x}$ 的是（　　）。

　　A. $\ln(-x)$　　　　　　　　　　B. $\ln x$

　　C. $\ln\frac{3}{x}$　　　　　　　　　　D. $\ln\frac{3}{x^2}$

（10）设 $f(x)=x\ln x$，且 $f'(x_0)=2$，则 $f(x_0)=$（　　）。

　　A. 1　　　　B. $\frac{2}{e}$　　　　C. $\frac{e}{2}$　　　　　　D. $e$

（11）下列导数运算中正确的是（　　）。

　　A. $(x\sin x)'=\cos x$　　　　　　B. $(x\ln x)'=\ln x+1$

　　C. $(x^2 e^x)'=2x e^x$　　　　　　D. $(3^x a^x)'=3^x\ln 3+a^x\ln a$

（12）下列函数中在 $x=0$ 处导数值为 0 的是（　　）。

　　A. $x^2+x$　　　　　　　　　　B. $\dfrac{x+1}{x-1}$

　　C. $x+e^{-x}$　　　　　　　　　　D. $\dfrac{x}{\cos x}$

（13）曲线 $y=1+\sqrt{x}$ 在 $x=4$ 处的切线方程是（　　）。

　　A. $y=-\frac{1}{4}x+2$　　　　　　B. $y=\frac{1}{4}x-2$

　　C. $y=\frac{1}{4}x+2$　　　　　　D. $y=-\frac{1}{4}x-2$

（14）已知 $y=\sin x$，则 $y^{(4)}=$（　　）。

　　A. $\sin x$　　　　　　　　　　B. $\cos x$

　　C. $-\sin x$　　　　　　　　　　D. $-\cos x$

（15）已知 $y=x\ln x$，则 $y^{(10)}=$（　　）。

　　A. $-\frac{1}{x^9}$　　　B. $\frac{1}{x^9}$　　　C. $\frac{8!}{x^9}$　　　　　D. $-\frac{8!}{x^9}$

（16）已知函数 $f(x)=\frac{1}{2x}+4\sqrt{x}$，则二阶导数 $f''(1)=$（　　）。

　　A. $-2$　　　B. $-1$　　　C. 0　　　　　D. 1

（17）函数 $f(x)$ 在点 $x_0$ 处可导是在该点处可微的（　　）。

　　A. 必要条件　　　　　　　　B. 充分条件

　　C. 充要条件　　　　　　　　D. 无关条件

2．填空题。

（1）若极限 $\lim\limits_{h \to 0} \dfrac{f(x_0 + 2h) - f(x_0)}{h} = 4$，则导数值 $f'(x_0) =$ _____。

（2）若函数 $f(x)$ 在点 $x_0 = 1$ 处可导，且极限 $\lim\limits_{\Delta x \to 0} \dfrac{f(1 + 2\Delta x) - f(1)}{\Delta x} = \dfrac{1}{2}$，则导数值 $f'(x_0) =$ _____。

（3）已知函数 $y = x(x-1)(x-2)(x-3)$，则导数值 $f'(3) =$ _____。

（4）函数 $y = \sqrt{1+x}$ 在点 $x = 0$ 处，当自变量改变量 $\Delta x = 0.04$ 时的微分值为_____。

（5）设 $y = 6x^3 + 3x^2 + x + 5$，则 $y^{(3)} =$ _____；$y^{(4)} =$ _____。

3．求下列函数的导数。

（1）$y = \dfrac{x}{4} + 4x^4 + 4\ln 3$；

（2）$y = \dfrac{x^6}{6} + \dfrac{6}{x^6}$；

（3）$y = \sqrt{x^3} + 3\sqrt[3]{x^2}$；

（4）$y = \log_2 x - \log_5 x$；

（5）$y = x^e + e^x + e^e$；

（6）$y = 5^x - x^5$；

（7）$y = 10^{10} - 10^x$；

（8）$y = \cot x + x$；

（9）$y = x^3(x^2 + 4x - 2)$；

（10）$y = \dfrac{1}{x} - \tan x$。

4．求下列函数的导数。

（1）$y = e^x \tan x$；

（2）$y = 10^x \ln x$；

（3）$y = x^2 \ln x$；

（4）$y = (x+2)e^x$；

（5）$y = x^2 2^x$；

（6）$y = x \sin x \ln x$；

（7）$y = (\sqrt{x} + 1)\left(\dfrac{1}{\sqrt{x}} - 1\right)$；

（8）$y = \dfrac{x}{\ln x}$；

（9）$y = \dfrac{x}{1 + x^2}$；

（10）$y = \dfrac{\cos x}{x}$；

（11）$y = \dfrac{2}{x + \ln x}$；

（12）$y = \dfrac{9}{1 - x}$。

5．求下列函数的导数。

（1）$y = (1 + 2x)^{10}$；

（2）$y = \dfrac{1}{\sqrt{1 + x^2}}$；

（3）$y = 2^{x^2}$；

（4）$y = e^{\sqrt{x}}$；

（5）$y = \lg(1 + 10^x)$；

（6）$y = \ln(x + 1)$；

（7）$y = \cos x^5$；

（8）$y = \tan\left(x - \dfrac{\pi}{8}\right)$；

（9）$y = \ln \ln x$；

（10）$y = \cos 8x$；

（11）$y = (1 + 10^x)^3$；

（12）$y = \sqrt{1 + \ln x}$；

（13）$y = \ln(1 + \sqrt{x})$；  　（14）$y = \sin e^x$；

（15）$y = e^{\sin x}$；  　（16）$y = \cos^5 x$。

6. 求下列函数的导数。

（1）$y = \tan e^{2x}$；  　（2）$y = \ln \cos \sqrt{x}$；

（3）$y = x \tan \sqrt{x}$；  　（4）$y = \sqrt{\ln x} + \ln \sqrt{x}$；

（5）$y = \dfrac{1}{e^{3x} + 1}$；  　（6）$y = \dfrac{\sin 3x}{x}$。

7. 求下列函数在给定点处的导数。

（1）$f(x) = x^3 - 3^x + \ln 3$，求 $f'(3)$；

（2）$f(x) = (x + 2)\log_2 x$，求 $f'(2)$；

（3）$f(x) = \sin \dfrac{1}{x}$，求 $f'\left(\dfrac{1}{\pi}\right)$；

（4）$f(x) = \cos \sqrt{x}$，求 $f'(\pi^2)$。

8. 已知函数 $f(x)$ 可导，求下列函数的导数。

（1）$y = f(\sqrt{x})$；  　（2）$y = \sqrt{f(x)}$；

（3）$y = f(e^x)$；  　（4）$y = e^{f(x)}$；

（5）$y = f(\sin x)$；  　（6）$y = \sin f(x)$；

（7）$y = f(\ln x)$；  　（8）$y = \ln f(x)$。

9. 求曲线在指定点处的切线方程。

（1）曲线 $y = \ln x$ 在点 $(1, 0)$ 处；

（2）曲线 $y = x^3 - x$ 在点 $(1, 0)$ 处；

（3）曲线 $y = \sin x$ 在点 $(0, 0)$，$\left(\dfrac{\pi}{2}, 1\right)$ 处；

（4）曲线 $y = \cos x$ 在点 $(0, 1)$，$\left(\dfrac{\pi}{2}, 0\right)$ 处。

10. 设曲线 $y = x + x^2$ 上点 $M_0(x_0, y_0)$ 处的切线平行于直线 $y = -3x + 1$，求切点 $M_0$ 的坐标 $(x_0, y_0)$。

11. 设曲线 $y = \dfrac{1}{8}x^4 + 1$ 的一条切线平行于直线 $y = 4x - 5$，求此切线方程。

12. 求下列函数的二阶导数。

（1）$y = x^4 - 2x^3 + 3$；  　（2）$y = x^3 \ln x$；

（3）$y = e^{-x} \sin x$；  　（4）$y = \sin^2 x$；

（5）$y = \ln^2 x$；  　（6）$y = x e^{x^2}$；

（7）$y = x \ln x$；  　（8）$y = e^{\sqrt{x}}$。

13. 求下列函数在给定点处的二阶导数。

（1）$f(x) = x^3 e^x$，求 $f''(1)$；  　（2）$f(x) = \sqrt{1 + x^2}$，求 $f''(0)$；

(3) $f(x) = \ln(1+x)$,求 $f''(0)$。

14. 求下列函数的 $n$ 阶导数。

(1) $y = e^{ax}$;

(2) $y = \ln(1+x)$。

15. 求下列函数的微分。

(1) $y = 4x^3 - x^4$;

(2) $y = \dfrac{x}{\sin x}$;

(3) $y = 3^{\ln x}$;

(4) $y = e^x \sin x$;

(5) $y = \dfrac{1+x}{1-x}$;

(6) $y = \dfrac{1}{\sqrt{\ln x}}$;

(7) $y = \sin \sqrt{x}$;

(8) $y = \cos x^2$;

(9) $y = e^{3x} \sin \dfrac{x}{2}$;

(10) $y = \sqrt{1-x^2}$。

16. 求下列各数的近似值。

(1) $e^{0.05}$;

(2) $\ln 1.03$。

# 第4章　导数的应用

## 导数的应用

## 从应用走向理论——微积分的发展历程

### 数学故事

近代数学区别于古代数学的显著特征就是从研究"常量"转变为了研究"变量"。17世纪资本主义的崛起、生产力的迅猛发展、机械化生产的出现对科学技术提出了更高的要求，特别是已有的数学理论已经不能满足社会的需求，在实践中产生许多有关"变量"的科学问题。例如，物体的变速运动、天文学中的光学问题、航海中的导航定位、武器的射程弹道等问题。于是数学进入了"变量"数学的时代，特别是解析几何的发展对微积分理论的发展产生了深远的影响。

微积分是微分学和积分学的总称，是"无限细分"和"无限求和"思想的体现。积分学早于微分学出现，是在求曲线或者面积时发展出来的。古希腊的数学家和物理学家阿基米德就用分割求和等方式求出了抛物线弓形的面积以及阿基米德螺线围城的面积，这是定积分最初的萌芽，但是当时由于对无限的恐惧，并没有利用极限的思想进行深入的研究。直到后来数学家们认识了无穷小，从此打开了通向微积分的大门。第一个使用无穷小来计算面积的是德国著名的天文学家和数学家开普勒，他在著作《测量酒桶体积的新科学》中认定几何图形都是由无穷多个同纬数的无穷小图形组成的，进而利用分割求和和无穷小来求解面积问题，这也逐渐接近了现代定积分的内容。

古代中国在极限理论的发展上毫不逊于西方，庄周（见图4-1）所著的《庄子》一书中就

有"一尺之棰，日取其半，万世不竭"的极限思想。《墨经》中也有关于无穷和无限的描述。刘徽在《九章算术注》中提到了著名的割圆术，也是极限理论的体现，并为研究圆周率打下了基础。后来祖冲之利用极限思想研究了圆周率等问题，将圆周率精确到了3.1415926～3.1415927，并提出了著名的"祖暅原理"，给出了计算球体积的正确公式。中国古代在微积分初期的基础理论研究方面有着杰出的研究成果，许多研究成果成了微积分创立的关键，但是后期由于政治文化制度的影响，数学等科学水平日渐衰落，在微积分的创立方面发展落后。

图　4-1

17世纪后,对运动和变化的研究成为学术研究的中心。变量数学研究上的一个重要标志就是笛卡尔和费尔马在平面中引入坐标,建立了平面坐标系,将几何问题转化为代数问题,建立解析几何,为微积分的创立奠定了基础。之后,牛顿在1671年、1676年和1687年分别发表了有关微积分的经典著作,最初的微积分被称为"无穷小分析",同时牛顿也提出了反微分,也就是后来的不定积分。莱布尼兹在1673年也提出了有关微积分的理论,并创作了微积分的符号,促进了微积分的发展,但是当时由于牛顿的名气比较大,所以很多人并没有接受莱布尼兹的符号。直到后来,由于莱布尼兹符号的简洁性和实用性而得以流传和广泛应用。

但是,牛顿和莱布尼兹虽然给出了微积分的基本理论,但是由于"无穷小"概念的不清晰,导致了第二次数学危机的爆发,微积分的发展一度停滞不前。直到18世纪,伯努利、欧拉、拉格朗日、克雷尔、达朗贝尔、马克劳林等数学家对函数和极限的深入研究,将微积分和定积分推广到了二元、多元,并且产生了无穷级数、微分方程、变分法等分支学科。到19世纪末,经过波尔查诺、柯西、维尔斯特拉斯等数学家对"无穷小"等的精确定义后,微积分的理论基础基本完成,第二次数学危机被顺利解决,之后微积分迅猛发展起来。

## 数学思想

牛顿和莱布尼兹对微积分的研究都是建立在极限和无穷小的基础上的,牛顿是从物理学的角度解决运动的问题,并建立重要的数学理论——"流数术",而莱布尼兹是从几何学的角度研究曲线的切斜和所围的面积出发,运用分析学方法创立了微积分的概念,并且创造了微积分的符号,促进了微积分的发展。牛顿在应用上更多地结合了运动学,因此在学术造诣上更胜一筹,但是莱布尼兹运用简洁的符号来表达微积分的实质,让微积分得到了发展。

数学的发展都是从社会的实际需求出发,根据应用的需要逐步发展和完善初步理论。微积分促进了现代科学技术的迅猛发展——航天飞机、宇宙飞船等现代化的交通工具都是微积分发展后的产物。在微积分的帮助下,牛顿发现了万有引力定律,证明了宇宙的数学设计。如今,微积分不但成了自然科学和工程技术的基础,还渗透到经济、金融活动的方方面面,在人文社会科学领域中也有着广泛的应用。

## 数学人物

李善兰(图4-2)是浙江宁海人,近代著名的数学家、天文学家、力学家和植物学家,创立了二次平方根的幂级展开式,这是19世纪中国数学界的最大成就。9岁时,李善兰发现父亲的藏书《九章算术》,从此迷上了数学,后来又自学了欧几里得的《几何原本》,这两种思想迥异的数学著作为他的数学之路打下了坚实的基础。

李善兰不仅在数学研究上有很深的造诣,

图 4-2

还在代数学、几何学以及微积分在中国的传播发挥了重要的作用。1852年,李善兰将自己的数学著作给来华的传教士,受到了大力的赞赏,从此走上了与外国人合作翻译科学著作的道路。他先后翻译了《几何原本》《代数学》《代微积拾级》等著作,都广为流传,并为微积分在中国的发展作出了重要的贡献。李善兰在翻译西方数学著作时,首创了许多沿用至今的汉语中的数学词语,如微积分中的微分、积分、无穷、极限、曲率;代数中的函数、常数、变数、系数、未知数、方程式等;几何中的原点、切线、法线、螺线、抛物线等。

# 4.1　微分中值定理

## 问题导入

导数刻画了函数在一点附近的变化率问题,是一个局部性的概念,但在实际问题中还需要研究函数在一个区间上的变化情况,本节将介绍微分中值定理,主要包括罗尔中值定理、拉格朗日中值定理与柯西中值定理。在应用导数研究函数的各种性质时,微分中值定理起桥梁作用,本章的许多结果都建立在中值定理的基础之上。因此,中值定理构成了导数应用的理论基础。

## 知识归纳

### 4.1.1　罗尔中值定理

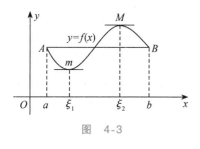

图　4-3

观察图4-3,如果函数$y=f(x)$在闭区间$[a,b]$上连续,在开区间$(a,b)$内可导,且端点函数值$f(a)=f(b)$,这时会有什么结果? 连接函数曲线$y=f(x)$的两个端点$A,B$得到弦$AB$。

由于$f(x)$在闭区间$[a,b]$上连续,从而函数曲线$y=f(x)$在闭区间$[a,b]$上不断开;又由于函数$f(x)$在开区间$(a,b)$内可导,从而函数曲线$y=f(x)$在开区间$(a,b)$内处处存在切线,且切线不垂直于$x$轴。

从函数图像上发现,当端点函数值$f(a)=f(b)$时,在$y=f(x)$的最大值$M$与最小值$m$分别在$\xi_1$和$\xi_2$取得,曲线的切线与$x$轴平行,由导数的几何意义可得,点$\xi_1$和$\xi_2$处的导数分别为$f'(\xi_1)=0, f'(\xi_2)=0$。

以上观察具有普遍性,即下面的罗尔中值定理。

【定理4.1】 (罗尔中值定理)　设函数$f(x)$满足条件:

(1) 在闭区间$[a,b]$上连续;

（2）在开区间$(a,b)$内可导；

（3）在区间两个端点的函数值相等，即$f(a)=f(b)$。

则至少存在一点$\xi\in(a,b)$，使得$f'(\xi)=0$。

证明　如果函数$f(x)\equiv C$，则对于任意的$x\in(a,b)$，恒有$f'(x)=0$，结论自然成立。

为此假设$f(x)\neq C$，如图 4-3 所示。因为函数$f(x)$在区间$[a,b]$上连续，由闭区间上连续函数的最值性质可知，$f(x)$在$[a,b]$上必能取得最小值$m$和最大值$M$。也即存在点$\xi_1$、$\xi_2$，使得$f(\xi_1)=m$，$f(\xi_2)=M$且$m\neq M$。

由于$f(a)=f(b)$，则数$M$与$m$中至少有一个不等于端点的函数值$f(a)$，不妨设$M\neq f(a)$，下证$f'(\xi_2)=0$。

由于$f(\xi_2)=M$，所以$f(\xi_2+\Delta x)-f(\xi_2)\leqslant 0$，$\Delta x\neq 0$。

所以当$\Delta x>0$时，$\dfrac{f(\xi_2+\Delta x)-f(\xi_2)}{\Delta x}\leqslant 0$，由极限的保号性质，即有

$$f'_+(\xi)=\lim_{\Delta x\to 0^+}\frac{f(\xi_2+\Delta x)-f(\xi_2)}{\Delta x}\leqslant 0。$$

类似地，当$\Delta x<0$时，$\dfrac{f(\xi_2+\Delta x)-f(\xi_2)}{\Delta x}\geqslant 0$，所以

$$f'_-(\xi)=\lim_{\Delta x\to 0^-}\frac{f(\xi_2+\Delta x)-f(\xi_2)}{\Delta x}\geqslant 0。$$

最后，由于$f(x)$在$(a,b)$内可导，因而$f'(\xi_2)=f'_+(\xi_2)=f'_-(\xi_2)$，即$f'(\xi_2)=0(a<\xi_2<b)$。

罗尔中值定理的几何意义：如果连续光滑曲线$y=f(x)$在点$A$、$B$处的纵坐标相等，那么，在弧$AB$上至少有一点$M[\xi,f(\xi)]$，曲线在点$M$的切线平行于$x$轴，如图 4-3 所示。

相关例题见例 4.1。

### 4.1.2　拉格朗日中值定理

罗尔中值定理的条件是必要而非充分的。

思考：在罗尔中值定理中，如果去掉端点函数值相等$f(a)=f(b)$这个条件，会有什么结果？

观察图 4-3 中的函数曲线，当我们将曲线围绕定点$A[a,f(a)]$按照逆时针方向旋转一个适当的角度时，得到图 4-4。从图像上发现：函数$y=f(x)$在$M$处与$m$处的切线与弦$AB$平行，由于弦$AB$的斜率为$k_{AB}=\dfrac{f(b)-f(a)}{b-a}$，于是函数曲线$y=f(x)$在点$\xi_1$与点$\xi_2$处的

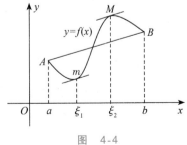

图 4-4

切线的斜率等于$\dfrac{f(b)-f(a)}{b-a}$，由导数的几何意义知，函数$f(x)$在点$\xi_1$与点$\xi_2$处的导数

$$f'(\xi_1)=f'(\xi_2)=\frac{f(b)-f(a)}{b-a},$$

或者

$$f(b)-f(a)=f'(\xi_1)(b-a)=f'(\xi_2)(b-a)。$$

【定理4.2】（拉格朗日中值定理） 如果函数$f(x)$满足条件：

（1）在闭区间$[a,b]$上连续；

（2）在开区间$(a,b)$内可导，则至少存在一点$\xi\in(a,b)$，使得

$$f'(\xi)=\frac{f(b)-f(a)}{b-a},$$

或者

$$f(b)-f(a)=f'(\xi)(b-a)\quad(a<\xi<b)。$$

为证明拉格朗日中值定理，首先建立以下满足罗尔中值定理条件的辅助函数

$$F(x)=f(x)-\left[\frac{f(b)-f(a)}{b-a}(x-a)+f(a)\right],$$

然后利用罗尔定理的结论得到证明。建议有兴趣的同学给出拉格朗日中值定理的证明。

拉格朗日中值定理的几何意义：如果函数$y=f(x)$在闭区间$[a,b]$上连续，在开区间$(a,b)$内可导，这样拉格朗日中值定理告诉我们，在弧$AB$上至少有一点$\xi$，曲线在点$\xi$处的切线平行于弦$AB$。

推论1 设函数$f(x)$在$(a,b)$内可导，且$f'(x)\equiv0$，则$f(x)$为$(a,b)$内的常值函数。

证明 任取$x_1,x_2\in(a,b)$，不妨设$x_1<x_2$，则$f(x)$在$[x_1,x_2]$上满足拉格朗日中值定理的两个条件，因而存在$\xi\in(x_1,x_2)$，使得

$$f(x_2)-f(x_1)=f'(\xi)(x_2-x_1)=0,$$

从而

$$f(x_2)=f(x_1)。$$

由$x_1,x_2$的任意性，因此，$f(x)$在区间$(a,b)$内是一常数。

推论2 设函数$f(x),g(x)$在$(a,b)$内均可导，且对任意$x\in(a,b)$有$f'(x)\equiv g'(x)$，则在$(a,b)$内

$$f(x)=g(x)+C\quad（C\text{为常数}）。$$

证明 令$F(x)=f(x)-g(x)$。

由于$F'(x)=f'(x)-g'(x)=0,x\in(a,b)$，由推论1得$F(x)=C$，即

$$f(x)=g(x)+C。$$

相关例题见例4.2和例4.3。

### 4.1.3　柯西中值定理

【定理4.3】（柯西中值定理）　如果函数 $f(x),g(x)$ 满足以下条件：

（1）都在 $[a,b]$ 上连续；

（2）都在 $(a,b)$ 内可导；

（3）$g'(x)\neq 0$，对任意 $x\in(a,b)$，则至少存在一点 $\xi\in(a,b)$，使

$$\frac{f'(\xi)}{g'(\xi)}=\frac{f(b)-f(a)}{g(b)-g(a)}。$$

说明：

（1）罗尔中值定理是拉格朗日中值定理当 $f(a)=f(b)$ 时的特例。

（2）拉格朗日中值定理又是柯西中值定理当 $g(x)=x$ 时的特例。

（3）中值定理是一种存在性定理，在数学上存在性定理是相当重要的。

## 典型例题

例4.1　验证函数 $f(x)=x^2-3x-4$ 在 $[-1,4]$ 上是否满足罗尔中值定理的条件。如果满足，求区间 $[-1,4]$ 内满足罗尔中值定理的 $\xi$ 值。

解：函数 $f(x)=x^2-3x-4=(x+1)(x-4)$ 在 $[-1,4]$ 上连续，在 $(-1,4)$ 内可导，$f'(x)=2x-3$，且 $f(-1)=f(4)=0$，所以 $f(x)$ 满足罗尔中值定理条件。

令 $f'(x)=0$，解方程 $2x-3=0$，得 $x=\dfrac{3}{2}\in(-1,4)$，这即为满足罗尔中值定理的 $\xi$ 值。

例4.2　验证函数 $f(x)=x^3$ 在区间 $[0,3]$ 上满足拉格朗日定理的条件，并求出结论中的 $\xi$ 值。

解：显然幂函数 $f(x)=x^3$ 在区间 $[0,3]$ 上满足拉格朗日定理的条件，即在闭区间 $[0,3]$ 上连续；在开区间 $(0,3)$ 内可导。

由于 $f'(x)=3x^2$，所以存在 $\xi\in(0,3)(f'(\xi)=3\xi^2)$，使得

$$f'(\xi)=\frac{f(3)-f(0)}{3-0}=\frac{27}{3}=9,$$

即 $3\xi^2=9$，得 $\xi=\sqrt{3}$（舍去 $-\sqrt{3}$）。

例4.3　验证函数 $f(x)=\ln x$ 在闭区间 $[1,e]$ 上满足拉格朗日中值定理的条件，并求出拉格朗日中值定理结论中的 $\xi$ 值。

解：显然 $f(x)=\ln x$ 在 $[1,e]$ 上连续，在 $(1,e)$ 上可导。

由于

$$f(1)=\ln 1=0,\quad f(e)=\ln e=1\text{以及}f'(x)=\frac{1}{x},$$

所以存在 $\xi \in (1, e)$，使得

$$\frac{\ln e - \ln 1}{e - 1} = \frac{1}{\xi},$$

从而解得 $\xi = e - 1, \xi \in (1, e)$。

## 课堂巩固 4.1

基础训练 4.1

1. 函数 $f(x) = x^2 - 4x - 3$ 在区间 $[-1, 5]$ 上是否满足罗尔中值定理的条件？若满足，求出定理中的 $\xi$ 值。

2. 函数 $f(x) = |x - 1|$ 在给定区间 $[0, 3]$ 上是否满足拉格朗日中值定理条件？

3. 已知函数 $f(x) = \ln x$ 在区间 $[1, 2]$ 内满足拉格朗日中值定理条件，试求使得 $f(b) - f(a) = f'(x_0) \cdot (b - a)$ 的 $x_0 = \underline{\qquad}$。

提升训练 4.1

1. 函数 $f(x) = 3x^2 + 5x + 2$ 在区间 $[0, 1]$ 上是否满足拉格朗日中值定理的条件？若满足，求出定理中的 $\xi$ 值。

2. 函数 $f(x) = \lg(x^2 + 1)$ 在区间 $[0, 3]$ 上是否满足拉格朗日中值定理的条件？若满足，求出定理中的 $\xi$ 值。

# 4.2 洛必达法则

## 问题导入

在第 2 章中，针对 $\frac{0}{0}$ 型和 $\frac{\infty}{\infty}$ 型未定式的极限，比如 $\lim\limits_{x \to 0} \frac{\sin x}{x}$，$\lim\limits_{x \to 2} \frac{x^2 - 4}{x - 2}$，$\lim\limits_{x \to 0} \frac{\sqrt{x^2 + 1} - 1}{x}$ 和 $\lim\limits_{x \to \infty} \frac{3x^2 + 1}{x^2 + x - 1}$ 等，我们学会了一些求解其极限的方法。比如通过因式分解、分子分母有理化，从而约去无穷小因式的方法，利用重要极限的方法，以及分子分母同时除以 $x$ 的最高次幂的方法，求出这些未定式的极限。但是还有许多的 $\frac{0}{0}$ 型和 $\frac{\infty}{\infty}$ 型未定式的极限，用以上论及的方法却是难以解决的，比如 $\lim\limits_{x \to 0} \frac{e^x - 1}{2x}$，$\lim\limits_{x \to +\infty} \frac{x^2}{e^x}$ 等。洛必达法则正是为了求解未定式极限所进行的一般方法的研究。

## 知识归纳

### 4.2.1　$\dfrac{0}{0}$ 与 $\dfrac{\infty}{\infty}$ 型未定式的洛必达法则

**1. $\dfrac{0}{0}$ 型未定式的洛必达法则**

【定理4.4】（洛必达法则1）　如果 $f(x)$ 和 $g(x)$ 满足下列条件：

(1) 在 $x_0$ 的某一去心邻域内可导, 且 $g'(x)\neq 0$;

(2) $\lim\limits_{x\to x_0} f(x)=0$, $\lim\limits_{x\to x_0} g(x)=0$;

(3) $\lim\limits_{x\to x_0}\dfrac{f'(x)}{g'(x)}=A(\text{或}\infty)$,

那么

洛必达法则的
应用

$$\lim_{x\to x_0}\frac{f(x)}{g(x)}=\lim_{x\to x_0}\frac{f'(x)}{g'(x)}=A\ (\text{或}\infty)。$$

❀ 相关例题见例4.4～例4.9。

注意：

(1) 洛必达法则表明当满足一定条件时, 两个函数的商的极限可以通过求它们导数的商的极限而得。当然, 在应用洛必达法则时一定要注意验证函数 $f(x)$ 和 $g(x)$ 是否满足定理所需要的条件。

(2) 洛必达法则对自变量变化趋势中的其他情形都是有效的。也就是说, 法则中自变量 $x\to x_0$ 可以替换为 $x\to x_0^+$; $x\to x_0^-$; $x\to\infty$; $x\to +\infty$ 或 $x\to -\infty$。

**2. $\dfrac{\infty}{\infty}$ 型未定式的洛必达法则**

【定理4.5】（洛必达法则2）　如果 $f(x)$ 和 $g(x)$ 满足下列条件：

(1) 在 $x_0$ 的某一去心邻域内可导;

(2) $\lim\limits_{x\to x_0} f(x)=\infty$, $\lim\limits_{x\to x_0} g(x)=\infty$;

(3) $\lim\limits_{x\to x_0}\dfrac{f'(x)}{g'(x)}=A(\text{或}\infty)$,

则

$$\lim_{x\to x_0}\frac{f(x)}{g(x)}=\lim_{x\to x_0}\frac{f'(x)}{g'(x)}=A(\text{或}\infty)。$$

$\dfrac{\infty}{\infty}$ 型与 $\dfrac{0}{0}$ 型洛必达法则的注意事项一致, 需予注意。

❀ 相关例题见例4.10～例4.13。

### 4.2.2  $0 \cdot \infty$、$\infty - \infty$ 型未定式的洛必达法则

洛必达法则除了能有效地解决 $\dfrac{0}{0}$ 型或 $\dfrac{\infty}{\infty}$ 型未定式的极限外,对其他的未定式极限的求解也同样有效。比如,由于 $0 \cdot \infty$ 型未定式与 $\infty - \infty$ 型未定式可以分别转化为 $\dfrac{0}{0}$ 型或 $\dfrac{\infty}{\infty}$ 型,因此也可应用洛必达法则。

相关例题见例 4.14 和例 4.15。

## 典型例题

例 4.4　求 $\lim\limits_{x \to 3} \dfrac{x^3 - 27}{x - 3}$。

解:这是一个 $\dfrac{0}{0}$ 型未定式,应用洛必达法则对分子分母分别求导,得

$$\lim_{x \to 3} \frac{x^3 - 27}{x - 3} = \lim_{x \to 3} \frac{\left(x^3 - 27\right)'}{\left(x - 3\right)'} = \lim_{x \to 3} \frac{3x^2}{1} = 3 \cdot 3^2 = 27。$$

例 4.5　求 $\lim\limits_{x \to 0} \dfrac{2^x - 1}{x}$。

解:这是一个 $\dfrac{0}{0}$ 型未定式,应用洛必达法则对分子分母分别求导,得

$$\lim_{x \to 0} \frac{2^x - 1}{x} = \lim_{x \to 0} \frac{2^x \ln 2}{1} = \ln 2。$$

例 4.6　求 $\lim\limits_{x \to 0} \dfrac{x - \sin x}{x^3}$。

解:这是一个 $\dfrac{0}{0}$ 型未定式,应用洛必达法则对分子分母分别求导,得

$$\lim_{x \to 0} \frac{x - \sin x}{x^3} = \lim_{x \to 0} \frac{1 - \cos x}{3x^2} \quad \left(\text{仍是} \frac{0}{0} \text{型未定式}\right)$$
$$= \lim_{x \to 0} \frac{\sin x}{6x} = \frac{1}{6} \lim_{x \to 0} \frac{\sin x}{x} = \frac{1}{6}。$$

例 4.7　求 $\lim\limits_{x \to 0} \dfrac{1 - \cos^2 x}{x\left(1 - e^x\right)}$。

解:这是一个 $\dfrac{0}{0}$ 型未定式,应用洛必达法则对分子分母分别求导,得

$$\lim_{x \to 0} \frac{1 - \cos^2 x}{x\left(1 - e^x\right)} = \lim_{x \to 0} \frac{-2\cos x \cdot (-\sin x)}{1 - e^x + x(-e^x)}$$
$$= \lim_{x \to 0} \frac{\sin 2x}{1 - e^x - xe^x} = \lim_{x \to 0} \frac{2\cos 2x}{-e^x - e^x - xe^x} = -1。$$

例4.8 求 $\lim\limits_{x \to 0} \dfrac{\sin 3x}{3 - \sqrt{2x + 9}}$。

解:这是一个 $\dfrac{0}{0}$ 型未定式,应用洛必达法则得

$$\lim\limits_{x \to 0} \dfrac{\sin 3x}{3 - \sqrt{2x + 9}} = \lim\limits_{x \to 0} \dfrac{3 \cos 3x}{-\dfrac{2}{2\sqrt{2x + 9}}} = -\lim\limits_{x \to 0} 3\sqrt{2x + 9} \cdot \cos 3x = -9。$$

例4.9 求 $\lim\limits_{x \to 0} \dfrac{x^2 \cos \dfrac{1}{x}}{\sin x}$。

解:这是一个 $\dfrac{0}{0}$ 型未定式,对分子分母分别求导,

$$\lim\limits_{x \to 0} \dfrac{x^2 \cos \dfrac{1}{x}}{\sin x} = \lim\limits_{x \to 0} \dfrac{2x \cos \dfrac{1}{x} + \sin \dfrac{1}{x}}{\cos x}。$$

当 $x \to 0$ 时,函数 $\sin \dfrac{1}{x}$ 振荡无极限,但是原极限存在。

因为

$$\lim\limits_{x \to 0} \dfrac{x^2 \cos \dfrac{1}{x}}{\sin x} = \lim\limits_{x \to 0} \dfrac{x \cos \dfrac{1}{x}}{\dfrac{\sin x}{x}} = \dfrac{\lim\limits_{x \to 0} x \cos \dfrac{1}{x}}{\lim\limits_{x \to 0} \dfrac{\sin x}{x}} = \dfrac{0}{1} = 0。$$

本例说明洛必达法则的条件(3)是不可或缺的。

例4.10 求 $\lim\limits_{x \to +\infty} \dfrac{\ln x}{x^2}$。

解:这是一个 $\dfrac{\infty}{\infty}$ 型未定式,应用洛必达法则得

$$\lim\limits_{x \to +\infty} \dfrac{\ln x}{x^2} = \lim\limits_{x \to +\infty} \dfrac{1}{x} \cdot \dfrac{1}{2x} = \lim\limits_{x \to +\infty} \dfrac{1}{2x^2} = 0。$$

例4.11 求 $\lim\limits_{x \to +\infty} \dfrac{e^x}{x^2}$。

解:这是一个 $\dfrac{\infty}{\infty}$ 型未定式,应用洛必达法则得

$$\lim\limits_{x \to +\infty} \dfrac{e^x}{x^2} = \lim\limits_{x \to +\infty} \dfrac{e^x}{2x} = \lim\limits_{x \to +\infty} \dfrac{e^x}{2} = +\infty。$$

例4.12 求 $\lim\limits_{x \to 0^+} \dfrac{\ln \cot x}{\ln x}$。

解:这是一个 $\dfrac{\infty}{\infty}$ 型未定式,应用洛必达法则得

$$\lim\limits_{x \to 0^+} \dfrac{\ln \cot x}{\ln x} = \lim\limits_{x \to 0^+} \dfrac{\dfrac{1}{\cot x}(-\csc^2 x)}{\dfrac{1}{x}}$$

$$= \lim_{x \to 0^+} \frac{-x}{\sin x \cos x} = \lim_{x \to 0^+} \left( -\frac{x}{\sin x} \right) \cdot \lim_{x \to 0^+} \frac{1}{\cos x} = -1 \text{。}$$

例 4.13　求 $\lim\limits_{x \to \infty} \dfrac{x - \sin x}{x + \sin x}$。

解：这是一个 $\dfrac{\infty}{\infty}$ 型未定式，应用洛必达法则得

$$\lim_{x \to \infty} \frac{x - \sin x}{x + \sin x} = \lim_{x \to \infty} \frac{1 - \cos x}{1 + \cos x} \text{。}$$

当 $x \to \infty$ 时，$\cos x$ 振荡无极限，但是原极限存在。

事实上，

$$\lim_{x \to \infty} \frac{x - \sin x}{x + \sin x} = \lim_{x \to \infty} \frac{1 - \dfrac{\sin x}{x}}{1 + \dfrac{\sin x}{x}} = 1 \text{。}$$

例 4.14　$\lim\limits_{x \to 0^+} x \ln \sin x$。

解：这是一个 $0 \cdot \infty$ 型未定式，可以将其转化为 $\dfrac{\infty}{\infty}$ 型后，再利用洛必达法则对分子分母分别求导，得

$$\lim_{x \to 0^+} (x \cdot \ln \sin x) = \lim_{x \to 0^+} \frac{\ln \sin x}{\dfrac{1}{x}} = \lim_{x \to 0^+} \frac{\dfrac{\cos x}{\sin x}}{-\dfrac{1}{x^2}}$$

$$= \lim_{x \to 0^+} \frac{-x^2 \cos x}{\sin x} = -\lim_{x \to 0^+} \frac{x}{\sin x} \cdot \lim_{x \to 0^+} x \cos x = 0 \text{。}$$

其他未定式

例 4.15　求 $\lim\limits_{x \to 0} \left( \dfrac{1}{x} - \dfrac{1}{e^x - 1} \right)$。

解：这是一个 $(\infty - \infty)$ 型未定式，先通分将其转化为 $\dfrac{0}{0}$ 型后，再利用洛必达法则对分子分母分别求导，得

$$\lim_{x \to 0} \left( \frac{1}{x} - \frac{1}{e^x - 1} \right) = \lim_{x \to 0} \frac{e^x - 1 - x}{x(e^x - 1)} = \lim_{x \to 0} \frac{e^x - 1}{e^x - 1 + x e^x}$$

$$= \lim_{x \to 0} \frac{e^x}{e^x + e^x + x e^x} = \frac{1}{2} \text{。}$$

## 课堂巩固 4.2

### 基础训练 4.2

1. 试判断下列极限的计算正确与否，并说明原因：

(1) $\lim\limits_{x \to 0} \dfrac{x^2}{\cos x} = \lim\limits_{x \to 0} \dfrac{2x}{-\sin x} = -2 \lim\limits_{x \to 0} \dfrac{x}{\sin x} = -2$；

(2) $\lim\limits_{x \to 0} \dfrac{\sin x}{\cos x - 1} = \lim\limits_{x \to 0} \dfrac{\cos x}{-\sin x} = \lim\limits_{x \to 0} \dfrac{-\sin x}{-\cos x} = 0$。

2．利用洛必达法则求极限：

(1) $\lim\limits_{x \to 2} \dfrac{x^4 - 16}{x - 2}$；

(2) $\lim\limits_{x \to 0} \dfrac{\sin 5x}{3x - 2x^2}$；

(3) $\lim\limits_{x \to 0} \dfrac{3^x - 1}{x}$；

(4) $\lim\limits_{x \to 0} \dfrac{\ln(1 + x)}{x + \sin x}$；

(5) $\lim\limits_{x \to +\infty} \dfrac{e^x - e}{x^2 - 1}$；

(6) $\lim\limits_{x \to +\infty} \dfrac{\ln x}{x - 1}$。

**提升训练 4.2**

1．利用洛必达法则求极限：

(1) $\lim\limits_{x \to 1} \left( \dfrac{x}{x - 1} - \dfrac{1}{\ln x} \right)$；

(2) $\lim\limits_{x \to +\infty} x \left( e^{\frac{1}{x}} - 1 \right)$。

2．下列极限问题能否用洛必达法则解决？如果能请解决，如果不能请用其他方法解决。

(1) $\lim\limits_{x \to 0} \dfrac{x^2 \sin \dfrac{1}{x}}{\sin x}$；

(2) $\lim\limits_{x \to 0} \dfrac{x^2 \sin \dfrac{1}{x}}{\cos x}$。

# 4.3  函数的单调性

## 问题导入

函数的单调性是函数的基本性质之一。利用初等数学的方法讨论函数的单调性比较复杂，对于复杂问题有时候还解决不了。能否有更好的方法解决函数的单调性问题呢？利用导数就能方便地讨论函数的单调性问题。

## 知识归纳

### 4.3.1  单调性的定义

【定义 4.1】  设函数 $f(x)$ 在开区间 $(a, b)$ 内有定义，若对开区间 $(a, b)$ 内任意两点 $x_1, x_2$，当 $x_1 < x_2$ 时，若恒有

(1) $f(x_1) < f(x_2)$，则称 $f(x)$ 在开区间 $(a, b)$ 内单调递增。

(2) $f(x_1) > f(x_2)$，则称 $f(x)$ 在开区间 $(a, b)$ 内单调递减。

相应地，$(a, b)$ 称为单调区间。

单调性的定义

### 4.3.2 函数单调性的判断定理

从几何直观分析:如果曲线在开区间$(a,b)$内是单调上升的,这时曲线上任意一点的切线的倾斜角$\alpha$为锐角,从而该切线的斜率$\tan\alpha=f'(x)>0$,如图4-5所示。

如果曲线在区间$(a,b)$内是单调下降的,这时曲线上任意一点的切线的倾斜角$\alpha$为钝角,从而该切线的斜率$\tan\alpha=f'(x)<0$,如图4-6所示。

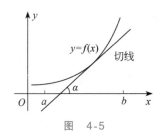

图 4-5

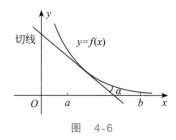

图 4-6

由此可见,函数的单调性与一阶导数的正负号有着密切的联系。

【定理4.6】 设函数$f(x)$在开区间$(a,b)$内可导,那么

(1) 若$f'(x)>0$,则函数$f(x)$在$(a,b)$内单调递增。

(2) 若$f'(x)<0$,则函数$f(x)$在$(a,b)$内单调递减。

证明 (1) 任取$x_1,x_2\in(a,b)$且$x_1<x_2$,由于$f(x)$在$(a,b)$内可导,因而,$f(x)$在闭区间$[x_1,x_2]$上连续,在开区间$(x_1,x_2)$内可导。于是$f(x)$满足拉格朗日中值定理的条件有

$$f(x_2)-f(x_1)=f'(\xi)(x_2-x_1)\quad(x_1<\xi<x_2)。$$

又由已知条件$x_2-x_1>0,f'(\xi)>0$,所以$f(x_2)-f(x_1)>0$,则$f(x_2)>f(x_1)$ $(x_1<x_2)$。根据定义4.1,$f(x)$在区间$(a,b)$内单调递增。

同理可证(2)成立。证毕。

### 4.3.3 驻点的定义

【定义4.2】 若函数$f(x)$在点$x_0$处的一阶导数值$f'(x_0)=0$,则称点$x_0$为函数$f(x)$的驻点。

可导函数$f(x)$在驻点$x_0$处的一阶导数$f'(x_0)=0$,意味着函数曲线在点$(x_0,f(x_0))$处的切线斜率等于零,即切线平行于$x$轴$\left(\text{此时切线方程为}y=f(x_0)\right)$。

### 4.3.4 求函数单调区间的步骤

例如 对于函数$f(x)=x^2-4x+5$有$f'(2)=0$,则$x=2$就是该函数的驻点。驻点是函数单调增区间与减区间可能的分界点。

观察函数$f(x)=|x|$的图像,如图4-7所示。

容易看出:函数$f(x)=|x|$在区间$(-\infty,0)$内单调递减,而在区间$(0,+\infty)$内单调递

增。而 $f(x)$ 在 $x=0$ 处导数不存在(不可导点),但此点也是函数 $f(x)$ 增减区间的分界点。

综上讨论,驻点和不可导点可能是函数单调区间的分界点。

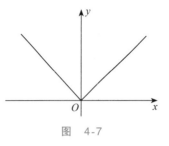

图　4-7

(1) 确定函数的定义域 $D$;

(2) 计算一阶导数 $f'(x)$,并进行必要的化简整理;

(3) 求出函数的驻点和不可导点;

(4) 列表分析。用驻点和不可导点把定义域划分为几个区间,应用定理4.6得出结论。

❀ 相关例题见例4.16~例4.20。

## 典型例题

例4.16　求函数 $f(x)=x^3$ 的单调区间。

解:$f(x)=x^3$ 在其定义域 $(-\infty,+\infty)$ 内可导,且 $f'(x)=3x^2$。

当 $x>0$ 时,由于 $f'(x)=3x^2>0$,由定理4.6可知 $f(x)$ 在 $(0,+\infty)$ 内单调递增;同理,当 $x<0$ 时,由于 $f'(x)=3x^2>0$,所以 $f(x)$ 在 $(-\infty,0)$ 上也单调递增。

因此,$f(x)$ 在 $(-\infty,+\infty)$ 内是单调递增的。

说明:此例说明函数 $f(x)$ 在某区间内单调时,在个别点 $x_0$ 处,可以有 $f'(x_0)=0$,不影响其单调性。

例4.17　求函数 $f(x)=x^2-4x-5$ 的单调区间。

单调性例题

解:函数 $f(x)=x^2-4x-5$ 的定义域为 $(-\infty,+\infty)$。
$$f'(x)=2x-4=2(x-2)。$$

当 $x>2$ 时,由于 $f'(x)=2x-4>0$,由定理4.6可知 $f(x)$ 在 $(2,+\infty)$ 上单调递增。

当 $x<2$ 时,由于 $f'(x)=2x-4<0$,由定理4.6可知 $f(x)$ 在 $(-\infty,2)$ 上单调递减。

当 $x=2$ 时,$f'(x)=2x-4=0$,是函数单调递增和单调递减的分界点。

因此,$f(x)$ 的单调增区间是 $(2,+\infty)$;单调减区间是 $(-\infty,2)$。

观察例4.16和例4.17可知,使得 $f'(x)=0$ 的点即驻点可能是单调递增和单调递减的分界点。

例4.18　求函数 $f(x)=x-e^x$ 的单调区间。

解:函数 $f(x)=x-e^x$ 的定义域为 $(-\infty,+\infty)$。导数 $f'(x)=1-e^x$。

令 $f'(x)=1-e^x=0$,即得驻点 $x=0$,利用驻点 $x=0$ 将定义域 $(-\infty,+\infty)$ 分成 $(-\infty,0)$ 和 $(0,+\infty)$ 两部分。

下面我们将利用定理4.1判断导数 $f'(x)=1-e^x$ 在 $(-\infty,0)$ 和 $(0,+\infty)$ 的增减性。

通过在开区间 $(-\infty,0)$ 内任选一点 $x$,比如 $x=-1$,计算 $f'(x)$ 在 $x=-1$ 的值

$f'(-1)=1-\mathrm{e}^{-1}>0$,从而在$(-\infty,0)$内$f'(x)>0$。由定理4.6知,$f(x)$在$(-\infty,0)$内单调递增。

同样在开区间$(0,+\infty)$内任选一点$x$,比如$x=1$,计算$f'(x)$在$x=1$的值$f'(1)=1-\mathrm{e}^{1}<0$,从而在$(0,+\infty)$内$f'(x)<0$,说明$f(x)$在$(-\infty,0)$内单调递减。

列表如表4-1所示。

表 4-1

| $x$ | $(-\infty,0)$ | 0 | $(0,+\infty)$ |
|---|---|---|---|
| $f'(x)$ | + | 0 | − |
| $f(x)$ | ↗ | − | ↘ |

故函数$f(x)$在区间$(-\infty,0)$内单调递增,而在区间$(0,+\infty)$内单调递减。

例4.19 求函数$f(x)=x-\dfrac{3}{2}\sqrt[3]{x^2}$的单调性。

解:函数$f(x)$的定义域为$(-\infty,+\infty)$,

$$f'(x)=1-\frac{3}{2}\times\frac{2}{3}x^{-\frac{1}{3}}=1-x^{-\frac{1}{3}}=\frac{\sqrt[3]{x}-1}{\sqrt[3]{x}}。$$

令$f'(x)=0$得驻点$x_1=1$,以及函数不可导点$x_2=0$,这样0与1将区间$(-\infty,+\infty)$分成三个区间,列表如表4-2所示。

表 4-2

| $x$ | $(-\infty,0)$ | 0 | $(0,1)$ | 1 | $(1,+\infty)$ |
|---|---|---|---|---|---|
| $f'(x)$ | + | | − | | + |
| $f(x)$ | ↗ | | ↘ | | ↗ |

故函数在区间$(0,1)$上单调递减,在区间$(-\infty,0)$和$(1,+\infty)$上单调递增。

例4.20 求函数$f(x)=(2-x)^3(3x-2)^2$的单调区间。

解:函数$f(x)=(2-x)^3(3x-2)^2$的定义域为$(-\infty,+\infty)$,

$$f'(x)=-3(2-x)^2(3x-2)^2+6(2-x)^3(3x-2)$$
$$=3(2-x)^2(3x-2)(6-5x)。$$

令$f'(x)=0$,得驻点$x_1=\dfrac{2}{3}$,$x_2=\dfrac{6}{5}$,$x_3=2$,它们将定义域分成四个区间,列表如表4-3所示。

表 4-3

| $x$ | $\left(-\infty,\dfrac{2}{3}\right)$ | $\dfrac{2}{3}$ | $\left(\dfrac{2}{3},\dfrac{6}{5}\right)$ | $\dfrac{6}{5}$ | $\left(\dfrac{6}{5},2\right)$ | 2 | $(2,+\infty)$ |
|---|---|---|---|---|---|---|---|
| $f'(x)$ | − | 0 | + | 0 | − | 0 | − |
| $f(x)$ | ↘ | | ↗ | | ↘ | | ↘ |

故函数在区间 $\left(\dfrac{2}{3}, \dfrac{6}{5}\right)$ 内单调递增，在区间 $\left(-\infty, \dfrac{2}{3}\right)$、$\left(\dfrac{6}{5}, 2\right)$ 和 $(2, +\infty)$ 内单调递减。

## 应用案例

案例4.1:沙眼患病率问题

沙眼的患病率与地区和年龄有关,某地区的沙眼患病率 $y$ 与年龄 $t$(岁)的关系为

$$y = 2.27\left(e^{-0.05t} - e^{-0.072t}\right)。$$

试研究该地区沙眼的患病率随着年龄的变化趋势。

解:研究患病率随着年龄的变化趋势,可以根据函数的单调性作出判断,令

$$y' = 2.27\left(-0.05e^{-0.05t} + 0.072e^{-0.072t}\right) = 0,$$

得驻点 $t \approx 16.8$,

$$y'(16) = 2.27\left(-0.05e^{-0.05 \times 16} + 0.072e^{-0.072 \times 16}\right) \approx 0.0012 > 0,$$

$$y'(17) = 2.27\left(-0.05e^{-0.05 \times 17} + 0.072e^{-0.072 \times 17}\right) \approx -0.0014 < 0。$$

当 $0 < t < 16.8$ 时,$y' > 0$,函数单调递增,即当年龄小于16.8岁时,随着年龄的增长,沙眼患病率也增长。

当 $t > 16.8$ 时,$y' < 0$,函数单调递减,即当年龄大于16.8岁时,随着年龄的增长,沙眼患病率也减少。

案例4.2:需求的变化趋势问题

收入与消费需求之间密切相关,除了生活刚需商品,在正常情况下,如果收入增长,消费需求也会增长;收入减少,消费需求也会减少。某种商品在某一段时期内的需求量 $Q$ 与收入 $x$ 之间的恩格尔函数为

$$Q(x) = \frac{6x}{x + 2}。$$

试讨论该商品在该时期内是否处于正常需求状态。

解:该问题可根据恩格尔函数的单调性研究,其导数为

$$Q'(x) = \frac{12}{(x + 2)^2} > 0,$$

即该函数为递增函数,说明人们对该商品的需求量随着收入的增长而增长,随着收入的减少而减少,所以该商品处于正常需求状态。

## 课堂巩固 4.3

基础训练 4.3

1. 求下列函数的驻点:

(1) $f(x) = x^2 - 2x + 3$;

(2) $f(x) = x - e^x$;

(3) $y = 2x^3 - 9x^2 + 12x - 3$;　　　(4) $f(x) = x - 2\sqrt{x}$。

2．求下列函数的单调区间：

(1) $f(x) = 2x^3 + 3x^2 - 12x - 7$;　　　(2) $f(x) = \dfrac{1}{2}x^2 - \dfrac{1}{3}x^3$;

(3) $f(x) = x^3 + x$;　　　(4) $f(x) = \dfrac{\ln x}{x}$。

**提升训练 4.3**

1．验证 $f(x) = \mathrm{e}^{-x^2}$ 在区间 $(0, +\infty)$ 内是单调减函数。

2．验证 $f(x) = x - \sin x$ 在区间 $(-\infty, +\infty)$ 内是单调增函数。

# 4.4　函数的极值

## 问题导入

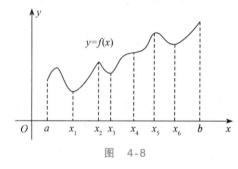

图　4-8

在研究函数 $f(x)$ 的单调性时发现，在函数 $f(x)$ 的驻点或不可导点处，如果函数 $f(x)$ 的单调性发生变化，就意味着出现了局部的峰值或谷值，如图 4-8 所示，在以 $x_2$ 为心的某一邻域内比较函数值的大小，显然 $f(x_2)$ 局部最大；在以 $x_1$ 为心的某一邻域内比较函数值的大小，$f(x_1)$ 局部最小，满足这样特性的点在函数研究方面具有重要意义，这就是下面研究的极值问题。

## 知识归纳

### 4.4.1　函数极值的概念

#### 1．极值的定义

【定义 4.3】　若以 $x_0$ 为心的某一邻域内具有特性 $f(x) \leqslant f(x_0)$，称 $f(x_0)$ 为函数 $f(x)$ 的极大值，称 $x_0$ 为函数 $f(x)$ 的极大值点。

若以 $x_0$ 为心的某一邻域内具有特性 $f(x) \geqslant f(x_0)$，称 $f(x_0)$ 为函数 $f(x)$ 的极小值，称 $x_0$ 为函数 $f(x)$ 的极小值点。

极值的定义

注意：

（1）函数的极值点与函数的极值是两个不同的概念，极值点是对自变量而言的,而极值是对因变量而言的。

（2）极值是一个局部的观念。

（3）函数的极值可能不唯一。

（4）极值点一定是驻点或不可导点,反之不然。

### 2. 极值的必要条件

【定理4.7】（费马定理）　设函数$f(x)$在点$x_0$处可导,且点$x_0$是$f(x)$的极值点,则$f(x)$在点$x_0$处的导数为零$\left(f'(x_0)=0\right)$,即$x_0$为$f(x)$的驻点。

由费马定理可知,可导的极值点一定是驻点,反之不然。也就是说,驻点不一定是极值点。

在前面的例4.16中可见,$f(x)=x^3$在$(-\infty,+\infty)$内单调上升,$f'(0)=0$,即$x=0$是该函数的驻点,但不是极值点。

### 4.4.2　函数极值的一阶导数判别法

#### 1. 第一判别法

【定理4.8】（判别法1）　设函数$f(x)$在$x_0$点连续,在点$x_0$的某一去心邻域内可导,则当$x$从$x_0$的左边变化到右边时:

（1）一阶导数$f'(x)$的符号从负号变为正号,则点$x_0$是函数$f(x)$的极小值点,$f(x_0)$为函数$f(x)$的极小值;

（2）一阶导数$f'(x)$的符号从正号变为负号,则点$x_0$是函数$f(x)$的极大值点,$f(x_0)$为函数$f(x)$的极大值;

（3）一阶导数$f'(x)$在点$x_0$的左右两边符号不变,则点$x_0$不是函数$f(x)$的极值点。

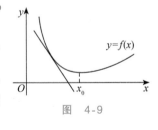

图　4-9

证明　（1）由于$f(x)$在$x_0$的某一去心邻域左边恒有$f'(x)<0$,右边恒有$f'(x)>0$,所以,在$x$由左到右的变化中,$f(x)$由单调下降变为单调上升,函数$f(x)$在点$x_0$处取极小值,如图4-9所示。

（2）与（3）的证明类似。

#### 2. 求函数极值的步骤

类似于单调函数,可以归纳出求函数$f(x)$极值点与极值的步骤如下。

（1）求出函数$f(x)$的定义域。

（2）求$f'(x)$,并求出函数$f(x)$的驻点与不可导点。

（3）用这些点将定义域分成若干区间,判断每个区间上$f'(x)$的符号并列表分析。

（4）用定理4.8得出结论。

✿ 相关例题见例4.21和例4.22。

### 4.4.3　函数极值的二阶导数判别法

**1. 第二判别法**

第二判别法

【定理4.9】　（判别法2）　设$f(x)$在点$x_0$处具有二阶导数，且$f'(x_0)=0$，那么

（1）当$f''(x_0)>0$时，$f(x)$在点$x_0$处取极小值。

（2）当$f''(x_0)<0$时，$f(x)$在点$x_0$处取极大值。

**2. 第二判别法的说明**

（1）运用第二判别法确定极值仅适用于函数驻点的情形。

（2）当$f''(x_0)=0$时，定理4.9失效。此时还需用定理4.8进行判断。

（3）极值的第二判别法在经济应用上使用较为方便。

相关例题见例4.23。

## 典型例题

例4.21　求$f(x)=x^3(x-2)^2$的极值。

解：$f(x)$的定义域是$(-\infty,+\infty)$，
$$f'(x)=3x^2(x-2)^2+2x^3(x-2)$$
$$=x^2(x-2)(5x-6)。$$

令$f'(x)=0$，得驻点$x_1=0$，$x_2=\dfrac{6}{5}$，$x_3=2$，这样它们将定义域分成4个区间，列表如表4-4所示。

表　4-4

| $x$ | $(-\infty,0)$ | 0 | $\left(0,\dfrac{6}{5}\right)$ | $\dfrac{6}{5}$ | $\left(\dfrac{6}{5},2\right)$ | 2 | $(2,+\infty)$ |
|---|---|---|---|---|---|---|---|
| $f'(x)$ | + | 0 | + | 0 | − | 0 | + |
| $f(x)$ | ↗ | | ↗ | $\dfrac{3\,456}{3\,125}$ | ↘ | 0 | ↗ |

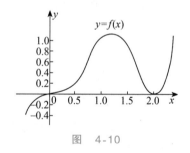

图　4-10

故函数在$x=\dfrac{6}{5}$处有极大值$f\left(\dfrac{6}{5}\right)=\dfrac{3\,456}{3\,125}$，在$x=2$处有极小值$f(2)=0$，如图4-10所示。

例4.22　求函数$f(x)=x-\dfrac{3}{2}\sqrt[3]{x^2}$的单调区间和极值。

一阶判别法
例题

解：$f(x)$的定义域是$(-\infty,+\infty)$，$f'(x)=1-\dfrac{3}{2}\times\dfrac{2}{3}x^{-\frac{1}{3}}=1-x^{-\frac{1}{3}}=\dfrac{\sqrt[3]{x}-1}{\sqrt[3]{x}}$。

令 $f'(x)=0$ 得驻点 $x_1=1$，导数不存在的点 $x_2=0$，这两个点将 $(-\infty,+\infty)$ 分隔为三个区间，列表如表4-5所示。

表　4-5

| $x$ | $(-\infty,0)$ | 0 | $(0,1)$ | 1 | $(1,+\infty)$ |
|---|---|---|---|---|---|
| $f'(x)$ | + | 不存在 | − | 0 | + |
| $f(x)$ | ↗ | 0 | ↘ | $-\dfrac{1}{2}$ | ↗ |

故函数在 $x=0$ 处有极大值 $f(0)=0$，在 $x=1$ 处有极小值 $f(1)=-\dfrac{1}{2}$。

例4.23　求 $f(x)=2x^3-6x^2-18x+7$ 的极值。

解：$f(x)$ 的定义域是 $(-\infty,+\infty)$，$f'(x)=6x^2-12x-18=6(x+1)(x-3)$。

令 $f'(x)=0$，得驻点 $x_1=-1,x_2=3$。

又 $f''(x)=12x-12$，所以 $f''(-1)=12\times(-2)=-24<0$。所以 $f(-1)=17$ 是极大值。

同理，由于 $f''(3)=12\times2=24>0$，所以 $f(3)=-47$ 是极小值。

## 课堂巩固4.4

### 基础训练4.4

1. 求下列函数的极值：

(1) $f(x)=4x^3-x^4$；

(2) $f(x)=x^2e^{-x}$；

(3) $f(x)=x^2-8\ln x$；

(4) $f(x)=2x^3-9x^2+12x-5$。

2. 利用第二判别法求下列函数的极值：

(1) $f(x)=x^2-8\ln x$；

(2) $f(x)=(x-3)^2(x-2)$。

### 提升训练4.4

1. 求下列函数的单调区间及极值：

(1) $f(x)=(2x-5)\sqrt[3]{x^2}$；

(2) $f(x)=\sqrt[3]{(2x-x^2)^2}$。

2. 设函数 $f(x)=x^3+ax^2+bx$ 在 $x=1$ 处有极值 $-2$，试求 $a$、$b$ 的值，并说明 $-2$ 是极大值还是极小值。

# 4.5  函数的最值

在生产经营和实际生活中，为了节省资源和提高经济效益，必须要考虑怎样才能使材料最省、费用最低、效率最高、收益最大等问题。这些问题在数学上可以转化为函数的最大值或最小值，从而进一步合理解决，这就是函数的最值问题。

知识归纳

最值的定义

### 4.5.1  最值的定义

【定义 4.4】  设函数 $f(x)$ 在区间 $D$ 上有定义，$x_0 \in D$，如果

（1）对于任意 $x \in D$，恒有 $f(x) \leqslant f(x_0)$，则称点 $x_0$ 为 $f(x)$ 的最大值点，称 $f(x_0)$ 为函数 $f(x)$ 在区间 $D$ 上的最大值。

（2）对于任意 $x \in D$，恒有 $f(x) \geqslant f(x_0)$，则称点 $x_0$ 为 $f(x)$ 的最小值点，称 $f(x_0)$ 为函数 $f(x)$ 在区间 $D$ 上的最小值。

（3）函数的最大值与最小值统称为函数的最值。

例如，在图 4-11 中，点 $x_1$ 为最小值点，最小值为 $f(x_1)$；点 $b$ 为最大值点，最大值为 $f(b)$。

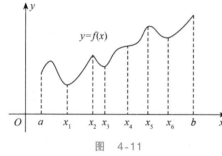

图 4-11

### 4.5.2  极值、最值定义的说明

关于极值、最值定义的说明如下。

（1）由定义可知，极值是一个局部性的概念，而最值是整体性的概念。

（2）由于闭区间 $[a,b]$ 上的连续函数 $f(x)$ 一定有最小值与最大值，且可以达到，而它的最大值、最小值只能在区间的端点、驻点或不可导点处取得，所以，当函数 $f(x)$ 在闭区间 $[a,b]$ 上连续时，其最大值是 $f(x)$ 的所有极大值与 $f(a)$ 和 $f(b)$ 中的最大者，而最小值则是 $f(x)$ 的所有极小值与 $f(a)$ 和 $f(b)$ 中的最小者。

（3）当连续函数 $f(x)$ 在开区间 $(a,b)$ 中仅有一个极值点时，则极小值即为最小值，极大值即为最大值。

### 4.5.3  闭区间上最值的求法

闭区间上最值的求解步骤如下。

（1）求出驻点和不可导点。

（2）求出与区间端点、驻点和不可异点对应的函数值。

（3）比较大小，其中最大的即为最大值，最小的即为最小值。

🌸 相关例题见例4.24和例4.25。

## 典型例题

例4.24 求$f(x)=x^4-2x^2+1$在$\left[-\dfrac{1}{2},2\right]$上的最大值和最小值。

解：由于$f(x)$在$\left[-\dfrac{1}{2},2\right]$上连续，$f'(x)=4x^3-4x=4x(x-1)(x+1)$。

所以，$f(x)$有三个驻点$x_1=-1,x_2=0,x_3=1$，其中$x_1=-1$不在指定区间内舍去。

最值的例题

由于$f\left(-\dfrac{1}{2}\right)=\dfrac{9}{16}$；$f(0)=1$；$f(1)=0$；$f(2)=9$；所以$f(x)$在$\left[-\dfrac{1}{2},2\right]$上的最大值是$f(2)=9$，最大值点为$x_1=2$；最小值是$f(1)=0$，最小值点为$x_2=1$。

例4.25 求$f(x)=x\ln x$在$[1,e]$上的最大值和最小值。

解：$f'(x)=\ln x+1$，因为在$[1,e]$上$f'(x)>0$，函数$f(x)=x\ln x$在区间$[1,e]$上单调递增，则最值就在区间的端点处取得，故

$$f_{\min}(1)=0,\qquad f_{\max}(e)=e。$$

## 应用案例

案例4.3：容积最大问题

设有一块边长为$a$m的正方形铁皮，如图4-12所示，从四个角截去同样的小方块，做成一个无盖的小方盒子，问小方块的边长为多少才能使盒子容积最大？

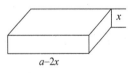

图 4-12

解：设小方块的边长为$x$m，则无盖方盒子的容积为

$$V=x(a-2x)^2=4x^3-4ax^2+a^2x,\ x\in\left(0,\ \dfrac{a}{2}\right)。$$

这样问题转化为求函数$V$在区间$\left(0,\dfrac{a}{2}\right)$上的最大值问题。

由于$V'=12x^2-8ax+a^2=(2x-a)(6x-a)$，令$V'=0$得驻点$x_2=\dfrac{a}{6}$，$x_1=\dfrac{a}{2}$舍

去。又因为 $V''=24x-8a$，而 $V''\left(\dfrac{a}{6}\right)=-4a<0$，所以 $x_2=\dfrac{a}{6}$ 是极大值点。

由于 $V$ 在区间 $\left(0,\dfrac{a}{2}\right)$ 内只有唯一的一个极大值，所以为最大值。也就是说，小方块的边长为 $\dfrac{a}{6}$ m 时，盒子的容积最大，最大容积为 $V\left(\dfrac{a}{6}\right)=\dfrac{2}{27}a^3(\mathrm{m}^3)$。

案例 4.4：工作效率最高问题

工人的工作效率和工作时长密切相关，随着工作时间的变化而达到最佳状态。根据某厂上午班（8:00—12:00）统计数据得知，一名中等技术水平的工人从早上 8 点开始工作，$t$ 小时后生产 $Q(t)=-t^3+6t^2+45t$（个）产品，问在上午几点钟这个工人的工作效率最高？

解：这里的工作效率就是单位时间内生产的产品个数，即 $Q(t)$ 的导数。设 $P(t)=Q'(t)$，则 $P(t)$ 的最大值点就是该工人工作效率最高的时间点。

$$P(t)=Q'(t)=-3t^2+12t+45,\ t\in[0,\ 4],$$
$$P'(t)=-6t+12。$$

令 $P'(t)=0$，得驻点 $t=2$，且 $P''(2)=-6<0$，即 $t=2$ 为唯一的极大值点，故也是最大值点。所以，当工人开始工作 2 小时后，即上午 10 点时工作效率达到最高，可以每小时生产 $P(2)=57$（个）产品。

案例 4.5：收益最大问题

旅行社的机票价格与旅行团的人数相关，某旅行社组织旅行团外出旅游，若旅行团人数不超过 30 人，则每张机票为 900 元；若旅行团人数超过 30 人，每多 1 人，每张机票就优惠 10 元，直到每张机票降到 450 元为止。旅行社的包机费为 15000 元。根据以上信息，你认为每团人数为多少时，旅行社可获得最大的机票收益？最大收益为多少？

解：根据题意每团最多人数为 $\dfrac{900-450}{10}+30=75$（人）。

设每团人数为 $x$，机票价格为 $p$，则

$$p=\begin{cases}900, & 1\leqslant x\leqslant 30,\\ 900-10(x-30), & 30<x\leqslant 75。\end{cases}$$

机票收益为机票费用减去包机费 15000 元，则旅行社的机票收益 $L(x)$ 为

$$L(x)=xp-15000=\begin{cases}900x-15000, & 1\leqslant x\leqslant 30,\\ 900x-10x(x-30)-15000, & 30<x\leqslant 75。\end{cases}$$

根据求最值的方法，令 $L'(x)=0$ 得出驻点，再进一步作出判断，

$$L'(x)=\begin{cases}900, & 1\leqslant x\leqslant 30,\\ 1200-20x, & 30<x\leqslant 75。\end{cases}$$

显然，人数不超过 30 时达不到最大收益，主要考虑人数大于 30 的情况。

由 $1200-20x=0$ 得驻点 $x=60$，又 $L''(60)=-20<0$，即 $x=60$ 为唯一的极大值点，故为最大值点。

故每团人数为 60 人时旅行社获得最大机票收益，最大收益为 $L(60)=21000$（元）。

## 课堂巩固 4.5

### 基础训练 4.5

1. 求下列函数在所给区间上的最大值和最小值：

(1) $f(x)=x^4-2x^2+5,[-2,2]$；

(2) $f(x)=\ln(x^2+1),[-1,2]$；

(3) $f(x)=x+\sqrt{x},[0,4]$。

2. 求函数 $f(x)=x^3+3x^2$ 在闭区间 $[-5,5]$ 上的极值与最值。

### 提升训练 4.5

1. 做一个底为正方形、容积为 $108m^3$ 的长方体开口容器，怎样做所用材料最省？

2. 随着我国交通水平的发达和人们生活水平的提高，汽车离我们不再遥远，汽车发动机的效率 $p$（单位：%）与车速 $v$（单位：km/h）密切相关，有如下关系：

$$p=0.768v-0.00004v^3。$$

那么车速为多少时发动机的效率最大呢？最大效率为多少？

# 4.6 导数在经济上的应用

## 问题导入

在经济问题中，经常遇到利润的最大化问题、成本的最小化问题、边际分析和弹性分析等问题，这些问题的分析需要什么样的数学工具呢？利用导数可以很好地解决这些问题。

## 知识归纳

### 4.6.1 常用的经济函数

#### 1. 需求与供给函数

供给与需求是市场供需理论的基础，在市场经济环境下，绝大多数产品是在完全竞争的市场上销售，供需量的多少受价格高低的影响；而产品价格的高低又受供需量多少的影响。因此对市场供需的把握，有利于企业正确地决策生产何种产品，以及生产的产品如何制定营销策略与价格定位等。

常见的数学
模型

（1）需求曲线（图4-13）——在其他条件（比如消费者购买力、习惯和爱好、相关商品的价格等）不变的情况下，一种商品的需求量与商品自身的价格成反方向变动，即一种商品的价格越高，对它的需求量就越小；反之，一种商品的价格越低,对它的需求量就越大。即商品的每一价格水平,总有与之相对应的商品需求量。由此决定的需求量与价格之间的关系就叫作需求函数,记为

$$Q = Q(p),$$

式中,$Q$ 为需求量;$p$ 为价格。

(2) 供给曲线(图4-14)——在其他条件(比如消费者购买力、习惯和爱好、相关商品的价格等)不变的情况下,一种商品的供给量与商品自身的价格成正方向变动,即一种商品的价格越高,对它的供给量就越大;反之,一种商品的价格越低,对它的供给量就越小。因此,商品的每一价格水平,总有与之相对应的供给量。由此决定的价格与供给量之间的关系就叫作供给函数,记为

$$Q = Q(p),$$

式中,$Q$ 为供给量;$p$ 为价格。

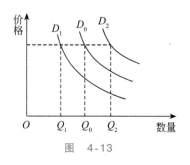

图 4-13

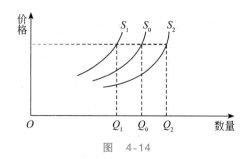

图 4-14

相关例题见例4.26和例4.27。

2. 成本、收入、利润函数

(1) 成本函数 $C(Q) = C_0 + C_1(Q)$。成本存在于一切经济活动之中。总成本是指企业生产(或者销售)一定数量的产品(商品)所需的全部经济资源的投入的价格或费用总额,一般包含固定成本和可变成本。

固定成本 $C_0$ 包括厂房、机器设备等的每年的折旧费等;可变成本 $C_1(Q)$ 主要包括直接材料、直接人工等。一般地,总成本为产量的单调递增函数,即 $C(Q) = C_0 + C_1(Q)$,其中 $Q$ 为产量。

(2) 平均成本函数 $\overline{C}(Q) = \dfrac{C(Q)}{Q}$ 为单位产品成本。

(3) 收入函数 $R(Q)$。收入(也称收益)是指企业销售一定数量产品(商品)或提供劳务所取得的全部收入。一般地,企业销售收入与销售量成正比。特别在只销售一种商品的情况下,

销售收入＝销售价格×销售量,

即

$$R(Q) = pQ,$$

式中,$p$ 为价格;$Q$ 为销售量。

(4) 利润函数 $L(Q)$。在经济学中,利润为总收入与总成本之差,即

$$L(Q) = R(Q) - C(Q)。$$

### 4.6.2　经济问题中的最值分析

经济上分析最多的是利润的最大化与成本的最小化,因为企业的终极目标在于尽可能多地获利,一方面为生存的需要,另一方面则在于发展的需要。本书将介绍如何应用导数解决经济中的利润的最大化与平均成本的最小化问题。事实上,经济上与最值分析相联系的问题很多,比如,为降低成本,企业需要进行最优的生产批量的决策分析与最佳订货量的决策分析等。

最值分析

相关例题见例4.28～例4.30。

### 4.6.3　经济中的边际与价格弹性问题

**1.　边际分析**

边际概念是经济学中的一个重要概念,一般指经济函数的变化率。

【定义4.5】　设经济函数$y=f(x)$是可导的,那么导函数$f'(x)$在经济学中叫作边际函数。

经济学中有边际需求、边际成本、边际收入、边际利润等,下面对其进行简单的介绍。

边际与价格弹性问题

设总成本$C$与产量$Q$的函数关系为$C=C(Q)(Q>0)$,则当产量从$Q_0$变化到$Q_0+\Delta Q$时,成本的平均变化率为$\dfrac{\Delta C}{\Delta Q}$。而当产量为$Q_0$时,成本的变化率则为

$$\lim_{\Delta Q \to 0}\frac{\Delta C}{\Delta Q}=\lim_{\Delta Q \to 0}\frac{C(Q_0+\Delta Q)-C(Q_0)}{\Delta Q}=C'(Q_0),$$

称为成本函数$C=C(Q)$在点$Q=Q_0$处的边际成本,记为$MC=C'(Q_0)$。

因为$\Delta C=C(Q_0+\Delta Q)-C(Q_0)\approx C'(Q_0)\Delta Q$,所以当$\Delta Q=1$时,$C(Q_0+1)-C(Q_0)\approx C'(Q_0)$。

经济学上边际的含义:当$Q=Q_0$时,再生产一个单位的产品所递增的成本的近似值为$C'(Q_0)$。类似地有:收入函数$R(Q)$对产量$Q$的变化率$R'(Q)$称为边际收入$MR$;利润函数$L(Q)$对产量$Q$的变化率$L'(Q)$称为边际利润$ML$;需求函数$Q(p)$对价格$p$的变化率$Q'(p)$称为边际需求$MQ$。

相关例题见例4.31～例4.33。

**2.　价格弹性分析**

弹性分析在经济上十分常见,是与静态分析相对的概念,与敏感性概念接近。最常见于销售量对价格的弹性分析,企业理财中的财务杠杆分析等。本节只介绍需求的价格弹性。

以需求(销售量)与价格的关系考察,一般情况下,价格上升,需求量下降;价格下降,需求量上升。然而,问题也就出现了。

问题1:对一种产品而言,提高售价的同时,尽管企业的单位产品收入在上升,但销售量下降了,总收入会有怎样的变化? 另一方面,由于产品单位成本是不变的,这样成本也在相应地下降。作为利润＝收入－成本,是上升了,还是下降了? 上升(下降)的比率如何? 对于降价问题也类似。这就是为什么有些商品提价了,企业利润上升了;而另一些商品在提价的同时,企业却利润下降的缘由。

问题2:如果提价有利于企业利润上升,那么到底提价幅度多大为宜?

可以这样说,弹性分析正是为解决以上问题而进行的分析。也即,价格因素影响需求量与利润的程度分析。

【定义4.6】 设函数 $y=f(x)$ 在点 $x$ 处可导,则称极限

$$\lim_{\Delta x \to 0}\frac{\Delta y/y}{\Delta x/x}=\lim_{\Delta x \to 0}\frac{\Delta y}{\Delta x}\cdot\frac{x}{y}=\frac{x}{y}\lim_{\Delta x \to 0}\frac{\Delta y}{\Delta x}=\frac{x}{y}\cdot\frac{\mathrm{d}y}{\mathrm{d}x}$$

为函数 $y=f(x)$ 在点 $x$ 处的相对变化率或弹性,记作 $\eta$,即

$$\eta=\frac{x}{y}\cdot\frac{\mathrm{d}y}{\mathrm{d}x}。$$

若函数 $Q=Q(p)$ 为需求函数,则需求的价格弹性为

$$\eta_p=\frac{p}{Q}\cdot Q'(p)。$$

下面将简单地阐述需求的价格弹性的经济意义。

考虑比值

$$\bar{\eta}(p_0)=\frac{\Delta Q}{\Delta p}\cdot\frac{p_0}{Q_0},$$

由于需求函数 $Q=Q(p)$ 的改变量 $\Delta Q$ 与销售价格改变量 $\Delta p$ 异号,从而比值 $\bar{\eta}(p_0)\leqslant 0$。

(1) 若 $\left|\bar{\eta}(p_0)\right|<1$,则有 $\left|\frac{\Delta Q}{Q_0}\right|<\left|\frac{\Delta p}{p_0}\right|$,说明销售价格相对改变量对需求函数相对改变量的影响比较小,则称该商品的需求缺乏弹性,比如日用品等。

(2) 若 $\left|\bar{\eta}(p_0)\right|=1$,则有 $\left|\frac{\Delta Q}{Q_0}\right|=\left|\frac{\Delta p}{p_0}\right|$,说明销售价格相对改变量等于需求函数相对改变量,则称该商品的需求具有单位弹性。

(3) 若 $\left|\bar{\eta}(p_0)\right|>1$,则有 $\left|\frac{\Delta Q}{Q_0}\right|>\left|\frac{\Delta p}{p_0}\right|$,说明销售价格相对改变量对需求函数相对改变量影响比较大,则称该商品的需求富有弹性,比如电子产品等。

相关例题见例4.34。

## 典型例题

例4.26 书店售书,设当该书售价为18元/本时,每天销量为100本,价格每提高0.1元,销量则递减5本,试求需求函数。

解:设需求量为 $Q$,该书售价为 $p$ 元/本,由题意得

$$Q = 100 - \frac{p-18}{0.1} \times 5,$$

即 $Q = 50(20-p), p < 20$。

**例 4.27**　书店售书,设当该书售价为 18 元/本时,每天供给量为 100 本,价格每提高 0.1 元,供给量就递增 5 本,试求供给函数。

解:设供给量为 $Q$,该书售价为 $p$ 元/本,由题意得

$$Q = 100 + \frac{p-18}{0.1} \times 5,$$

即 $Q = 50(p-16), p > 16$。

**注**:当需求量与供给量相等时的价格叫市场平衡价格。即 $50(20-p) = 50(p-16)$,从而 $p_0 = 18$。即当该书售价为 18 元/本时供需达到平衡。

**例 4.28**　某产品的固定成本是 18 万元,变动成本是 $2x^2 + 5x$(万元),其中 $x$ 为产量(单位:百台),求平均成本最低时的产量。

解:成本函数为 $C(x) = 2x^2 + 5x + 18$。

平均成本 $\overline{C}(x) = \dfrac{C(x)}{x}$,即 $\overline{C}(x) = 2x + 5 + \dfrac{18}{x}$。

求导数 $\overline{C}'(x) = 2 - \dfrac{18}{x^2}$。

令 $\overline{C}'(x) = 0$,得驻点 $x = \pm 3$,取 $x = 3$($x = -3$ 舍去)。

又 $\overline{C}''(x) = \dfrac{36}{x^3}$,则 $\overline{C}''(3) = \dfrac{4}{3} > 0$。

故 $x = 3$ 是唯一的一个极小值点,也就是最小值点,因此当产量 $x = 3$(百台)时,平均成本最低。

**例 4.29**　某企业在现有生产能力的条件下,已知生产某种产品的总成本 $C(x)$ 与产量 $x$ 之间的函数关系为

$$C = C(x) = a + bx^2,$$

式中,$a, b$ 为待定常数。已知固定成本为 400 万元,且当产量达到 100 件时,总成本为 500 万元。问企业生产该产品的年产量为多少时,才能使得该产品的平均成本最低? 最低时的平均成本是多少?

解:由于固定成本是在 $x = 0$ 时的总成本,因而,有

$$\begin{cases} 400 = C(0) = a + b(0)^2 = a, \\ 500 = C(100) = a + b(100)^2。 \end{cases}$$

解联立方程得 $a = 400, b = \dfrac{1}{100}$。所以

$$C = C(x) = 400 + \frac{1}{100}x^2,$$

即

$$\overline{C}(x) = \frac{C(x)}{x} = \frac{400}{x} + \frac{x}{100},$$

$$\overline{C}'(x)=\frac{1}{100}-\frac{400}{x^2},$$

令 $\overline{C}'(x)=0$，得驻点 $x=\pm200(x=-200$ 舍去$)$。

又 $\overline{C}''(x)=\dfrac{800}{x^3}$，则 $\overline{C}''(200)>0$。

由于 $x=200$ 是唯一的一个极值点，也就是最小值点，因此，当产量 $x=200$ 时，平均成本最低，最低时的平均成本是 4 万元。

例 4.30  某厂生产某产品，其固定成本为 2000 元，每生产一吨产品的成本为 60 元，设该产品的需求函数 $Q=1000-10p$（$Q$ 为需求量，$p$ 为价格），求

（1）总成本函数，总收入函数。

（2）产量为多少吨时，利润最大。

（3）获得最大利润时的价格。

解：

（1）成本函数为

$$C(Q)=60Q+2000。$$

因为需求函数 $\quad\quad Q=1000-10p,$

所以 $\quad\quad\quad\quad p=100-\dfrac{Q}{10}。$

因此，总收入函数为 $\quad R(Q)=pQ=100Q-\dfrac{1}{10}Q^2。$

（2）利润函数为

$$L(Q)=R(Q)-C(Q)=-\frac{1}{10}Q^2+40Q-2000。$$

因为 $L'(Q)=-\dfrac{1}{5}Q+40$，令 $L'(Q)=0$，解得 $Q=200$，

又因为 $L''(Q)=-\dfrac{1}{5}<0$，所以 $Q=200$ 为唯一的一个极大值点，也是最大值点。

故当产量为 200 吨时，利润最大。

（3）获得最大利润时的价格

将 $Q=200$ 代入 $p=100-\dfrac{Q}{10}$，即得

$$p=100-\frac{1}{10}\cdot200=80。$$

例 4.31  设某产品的总成本函数和收入函数分别为

$$C(Q)=3+2\sqrt{Q},\quad R(Q)=\frac{5Q}{Q+1},$$

式中，$Q$ 为产品的数量。

试求该产品的边际成本、边际收入和边际利润。

解：边际成本为 $MC=C'(Q)=2\cdot\dfrac{1}{2}Q^{-\frac{1}{2}}=\dfrac{1}{\sqrt{Q}}。$

边际收入为 $MR=R'(Q)=\dfrac{5(Q+1)-5Q}{(Q+1)^2}=\dfrac{5}{(Q+1)^2}$。

因为利润函数为 $L(Q)=R(Q)-C(Q)=\dfrac{5Q}{Q+1}-3-2\sqrt{Q}$,

所以边际利润为 $ML=R'(Q)-C'(Q)=\dfrac{5}{(Q+1)^2}-\dfrac{1}{\sqrt{Q}}$。

例4.32 某种商品的需求量 $Q$ 与价格 $p$ 的关系为

$$Q=1600\left(\frac{1}{4}\right)^p。$$

试求:(1)边际需求 $MQ$;(2)当价格 $p=10$ 时,求该商品的边际需求量。

解:(1) $MQ=Q'(p)=1600\cdot\left(\dfrac{1}{4}\right)^p\ln\left(\dfrac{1}{4}\right)$

$$=-3200\left(\frac{1}{4}\right)^p\ln 2。$$

(2) $MQ(10)=Q'(10)=-3200\left(\dfrac{1}{4}\right)^{10}\cdot\ln 2=-\dfrac{25}{2^{13}}\ln 2$。

例4.33 设某种产品的总成本为 $C(x)=300+1.1x$,总收益为 $R(x)=5x-0.003x^2$,其中,$x$ 为产量,试求:

(1) 边际成本、边际收益和边际利润。

(2) 当产量为600和700个单位时的边际利润,并说明其经济意义;

(3) 分析边际成本、边际利润与边际利润之间的关系,什么时候利润最大?

解:边际函数即为各经济函数的导数。

(1) 边际成本:$MC=C'(x)=(300+1.1x)'=1.1$。

边际收益:$MR=R'(x)=(5x-0.003x^2)'=5-0.006x$。

边际利润:$ML=L'(x)=R'(x)-C'(x)=3.9-0.006x$。

(2) 当产量为600个单位时的边际利润为

$$L'(600)=3.9-0.006\times600=0.3。$$

经济意义:当产量为600个单位时,再多生产1个单位的产品,利润将增加0.3个单位。

当产量为700个单位时的边际利润为

$$L'(700)=3.9-0.006\times700=-0.3。$$

经济意义:当产量为700个单位时,再多生产1个单位的产品,利润将减少0.3个单位。

(3) 令 $L'(x)=0$,得驻点 $x=650$,且 $L''(650)=-0.0006<0$,即 $x=650$ 为唯一的极大值点,故为最大值点,所以当产量为650个单位时,利润最大。

$$L'(x)=0\Rightarrow R'(x)-C'(x)=0\Rightarrow R'(x)=C'(x)。$$

当边际收入等于边际成本时,即 $MR=MC$ 时利润最大,此即经济学中的利润最大化原则。

例4.34 某商品的日需求函数为 $Q=10-\dfrac{p}{3}$,试求:

（1）需求的价格弹性函数。

（2）当 $p=14$ 时的需求的价格弹性并说明其经济意义。

（3）当 $p=18$ 时的需求的价格弹性并说明其经济意义。

解：

（1）按弹性定义

$$\eta_p = \frac{p}{Q} \cdot Q'(p) = \frac{p}{Q} \cdot \left(-\frac{1}{3}\right) = -\frac{p}{30-p}。$$

（2）$\eta_p(14) = -\dfrac{14}{30-14} = -\dfrac{14}{16} = -\dfrac{7}{8}$。由于 $|\eta_p(14)|<1$，所以当 $p=14$ 时，该商品缺乏弹性。

（3）$\eta_p(18) = -\dfrac{18}{30-18} = -\dfrac{18}{12} = -\dfrac{3}{2}$。由于 $|\eta_p(18)|>1$，所以当 $p=18$ 时，该商品富有弹性。

## 应用案例

案例 4.6：最大收入问题

一家工厂生产一种成套的电器维修工具，厂家规定，订购套数不超过 300 套，每套售价 400 元；若订购套数超过 300 套，每超过一套可以少付 1 元。如何安排订购数量，能使工厂销售收入最大？

解：设订购套数为 $x$，销售收入为 $R(x)$。那么，当订购套数不超过 300 套时，每套售价为 $p=400$；当订购套数超过 300 套时，每套售价为

$$p = 400 - 1 \times (x - 300) = 700 - x,$$

即维修工具每套售价为

$$p = \begin{cases} 400, & 0 \leqslant x \leqslant 300, \\ 700-x, & x > 300。 \end{cases}$$

由此可得总收入函数 $R(x)$ 为

$$R(x) = px = \begin{cases} 400x, & 0 \leqslant x \leqslant 300, \\ 700x - x^2, & x > 300。 \end{cases}$$

令 $R'(x)=0$，得驻点 $x_1 = 350$；且 $x_2 = 300$ 是不可导点。

当 $x < 350$ 时，$R'(x) > 0$；当 $x > 350$ 时，$R'(x) < 0$。

$x_2 = 300$ 不是极值点，$x_1 = 350$ 是极值点，也是最大值点。即工厂经营者若想获得最大销售收入，应该将订购套数控制在 350 套内。

案例 4.7：定价问题

一房地产公司有 50 套公寓要出租。当租金定为每月 180 元时，公寓会全部租出去。当租金每月增加 10 元时，就有一套公寓租不出去。而租出去的房子每月需花费 20 元的整修维护费。试问房租定位多少可获得最高收入？

解:设租金为 $x$ 元/月,租出的公寓有 $50-\dfrac{x-180}{10}$ 套,总收入为

$$R(x)=(x-20)\times\left(50-\frac{x-180}{10}\right)$$

$$=(x-20)\times\left(68-\frac{x}{10}\right),$$

令

$$R'=\left(68-\frac{x}{10}\right)+(x-20)\times\left(-\frac{1}{10}\right)$$

$$=70-\frac{x}{5}=0,$$

所以得 $x=350$ 元/月。

当 $0<x<350$ 时,$R'>0$;当 $x>350$ 时,$R'<0$。所以 $x=350$ 是极大值点,且 $R(x)$ 只有一个极值点,所以是最大值点。这时收入为 10890 元。

案例 4.8:最大利润问题

一家银行的统计资料表明,存放在银行中的总存款量正比于银行付给存户利率的平方。现在假设银行可以用 12% 的利率再投资这笔钱。试问为得到最大利润,银行所支付给存户的利率应定为多少?

解:假设银行支付给存户的年利率是 $r(0<r\leqslant1)$,这样银行总存款量为 $A=kr^2(k>0$,为比例常数)。

把这笔钱以 12% 的年利率贷出一年后可得款额为 $(1+0.12)A$,而银行支付给存户的款额为 $(1+r)A$,银行获利

$$P=(1+0.12)A-(1+r)A=(0.12-r)A=(0.12-r)kr^2,$$

$$\frac{\mathrm{d}P}{\mathrm{d}r}=k(0.24r-3r^2)=0。$$

$r=0$(舍去),故 $r=0.08$。当 $r<0.08$ 时 $P'>0$,当 $r>0.08$ 时 $P'<0$,且 $r=0.08$ 是 $(0,1]$ 中唯一的极值点,故取 8% 的年利率付给存户,银行可获得最大利润。

## 课堂巩固 4.6

基础训练 4.6

1. 某企业生产某产品的总成本 $C(x)$ 是产量 $x$(千件)的函数,$C(x)=x^3-2x^2+60x$,若产品的价格为 1180 元/千件,试求:

(1) 平均成本最低时的产量;

(2) 产量为何值时,利润最大;

(3) 生产 15 千件和 25 千件时的边际成本。

2. 某企业的成本函数和收益函数分别为

$$C(Q)=1000+5Q+\frac{Q^2}{10}, \qquad R(Q)=200Q+\frac{Q^2}{20},$$

试求：

（1）边际成本、边际收益和边际利润；

（2）已知生产并销售了25个单位产品，那么生产第26个单位产品的利润有多少；

（3）生产多少个产品可获取最大利润？

提升训练 4.6

1. 某企业生产某种产品，每批的固定成本700元，每生产一件产品，总成本递增5元，$x$ 表示产量。

（1）试写出产品的总成本 $C(x)$ 的函数关系式。

（2）若每件产品售价为7元，试写出利润函数 $L(x)$。

2. 某电视机厂家的生产成本（元）是 $C(x)=5000+250x-0.01x^2$，收益 $R$（元）和生产量 $x$（台）之间的关系是 $R(x)=400x-0.02x^2$。如果所生产的电视机能全部售出，该厂家生产多少台电视机时利润最大？最大利润为多少？

# 总结提升 4

1. 单项选择题。

（1）设函数 $f(x)$ 在区间 $(a,b)$ 内可导，则 $f'(x)>0$ 是 $f(x)$ 在 $(a,b)$ 内单调递增的（　　）。

　　A. 必要条件但非充分条件　　　　B. 充分条件但非必要条件

　　C. 充分必要条件　　　　　　　　D. 无关条件

（2）设 $f''(x_0)$ 存在，且 $x_0$ 是函数 $f(x)$ 的极大值点，则必有（　　）。

　　A. $f'(x_0)=0, f''(x_0)<0$

　　B. $f'(x_0)=0, f''(x_0)>0$

　　C. $f'(x_0)=0, f''(x_0)=0$

　　D. $f'(x_0)=0, f''(x_0)<0$ 或 $f'(x_0)=0, f''(x_0)=0$

（3）设 $b>0, f(x)=a-b(x-c)^{\frac{2}{3}}$，则 $x=c$（　　）。

　　A. 是 $f(x)$ 的驻点　　　　　　　B. 是 $f(x)$ 的极大值点

　　C. 是 $f(x)$ 的极小值点　　　　　D. 不是 $f(x)$ 的极值点

（4）设 $f(x)$ 在 $x_0$ 点可导，则 $f'(x_0)=0$ 是 $f(x)$ 在 $x=x_0$ 取得极值的（　　）。

　　A. 必要条件但非充分条件　　　　B. 充分条件但非必要条件

　　C. 充分必要条件　　　　　　　　D. 无关条件

（5）设 $f(x)$ 在点 $x_0$ 处二阶可导，且 $f'(x_0)=0, f''(x_0)=0$，则 $f(x)$ 在 $x=x_0$ 处（　　）。

A．一定有极大值　　　　　B．一定有极小值

C．一定有极值　　　　　　D．不一定没有极值

2．填空题。

（1）设 $f(x)=3-\sqrt[3]{(x-2)^2}$ 的导数是 $f'(x)=\dfrac{-2}{3\sqrt[3]{(x-2)}}$ ，则 $f(x)$ 在区间_____

内单调递增，在区间_____内单调递减。

（2）设 $f(x)=\sqrt{2+x-x^2}$ 的导数 $f'(x)=\dfrac{1-2x}{2\sqrt{2+x-x^2}}$ ，则 $f(x)$ 在区间_____

内单调递增，在区间_____内单调递减。

（3）设函数 $f(x)=\dfrac{(x-3)^2}{4(x-1)}$ 的导数为 $f'(x)=\dfrac{(x-3)(x+1)}{4(x-1)^2}$ ，二阶导数为

$f''(x)=\dfrac{2}{(x-1)^3}$ ，则当 $x=$____时，函数 $f(x)$ 有极小值，极小值是_____。

3．判断题。

（1）设函数 $f(x)$ 在 $[a,b]$ 上连续，在 $(a,b)$ 内可导，则至少存在一点 $x_0\in(a,b)$ ，使得 $f'(x_0)=0$ 。（　　）

（2）若 $x_0$ 是函数 $f(x)$ 的极值点，则 $f'(x_0)=0$ 。（　　）

（3）函数 $f(x)$ 的驻点不一定是函数 $f(x)$ 的极值点。（　　）

（4）若函数 $f(x)$ 在 $(a,b)$ 上连续，设 $x_0$ 是 $f(x)$ 在该区间上仅有的一个极值点，则当 $x_0$ 是 $f(x)$ 的极大值点时，$f(x_0)$ 就是 $f(x)$ 在 $(a,b)$ 上的最大值。（　　）

（5）设 $x_0$ 点是函数 $f(x)$ 在 $[a,b]$ 上的最大值点，则 $f(x_0)$ 必定是 $f(x)$ 的极大值。（　　）

（6）函数 $f(x)=\sqrt[3]{x^2}$ 在 $x=0$ 点导数不存在，所以 $f(x)$ 在 $x=0$ 点没有极值。（　　）

4．设 $f(x)=(x-1)(x-2)(x-3)(x-4)$ ，不需求出 $f(x)$ 的导数，试用罗尔定理说明方程 $f'(x)=0$ 有几个实根，并说出根所在的区间范围。

5．求下列函数的极限。

（1）$\lim\limits_{x\to0}\dfrac{e^x-1}{x}$ ；

（2）$\lim\limits_{x\to+\infty}\dfrac{e^x}{x^3}$ ；

（3）$\lim\limits_{x\to+\infty}\dfrac{\ln x}{x^3}$ ；

（4）$\lim\limits_{x\to0}\dfrac{\sin5x}{\sin3x}$ ；

（5）$\lim\limits_{x\to0}\dfrac{\ln(1+2x)}{x}$ ；

（6）$\lim\limits_{x\to0}\dfrac{(1+x)^5-1}{x}$ 。

6．求下列函数的极限。

（1）$\lim\limits_{x\to0^+}x\ln x$ ；

（2）$\lim\limits_{x\to0^+}x^2e^{\frac{1}{x^2}}$ ；

(3) $\lim\limits_{x \to 0^+}\left(\dfrac{1}{x} - \dfrac{1}{e^x - 1}\right)$;

(4) $\lim\limits_{x \to 1}\left(\dfrac{1}{x - 1} - \dfrac{1}{\ln x}\right)$。

7. 求下列函数的单调性和极值。

(1) $y = \dfrac{1}{3}x^3 - x^2 + \dfrac{1}{3}$;

(2) $y = 2x^3 - 9x^2 + 12x - 3$;

(3) $y = \dfrac{2x}{1 + x^2}$;

(4) $y = 2x^2 - \ln x$;

(5) $y = 2x + \dfrac{8}{x}$;

(6) $y = \sqrt[3]{x^2}$。

8. 设 $f(x) = ax^3 + bx^2 + cx + d\,(a \neq 0)$ 的图形关于原点对称，且在 $x = \dfrac{1}{2}$ 处取得极小值 $-1$，试确定函数 $f(x)$。

9. 求下列函数在所给区间上的最大值和最小值。

(1) $y = 2x^3 - 3x^2, x \in [-1, 4]$;

(2) $y = x + \sqrt{1 - x}, x \in [0, 1]$;

(3) $y = x + 2\sqrt{x}, x \in [0, 4]$;

(4) $y = \sqrt{100 - x^2}, x \in [-6, 8]$。

10. 某厂生产某产品的总成本为 $C(x) = \dfrac{1}{4}x^2 + 8x + 4900$，若价格为 $p$，每月可销售该产品数量为 $\dfrac{1}{3}(528 - p)$，假设该厂每月能够将全部产品销清，试以：

(1) 最大利润为基础，求：①平均成本，②总成本，③产品价格，④总利润；

(2) 最低平均成本为基础，求：①平均成本，②总成本，③产品价格，④总利润。

# 第5章

# 不定积分

## 司马光砸缸中的数学思想——逆向思维

### 数学故事

司马光砸缸:司马光跟小伙伴们在水缸旁玩,一个小伙伴失足掉进水缸,其他小伙伴的想法是赶快从水里把人救上来,而司马光却不这样想,只见他果断捡起地上的石头把缸砸破,水流出来,人自然得救了,司马光利用逆向思维救了小伙伴(图5-1)。

图 5-1

温度计的发明:温度计是意大利物理学家和数学家伽利略发明的。一次给威尼斯的帕多瓦大学的学生上实验课时,他观察到由于温度变化导致水的体积的变化,这让他突然想到了之前一直失败的温度计的问题,倒过来,可以用水的体积的变化来反映温度的变化,于是根据这个想法,他设计出了一端是敞口的玻璃管,另一端带有核桃大的玻璃泡的温度计。温度计的发明是伽利略逆向思维的体现,是逆向思维中的原理逆向。

电磁感应定律:1820年,丹麦物理学家奥斯特通过多次实验证实电能产生磁,只要导线通上电流,导线的附近就能产生磁力,磁针就会发生转动。这个发现深深吸引了英国物理学家法拉第,他坚信电能产生磁,那么根据辩证的思想磁也能产生电。经过反复不停地试验后,在1831年,法拉第把一块磁铁插入一个缠着导线的空心圆筒内,结果连接在导线两端的电流计的指针发生了转动,电流产生了。于是他提出了物理学中著名的电磁感应定律,并发明了世界上第一台发电装置。

汽车中的逆向思维:开车出行,我们的汽车上会配备速度表和里程表,行使一段距离后里程表会记录路程，速度表会记录不同时刻的车速，那么里程表函数的微分就是速度表函数，而速度表函数的积分就是里程表函数，里程和速度是两个互逆的函数。

微积分基本公式：在微积分中微分和积分是逆运算的关系。下面是微积分基本公式

$$\int_a^b f(t)\, \mathrm{d}t = F(b) - F(a),$$

$$\frac{\mathrm{d}F}{\mathrm{d}t} = f(t)。$$

从这两个公式我们能看出微分和积分的关系。微积分的基本公式是由牛顿和莱布尼兹分别创立的。牛顿从 1664 年开始研究微积分，他在《流数术与无穷级数》《曲线求积术》和《自然哲学之数学原理》中提到了无穷小，并在无穷小的基础上提出了微分的概念。他还借助逆向思维提出了反微分，并利用反微分来计算面积。他指出求导和求面积是互逆运算。根据牛顿的思想，牛顿提出的反微分也就是现在的不定积分。而莱布尼兹 1673 年在《数学笔记》中提出了：求曲线的切线依赖于纵坐标与横坐标的差值之比（当这些差值变成无穷小时）；求积依赖于在横坐标的无限小区间上纵坐标之和或无限小矩形之和。他也认识到求和与求差运算的可逆性，同时指出，作为求和过程的积分是微分之逆，实际上也就是今天的定积分。

## 数学思想

逆向思维是知本求源，从原问题的相反方向出发进行思考的一种思维。逆向思维注重从已经提出的问题的反方向进行研究和分析，从而得到最优的解决方案。逆向思维可以帮助人们突破固定思维的枷锁，拓展思路，研究和得出更新的理论与方法。

反证法是数学逆向思维的很好体现。无理数的发现就是由希腊数学家根据反证法提出的，解决了第一次数学危机的困境，将数域从有理数拓展到了实数的范围。微积分中处处充满了逆向思维。导数和微分、整体和局部、有限和无限、常量和变量等一些列的互逆关系，使微积分处处体现了矛盾和统一。从计算的角度求导数和求不定积分是互逆的运算，而牛顿—莱布尼兹公式告诉我们，可导函数的定积分又可以由原函数来表示。导数和微分充斥着对立，又和谐地统一着。而在研究极限时的"一尺之棰，日取其半，万世不竭"又体现了有限和无限这对互逆思维的和谐美好。在数学学习中，我们也应该注重逆向思维的训练，提高分析和解决问题的能力，克服思维局限和单项思维，培养思维的敏捷性和科学性。

## 数学人物

艾萨克·牛顿（图 5-2）是英国著名的物理学家，我们所熟知的是牛顿因为一个掉落的苹果而发现了万有引力的故事，但天才牛顿对世界的贡献远不止于此。牛顿还是现代光学、天文学、高等数学的奠基人和开拓者，他的成就涉及物理、化学、天文、地理、经济和艺术等多个方面。

1643 年，牛顿出生于英格兰的一个小村落，童年的牛顿不喜欢交流而喜欢独自看书和研究；到了中学，牛顿开始对自然现象和几何产生兴趣；18 岁，牛顿进入剑桥大学学习，

在大学期间接触到了笛卡尔、伽利略、哥白尼、开普勒等人的先进思想,并将其应用到自己的研究中。牛顿发现了广义二项式定律,之后发现了正反流数术并创立了微积分,接着开始研究重力,从而发现了震惊世界的万有引力,年仅22岁的牛顿取得了别人可能一生都无法达到的巨大成就。

牛顿的研究领域非常广,他的成就都是开创性的成就。牛顿的微积分理论被恩格斯称为"人类精神最伟大的胜利",现在已经成为最基本的数学理论,被应用于科学的各个领域。

图　5-2

万有引力定律统一了物体力学和天体力学,促进了现代天文学的诞生,现代的人造卫星、火箭的发射升空都以此为理论基础。可以说,当万有引力定律和三大运动定律提出的那一刻,世间万物的运动原理、斗转星移的巨大奥秘都逃不出牛顿的洞察。

牛顿无疑是最伟大的科学家,他敢于挑战当时被奉为神明的柏拉图、亚里士多德、阿基米德等人的理论,用他严密的逻辑和精妙的语言撼动了古希腊科学的地位,提出了一套新的思想和新的理论,为现代科学的发展开创了道路。

牛顿代表了一个时代的鼎盛,牛顿死后,世界的科学中心逐渐由英国转移到了法国。英国诗人曾为其写下"自然与自然的定律,都隐匿在黑暗之中"。上帝说:"让牛顿出世。于是一切变为光明。"莱布尼兹也曾这样评价他:"从世界的开始到牛顿生活的时代为止,对数学发展的贡献绝大部分是牛顿作出的。"

# 5.1　不定积分的概念与性质

## 问题导入

微分学是研究如何从已知函数求其导函数的问题。例如,已知函数 $F(x)=\sin x$,如何求它的导数? 第3章的导数知识告诉我们 $F'(x)=\cos x$,即 $\cos x$ 是 $\sin x$ 的导数。

与微分学研究相对的问题是:给定一个满足某一特性的函数 $y=f(x)$,如何寻求一个未知函数 $F(x)$,使其导数 $F'(x)$ 恰好是给定的函数? 即要求函数 $F(x)$ 满足下式

$$F'(x)=f(x)。$$

以上问题就是已知导函数 $f(x)$,要求原来的函数 $F(x)$,这就是积分学的基本问题之一,换言之,研究不定积分问题正是研究微分问题的逆问题。

例如　已知函数 $\cos x$,要求一个函数,使其导数恰是 $\cos x$。也就是说,什么函数的导数等于 $\cos x$?

由于 $(\sin x)' = \cos x$，我们可以说，要求的这个函数是 $\sin x$。因为它的导数恰好是已知函数 $\cos x$。

类似这样的问题在几何学、物理学、自然科学、工程技术以及经济管理等方面也都是普遍存在的。比如：①已知平面曲线上任意点 $M(x,y)$ 处的切线斜率为 $f'(x)$，求平面曲线 $y = f(x)$ 的表达式。②已知某一物体运动的速度 $v$ 是时间 $t$ 的函数 $v = v(t)$，试求该物体的运动方程 $s = f(t)$，使它的导数 $f'(t)$ 等于速度函数 $v(t)$。

为了便于研究这类问题，我们首先引入原函数的概念。

## 知识归纳

### 5.1.1　原函数

【定义 5.1】　设 $f(x)$ 是定义在某区间 $I$ 上的已知函数，如果存在一个函数 $F(x)$，对于该区间上的每一点 $x$ 都满足

原函数

$$F'(x) = f(x), \ (x \in I) \quad \text{或} \quad \mathrm{d}F(x) = f(x)\mathrm{d}x,$$

则称函数 $F(x)$ 为已知函数 $f(x)$ 在该区间上的一个原函数。

例如　在 $(-\infty, +\infty)$ 上由于 $(x^2)' = 2x$，即 $x^2$ 就是 $2x$ 的一个原函数。同样地，可以验证，$x^2 + 1, x^2 - \sqrt{2}, x^2 + C (C$ 为任意常数$)$ 等也都是 $2x$ 的原函数。

说明：

（1）原函数的存在性问题，即具备什么条件的函数有原函数？

对此问题，在第 6 章定积分学习过程中将会介绍原函数存在的一个充分条件，即如果函数 $f(x)$ 在某区间 $I$ 上连续，则 $f(x)$ 在区间 $I$ 上存在原函数。简言之，连续函数必有原函数。由于初等函数在其定义区间上都是连续函数，所以初等函数在其定义区间上就都有原函数存在。

（2）原函数的个数问题，即如果某函数存在原函数，那么它的原函数有多少？

由上面例子可见，如果一个函数存在原函数，那么原函数不是唯一的。事实上有无穷多个。

（3）原函数之间的关系问题，即某函数如果有若干个原函数，那么这些原函数之间有什么关系？

假设函数 $F(x)$ 与 $G(x)$ 都是 $f(x)$ 的原函数，由原函数的定义可知 $G'(x) = F'(x)$，由拉格朗日中值定理的推论，存在某一常数 $C$，使得

$$G(x) = F(x) + C.$$

以上说明表明，如果 $f(x)$ 有原函数，那么它就有无穷多个原函数；同时，如果 $F(x)$ 是 $f(x)$ 的一个原函数，那么这无穷多个原函数可以写成 $F(x) + C$ 的形式（其中 $C$ 是任意常数）。

因此,若要把已知函数的所有原函数求出来,只需求出其中的一个,然后再加上任意常数$C$即可。

相关例题见例5.1~例5.3。

### 5.1.2　不定积分

不定积分

【定义5.2】　函数$f(x)$的原函数的全体,称为$f(x)$的不定积分,记作

$$\int f(x)\mathrm{d}x。$$

说明:

(1) 由定义5.2可知,不定积分与原函数是整体与个别的关系,即若函数$F(x)$是$f(x)$的一个原函数,如图5-3所示。

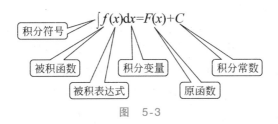

图　5-3

式中,记号$\int$称为积分符号,$f(x)$称为被积函数,$f(x)\mathrm{d}x$称为被积表达式,$x$称为积分变量,$C$称为积分常数。

(2) 求不定积分$\int f(x)\mathrm{d}x$,就是求被积函数$f(x)$的全体原函数。为此,只需求得$f(x)$的一个原函数$F(x)$,然后再加上任意常数$C$即可。

相关例题见例5.4~例5.7。

### 5.1.3　不定积分的基本性质

不定积分的基本性质

性质1　$\left(\int f(x)\mathrm{d}x\right)' = f(x)$ 或 $\mathrm{d}\int f(x)\mathrm{d}x = f(x)\mathrm{d}x$。

性质1表明对一个函数先进行积分运算,然后进行导数运算,结果不变。即导数运算与积分运算互为逆运算。

相关例题见例5.8。

性质2　$\int F'(x)\mathrm{d}x = F(x)+C$ 或 $\int \mathrm{d}F(x)=F(x)+C$。

对于先进行导数运算,然后进行积分运算的结果,我们只要在不定积分定义中替换被积函数$f(x)$为$F'(x)$即得以上性质。

注意:对一个函数$F(x)$先进行导数运算,再进行积分运算,得到的不是$F(x)$自身,而是$F(x)+C$。

相关例题见例5.9。

性质3　两个函数代数和的积分,等于各自积分的代数和,即

$$\int [f_1(x) \pm f_2(x)] \mathrm{d}x = \int f_1(x) \mathrm{d}x \pm \int f_2(x) \mathrm{d}x。$$

一般地，

$$\int [f_1(x) \pm f_2(x) \pm \cdots \pm f_n(x)] \mathrm{d}x = \int f_1(x) \mathrm{d}x \pm \int f_2(x) \mathrm{d}x \pm \cdots \pm \int f_n(x) \mathrm{d}x。$$

**性质 4** 被积函数中非零的常数因子可以移到积分号外面，即

$$\int kf(x) \mathrm{d}x = k \int f(x) \mathrm{d}x \quad (k \neq 0,\ k\text{为常数})。$$

### 5.1.4 不定积分的几何意义

若 $F(x)$ 是 $f(x)$ 的一个原函数，则称 $y = F(x)$ 的图像为 $f(x)$ 的一条积分曲线。$f(x)$ 的不定积分在几何上表示 $f(x)$ 的某一积分曲线沿着纵轴方向任意平移所得到的一切积分曲线所组成的曲线族。

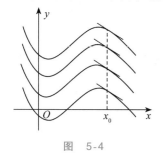

每一条积分曲线上横坐标相同的点处的切线是平行的，其切线的斜率均为 $f(x)$，如图 5-4 所示。

因此，要求一条通过定点 $(x_0, y_0)$ 的积分曲线，关键是确定常数 $C$，而 $C$ 可以通过下式确定

$$y_0 = F(x_0) + C,$$
$$C = y_0 - F(x_0)。$$

图 5-4

这样便可得到所求曲线

$$y = F(x) + [y_0 - F(x_0)]。$$

称确定任意常数的条件为初始条件，可写为

$$y \big|_{x=x_0} = y_0。$$

相关例题见例 5.10。

## 典型例题

**例 5.1** 函数 $\mathrm{e}^{x^2}$ 为 _____ 的一个原函数。

**解**：设 $\mathrm{e}^{x^2}$ 为函数 $f(x)$ 的一个原函数，由原函数的定义可知，应有 $(\mathrm{e}^{x^2})' = f(x)$，由于

$$(\mathrm{e}^{x^2})' = 2x\mathrm{e}^{x^2},$$

所以，$f(x) = 2x\mathrm{e}^{x^2}$，为此，将 $2x\mathrm{e}^{x^2}$ 填在横线上即可。

也即，任何函数都是其一阶导数的一个原函数。

**例 5.2** 已知函数 $(x-1)^2$ 是函数 $f(x)$ 的一个原函数，则下列四个选项函数中，( ) 也为函数 $f(x)$ 的原函数。

A. $x^2 - 1$      B. $x^2 + 1$      C. $x^2 + 2x$      D. $x^2 - 2x$

**解**：一个函数的不同原函数之间仅差一个常数，因此与 $(x-1)^2$ 相差一个常数的函数也为 $f(x)$ 的原函数，这样我们就可以对被选答案依次进行判别。

首先考虑 A 选项：由于 $(x-1)^2 - (x^2-1) = -2x+2$ 不等于常数，说明所给函数

$x^2-1$ 不为 $f(x)$ 的原函数,A 选项不是。

其次考虑 B 选项:由于 $(x-1)^2-(x^2+1)=-2x$ 不等于常数,说明所给函数 $x^2+1$ 不为 $f(x)$ 的原函数,B 选项不是。

再考虑 C 选项:由于 $(x-1)^2-(x^2+2x)=-4x+1$ 不等于常数,说明所给函数 $x^2+2x$ 不为 $f(x)$ 的原函数,C 选项也不是。

最后考虑 D 选项:由于 $(x-1)^2-(x^2-2x)=1$,说明所给函数 $x^2-2x$ 为 $f(x)$ 的原函数,则 D 选项正确。

例 5.3 已知函数 $f(x)$ 的一个原函数为 $\ln x$,则 $f'(x)=($  )。

A. $\dfrac{1}{x}$          B. $-\dfrac{1}{x^2}$          C. $\ln x$          D. $x\ln x$

解:由于函数 $\ln x$ 为 $f(x)$ 的一个原函数,由原函数定义即得

$$f(x)=(\ln x)'=\frac{1}{x},$$

从而

$$f'(x)=-\frac{1}{x^2}。$$

所以,B 选项正确。

例 5.4 求 $\displaystyle\int x^2 \mathrm{d}x$。

解:因为 $\left(\dfrac{1}{3}x^3\right)'=x^2$,所以 $\dfrac{1}{3}x^3$ 是 $x^2$ 的一个原函数,

因此

$$\int x^2 \mathrm{d}x=\frac{1}{3}x^3+C,$$

同理可得

$$\int x^3 \mathrm{d}x=\frac{1}{4}x^4+C。$$

例 5.5 求 $\displaystyle\int \cos x \mathrm{d}x$。

解:因为 $(\sin x)'=\cos x$,所以 $\sin x$ 是 $\cos x$ 的一个原函数,
因此

$$\int \cos x \mathrm{d}x=\sin x+C,$$

同理可得

$$\int \sin x \mathrm{d}x=-\cos x+C。$$

例 5.6 求 $\displaystyle\int \mathrm{e}^x \mathrm{d}x$。

解:因为 $(\mathrm{e}^x)'=\mathrm{e}^x$,
因此

$$\int e^x dx = e^x + C。$$

例 5.7　若 $\int f(x)dx = x\ln x + C$，则 $f(x) = \underline{\qquad}$。

解：因为 $x\ln x$ 是被积函数 $f(x)$ 的一个原函数，因此

$$f(x) = (x\ln x)' = \ln x + 1,$$

即横线上应填入 $(x\ln x)' = \ln x + 1$。

例 5.8　一阶导数 $\left(\int \sin e^x dx\right)' = \underline{\qquad}$。

解：根据性质 1，先积分，后导数的结果为被积函数，即

$$\left(\int \sin e^x dx\right)' = \sin e^x,$$

所以将 $\sin e^x$ 填在横线上。

例 5.9　不定积分 $\int d(\cos\sqrt{x}) = (\qquad)$。

A. $\sin\sqrt{x}$　　　　B. $\sin\sqrt{x} + C$　　C. $\cos\sqrt{x}$　　　　　　D. $\cos\sqrt{x} + C$

解：根据性质 2，不定积分 $\int d(\cos\sqrt{x}) = \cos\sqrt{x} + C$，这个正确答案恰好就是选项 D，所以选 D 选项。

例 5.10　设曲线通过点 $(1,3)$，且其上任一点处的切线斜率等于 $2x$，求此曲线方程。

解：设所求曲线方程为 $y = f(x)$，由题意知，曲线上任一点处切线的斜率为

$$y' = f'(x) = 2x,$$

即 $f(x)$ 是 $2x$ 的一个原函数，故

$$f(x) = \int 2x dx = x^2 + C。$$

因为所求曲线过点 $(1,3)$，代入曲线方程得

$$f(1) = 1^2 + C = 3,$$

即

$$C = 2。$$

于是所求曲线方程为

$$y = x^2 + 2。$$

## 课堂巩固 5.1

基础训练 5.1

1. 填空题。

（1）函数 $x^2$ 的原函数是 $\underline{\qquad\qquad}$。

（2）函数 $x^2$ 是函数＿＿＿＿＿＿的原函数。

（3）设 $\int f(x)\mathrm{d}x = x^2\ln x + C$，则 $f(x)=$＿＿＿＿。

（4）设 $f(x)=3^x\sin x^3$，则 $\int f'(x)\mathrm{d}x=$＿＿＿＿。

（5）$\left[\int f(x)\mathrm{d}x\right]'=$＿＿＿＿。

（6）$\mathrm{d}\int f(x)\mathrm{d}x=$＿＿＿＿。

（7）$\int F'(x)\mathrm{d}x=$＿＿＿＿。

（8）$\int \mathrm{d}F(x)=$＿＿＿＿。

（9）$\int kf(x)\mathrm{d}x=$＿＿＿＿。

（10）$\dfrac{\mathrm{d}}{\mathrm{d}x}\int f(x)\mathrm{d}x=$＿＿＿＿。

2. 求过点 $(1,\ 2)$，且点 $(x,f(x))$ 处的切线斜率为 $3x^2$ 的曲线方程 $y=f(x)$。

**提升训练 5.1**

1. 填空题。

（1）函数 $\mathrm{e}^{\sqrt{x}}$ 为＿＿＿＿的一个原函数。

（2）不定积分 $\int \mathrm{d}(\sin\sqrt{x})=$＿＿＿＿。

（3）若函数 $f(x)$ 的一个原函数为函数 $\ln x$，则一阶导数 $f'(x)=$＿＿＿＿。

2. 单项选择题。

若函数 $\ln(x^2+1)$ 为 $f(x)$ 的一个原函数，则下列函数中（　　）为 $f(x)$ 的原函数。

    A. $\ln(x^2+2)$　　　　　　　　B. $2\ln(x^2+1)$

    C. $\ln(2x^2+2)$　　　　　　　　D. $2\ln(2x^2+1)$

## 5.2　不定积分的基本公式

**问题导入**

为了方便地计算不定积分，除了掌握不定积分的运算性质外，还必须掌握一些基本积分公式，正如在求函数导数时必须掌握基本初等函数的导数公式一样。由于求不定积分是求导数的逆运算，因此，由基本初等函数的导数公式便可得到相应的基本积分公式。

## 知识归纳

基本不定积分公式如表 5-1 所示。

基本不定积分
公式

表 5-1

| 序号 | 公 式 | 说 明 |
|------|-------|-------|
| 1 | $\int 0\mathrm{d}x = C$ | |
| 2 | $\int k\mathrm{d}x = kx + C$ | $k$ 为常数 |
| 3 | $\int x^a\mathrm{d}x = \dfrac{1}{a+1}x^{a+1} + C$ | $(a \neq -1)$ |
| 4 | $\int \dfrac{1}{x}\mathrm{d}x = \ln|x| + C$ | |
| 5 | $\int a^x\mathrm{d}x = \dfrac{a^x}{\ln a} + C$ | $(a>0$ 且 $a \neq -1)$ |
| 6 | $\int \mathrm{e}^x\mathrm{d}x = \mathrm{e}^x + C$ | |
| 7 | $\int \sin x\mathrm{d}x = -\cos x + C$ | |
| 8 | $\int \cos x\mathrm{d}x = \sin x + C$ | |
| 9 | $\int \dfrac{1}{\sin^2 x}\mathrm{d}x = -\cot x + C$ | |
| 10 | $\int \dfrac{1}{\cos^2 x}\mathrm{d}x = \tan x + C$ | |
| 11 | $\int \dfrac{1}{1+x^2}\mathrm{d}x = \arctan x + C$ | |

基本积分公式是求解不定积分的基础，必须熟记。

下面我们将针对其中几个公式进行证明。有兴趣的读者可以自行验证其余的积分公式。事实上，要验证这些公式，只需验证等式右端的导数等于左端不定积分的被积函数。这种方法是我们验证不定积分计算是否正确的常用方法。

1. 公式 $\int x^a\mathrm{d}x = \dfrac{1}{a+1}x^{a+1} + C$（$a \neq -1$）的证明

证明　因为 $\left(x^{a+1}\right)' = (a+1)x^a$，故 $\left(\dfrac{x^{a+1}}{a+1}\right)' = x^a$，于是由不定积分定义即得

$\int x^a\mathrm{d}x = \dfrac{x^{a+1}}{a+1} + C$，证毕。

❀ 相关例题见例 5.11。

2. 公式 $\int \dfrac{1}{x}\mathrm{d}x = \ln|x| + C$ 的证明

证明 当 $x > 0$ 时，由于 $(\ln x)' = \dfrac{1}{x}$，所以

$$\int \frac{1}{x}\mathrm{d}x = \ln x + C。$$

当 $x < 0$ 时，则 $-x > 0$。由于 $\left[\ln(-x)\right]' = \dfrac{1 \cdot (-1)}{-x} = \dfrac{1}{x}$，所以也有

$$\int \frac{1}{x}\mathrm{d}x = \ln(-x) + C。$$

综合以上两种情况即得

$$\int \frac{1}{x}\mathrm{d}x = \ln|x| + C，$$

证毕。

3. 公式 $\int a^x \mathrm{d}x = \dfrac{a^x}{\ln a} + C$ 的证明

证明 因为 $\left(\dfrac{a^x}{\ln a}\right)' = a^x$，所以

$$\int a^x \mathrm{d}x = \frac{a^x}{\ln a} + C，$$

证毕。

❀ 相关例题见例 5.12。

至此，利用不定积分的性质 3 和 4，以及基本积分表 5-1，我们已经可以直接求解一些简单函数的不定积分了。

## 典型例题

例 5.11 求下列不定积分。

(1) $\int \sqrt[3]{x}\,\mathrm{d}x$；　　　(2) $\int \dfrac{1}{\sqrt{x}}\mathrm{d}x$；　　　(3) $\int \dfrac{1}{x^2}\mathrm{d}x$。

解：

(1) $\int \sqrt[3]{x}\,\mathrm{d}x = \int x^{\frac{1}{3}}\mathrm{d}x = \dfrac{1}{\frac{1}{3}+1}x^{\frac{1}{3}+1} + C = \dfrac{3}{4}x^{\frac{4}{3}} + C。$

(2) $\int \dfrac{1}{\sqrt{x}}\mathrm{d}x = \int x^{-\frac{1}{2}}\mathrm{d}x = \dfrac{1}{-\frac{1}{2}+1}x^{-\frac{1}{2}+1} + C = 2\sqrt{x} + C。$

（3）$\int \dfrac{1}{x^2}\mathrm{d}x = \int x^{-2}\mathrm{d}x = \dfrac{1}{-2+1}x^{-2+1} + C = -\dfrac{1}{x} + C$。

例 5.12　求 $\int 3^x \mathrm{d}x$。

解：由公式 $\int a^x \mathrm{d}x = \dfrac{a^x}{\ln a} + C$，得

$$\int 3^x \mathrm{d}x = \dfrac{3^x}{\ln 3} + C。$$

## 应用案例

案例 5.1：滑冰场的结冰问题

美丽的冰城常年积雪，滑冰场完全靠自然结冰，结冰的速度由 $\dfrac{\mathrm{d}y}{\mathrm{d}t} = kt^{\frac{2}{3}}(k>0$ 为常数$)$ 确定，其中 $y$ 是从结冰起到时刻 $t$ 时冰的厚度，求结冰厚度 $y$ 关于时间 $t$ 的函数。

解：根据题意，结冰厚度 $y$ 关于时间 $t$ 的函数为

$$y = \int kt^{\frac{2}{3}}\mathrm{d}t = \dfrac{3}{5}kt^{\frac{5}{3}} + C，$$

式中，常数 $C$ 由结冰的时间确定。

如果 $t=0$ 时开始结冰，此时冰的厚度为 $0$，即有 $y(0)=0$，代入上式得 $C=0$，所以 $y = \dfrac{3}{5}kt^{\frac{5}{3}}$ 为结冰厚度关于时间的函数。

案例 5.2：伤口的表面积问题

医学研究发现，刀割伤口表面修复的速度为 $\dfrac{\mathrm{d}A}{\mathrm{d}t} = -5t^{-2}\mathrm{cm}^2/$天$(1 \leqslant t \leqslant 5)$，其中 $A$ 表示伤口的面积，假设 $A(1)=5$，问受伤 5 天后该病人的伤口表面积为多少？

解：由

$$\dfrac{\mathrm{d}A}{\mathrm{d}t} = -5t^{-2}，$$

得

$$\mathrm{d}A = -5t^{-2}\mathrm{d}t，$$

两边求不定积分得

$$A(t) = -5\int t^{-2}\mathrm{d}t = 5t^{-1} + C，$$

将 $A(1)=5$ 代入上式得

$$C=0，$$

所以 5 天后病人的伤口表面积

$$A(5) = 5 \times 5^{-1} = 1(\mathrm{cm}^2)。$$

## 课堂巩固 5.2

**基础训练 5.2**

求下列不定积分。

(1) $\int \mathrm{d}x$；

(2) $\int x\mathrm{d}x$；

(3) $\int x^8 \mathrm{d}x$；

(4) $\int \dfrac{1}{x^{10}} \mathrm{d}x$；

(5) $\int \sqrt{x}\,\mathrm{d}x$；

(6) $\int \dfrac{1}{\sqrt[3]{x}} \mathrm{d}x$；

(7) $\int 5^x \mathrm{d}x$；

(8) $\int \dfrac{1}{\cos^2 x} \mathrm{d}x$。

**提升训练 5.2**

求下列不定积分。

(1) $\int x^2 \sqrt{x}\,\mathrm{d}x$；

(2) $\int x\sqrt{x}\,\mathrm{d}x$；

(3) $\int \dfrac{1}{x^2 \sqrt{x}} \mathrm{d}x$；

(4) $\int \sqrt{x\sqrt{x\sqrt{x}}}\,\mathrm{d}x$；

(5) $\int 5^x \pi^x \mathrm{d}x$；

(6) $\int \dfrac{\sin 2x}{2\sin x} \mathrm{d}x$。

# 5.3　直接积分法

## 问题导入

在求不定积分的问题中，经常遇到被积函数为基本初等函数仅经过加减运算与数乘运算所形成的简单函数，或者被积函数经过适当的恒等变形后能够化为的简单函数的情况。下面介绍求这类不定积分的方法——直接积分法。

## 知识归纳

利用不定积分的性质3、性质4和基本积分公式直接求得不定积分的方法，叫作直接积分法。

说明：逐项积分后，每个不定积分的结果都含有任意常数。由于任意常数的代数和仍为任意常数，故在结果中只写一个积分常数$C$即可。

相关例题见例5.13和例5.14。

有些被积函数需要进行代数恒等变形（见例5.15和例5.16）或三角恒等变形（见例5.17）后再积分。

## 典型例题

直接积分法

例5.13　求 $\int\left(2x^3 - \dfrac{3}{x} + e^x\right)dx$。

解：原式 $= \int 2x^3 dx - \int \dfrac{3}{x}dx + \int e^x dx$

$\qquad = 2\int x^3 dx - 3\int \dfrac{1}{x}dx + \int e^x dx$

$\qquad = \dfrac{1}{2}x^4 - 3\ln|x| + e^x + C$。

例5.14　求 $\int(3^x - 2\sin x)dx$。

解：原式 $= \int 3^x dx - 2\int \sin x dx = \dfrac{3^x}{\ln 3} - 2(-\cos x) + C = \dfrac{3^x}{\ln 3} + 2\cos x + C$。

例5.15　求 $\int \sqrt{x}\,(x-1)^2 dx$。

解：原式 $= \int\left(x^{\frac{5}{2}} - 2x^{\frac{3}{2}} + x^{\frac{1}{2}}\right)dx = \int x^{\frac{5}{2}}dx - 2\int x^{\frac{3}{2}}dx + \int x^{\frac{1}{2}}dx = \dfrac{2}{7}x^{\frac{7}{2}} - \dfrac{4}{5}x^{\frac{5}{2}}$

$\qquad + \dfrac{2}{3}x^{\frac{3}{2}} + C$。

例5.16　求 $\int \dfrac{(x-1)^2}{x}dx$。

解：原式 $= \int\left(\dfrac{x^2 - 2x + 1}{x}\right)dx = \int\left(x - 2 + \dfrac{1}{x}\right)dx = \int x dx - 2\int dx + \int \dfrac{1}{x}dx$

$\qquad = \dfrac{1}{2}x^2 - 2x + \ln|x| + C$。

例5.17　求 $\int \sin^2 \dfrac{x}{2}dx$。

解：原式 $= \int \dfrac{1 - \cos x}{2}dx = \dfrac{1}{2}\int dx - \dfrac{1}{2}\int \cos x dx = \dfrac{1}{2}x - \dfrac{1}{2}\sin x + C$。

类似的有 $\int \cos^2 \dfrac{x}{2}dx = \dfrac{1}{2}x + \dfrac{1}{2}\sin x + C$。

## 应用案例

案例5.3：物体的运动问题

一个物体做直线运动，其速度 $v = t^2 + 1$（单位：m/s），当 $t = 1$s 时物体所经过的路程

$s=3\mathrm{m}$,求物体的运动方程。

解:设物体的运动方程为 $s=s(t)$,根据题意得

$$s'(t)=v(t)=t^2+1,$$

所以

$$s(t)=\int(t^2+1)\mathrm{d}t=\frac{1}{3}t^3+t+C。$$

又当 $t=1$ 时,$s=3$,代入上式,得

$$3=\frac{1}{3}+1+C,$$

解得 $C=\frac{5}{3}$,因此所求的运动方程为

$$s(t)=\frac{1}{3}t^3+t+\frac{5}{3}。$$

案例5.4:产品的生产成本问题

通过各种生产技术试验,制造商发现产品的边际成本是由函数 $MC=2000q+6000$ (单位:元/台)给出的,式中 $q$ 是产品的单位数量。已知生产的固定成本为9000元,求生产成本函数。

解:生产成本的导数 $C'(q)$ 是边际成本 $MC$,即

$$C'(q)=2000q+6000,$$

所以

$$C(q)=\int(2000q+6000)\mathrm{d}q=1000q^2+6000q+C,$$

式中,$C$ 是任意常数。由固定成本的定义,知 $C(0)=9000$,代入上式得 $C=9000$,于是满足条件的生产成本函数为

$$C(q)=1000q^2+6000q+9000。$$

案例5.5:产品的总成本与产量之间的关系问题

已知生产某产品的总成本 $y$ 是产量 $x$ 的函数,边际成本函数为 $y'=8+\dfrac{24}{\sqrt{x}}$,固定成本为10000元,求总成本与产量的函数关系。

解:由 $y'=8+\dfrac{24}{\sqrt{x}}$,得总成本为

$$y=\int\left(8+\frac{24}{\sqrt{x}}\right)\mathrm{d}x=8x+48\sqrt{x}+C。$$

代入 $x=0$,$y=10000$,得 $C=10000$,故所求成本函数为

$$y=8x+48\sqrt{x}+10000。$$

# 课堂巩固 5.3

## 基础训练 5.3

求下列不定积分。

(1) $\int (x^2 - 3x + 2)\,\mathrm{d}x$；

(2) $\int \left( x\sqrt{x} + \dfrac{1}{x^2\sqrt{x}} \right)\mathrm{d}x$；

(3) $\int \dfrac{(1-x)^2}{\sqrt{x}}\,\mathrm{d}x$；

(4) $\int \dfrac{2 \cdot 3^x - 5 \cdot 2^x}{3^x}\,\mathrm{d}x$；

(5) $\int \cos^2\dfrac{x}{2}\,\mathrm{d}x$；

(6) $\int \dfrac{\sin 2x}{\cos x}\,\mathrm{d}x$；

(7) $\int \dfrac{(x-2)^2}{x}\,\mathrm{d}x$；

(8) $\int 2^x(3^x - 5)\,\mathrm{d}x$。

## 提升训练 5.3

求下列不定积分。

(1) $\int \dfrac{x^4}{x^2+1}\,\mathrm{d}x$；

(2) $\int \dfrac{2x^2+1}{x^2(x^2+1)}\,\mathrm{d}x$；

(3) $\int \dfrac{\cos 2x}{\sin^2 x \cos^2 x}\,\mathrm{d}x$；

(4) $\int \dfrac{1+\cos^2 x}{1+\cos 2x}\,\mathrm{d}x$；

(5) $\int \dfrac{x-4}{\sqrt{x}-2}\,\mathrm{d}x$；

(6) $\int \dfrac{x^3-8}{x-2}\,\mathrm{d}x$；

(7) $\int \dfrac{\cos^2 x}{1-\sin x}\,\mathrm{d}x$；

(8) $\int \dfrac{\sqrt{1+x^2}}{\sqrt{1-x^4}}\,\mathrm{d}x$；

(9) $\int (1+\sin^3 x)\csc^2 x\,\mathrm{d}x$；

(10) $\int \dfrac{1}{\sin^2 x \cos^2 x}\,\mathrm{d}x$。

# 5.4 第一换元积分法（凑微分法）

## 问题导入

本节将把复合函数的求导法则反过来使用,即利用变量替换的方法,将被积表达式化为与某一基本公式相同的形式,从而求出不定积分,这种方法称为换元积分法。换元积分法根据换元的方式不同,通常分为两类:第一换元积分法与第二换元积分法。

## 知识归纳

### 5.4.1　凑微分法

第一换元积分法也叫凑微分法,其基本思想是把积分变量凑成复合函数中的中间变量,再利用积分公式求解不定积分的方法。

比较下面两个不定积分:

(1) $\displaystyle\int \cos x\mathrm{d}x$;

(2) $\displaystyle\int \cos 5x\mathrm{d}x$。

分析　在基本积分公式中有 $\displaystyle\int \cos x\mathrm{d}x = \sin x + C$,那么是否 $\displaystyle\int \cos 5x\mathrm{d}x = \sin 5x + C$?如果是,则应有 $(\sin 5x + C)' = \cos 5x$,但根据复合函数的导数公式,$(\sin 5x + C)' = 5\cos 5x$,因此,$\displaystyle\int \cos(5x)\mathrm{d}x \neq \sin 5x + C$。问题出在哪里呢?

在题(2)中,如果令 $u = 5x$,则 $\mathrm{d}u = \mathrm{d}(5x) = 5\mathrm{d}x$,这样

第一换元
积分法

$$\int \cos 5x\mathrm{d}x = \frac{1}{5}\int \cos 5x \cdot 5\mathrm{d}x$$
$$= \frac{1}{5}\int \cos 5x\mathrm{d}(5x)$$
$$= \frac{1}{5}\int \cos u\mathrm{d}u = \frac{1}{5}\sin u + C。$$

当我们再将 $u = 5x$ 回代,则

$$\int \cos(5x)\mathrm{d}x = \frac{1}{5}\sin 5x + C。$$

由此可见,当被积函数为复合函数时,不能直接套用积分公式。

### 5.4.2　凑微分法的几种类型

常见的几种凑微分法类型如下。

(1) 被积函数的中间变量是 $u = ax + b$ 形式,即形如 $\displaystyle\int f(ax + b)\mathrm{d}x$ ($a,b$ 为常数,且 $a \neq 0$)的不定积分。

一般地,
$$\int f(ax + b)\mathrm{d}x = \frac{1}{a}\int f(ax + b) \cdot a\mathrm{d}x\,(a \neq 0)$$
$$= \frac{1}{a}\int f(ax + b)\mathrm{d}(ax + b)$$
$$= \frac{1}{a}F(ax + b) + C。$$

✿ 相关例题见例 5.18~例 5.21。

（2）被积函数由两个函数乘积而成，形如 $\int f[\phi(x)]\phi'(x)\mathrm{d}x$，其中一个是复合函数 $f[\phi(x)]$，而另一个是中间变量 $\phi(x)$ 的导数 $\phi'(x)$（或相差一个倍数）的形式，即 $k\phi'(x)$，此时可以将其凑成 $k\int f[\phi(x)]\mathrm{d}\phi(x)$ 的形式进行求解。

① 中间变量为 $x^{a+1}(a\neq-1)$ 型的凑微分。

提示：$(a+1)x^a\mathrm{d}x=\mathrm{d}(x^{a+1})$。

✿ 相关例题见例 5.22 和例 5.23。

② 中间变量为 $\sqrt{x}$ 型的凑微分。

提示：$\dfrac{1}{2\sqrt{x}}\mathrm{d}x=\mathrm{d}(\sqrt{x})$。

✿ 相关例题见例 5.24。

③ 中间变量为 $\dfrac{1}{x}$ 型的凑微分。

提示：$-\dfrac{1}{x^2}\mathrm{d}x=\mathrm{d}\left(\dfrac{1}{x}\right)$。

✿ 相关例题见例 5.25。

④ 中间变量为 $\ln x$ 型的凑微分。

提示：$\dfrac{1}{x}\mathrm{d}x=\mathrm{d}(\ln x)\ (x>0)$。

✿ 相关例题见例 5.26 和例 5.27。

⑤ 中间变量为 $\mathrm{e}^x$ 型的凑微分。

提示：$\mathrm{e}^x\mathrm{d}x=\mathrm{d}(\mathrm{e}^x)$。

✿ 相关例题见例 5.28～例 5.30。

⑥ 中间变量为 $\cos x,\sin x$ 型的凑微分。

提示：$-\sin x\mathrm{d}x=\mathrm{d}(\cos x),\ \cos x\mathrm{d}x=\mathrm{d}(\sin x)$。

✿ 相关例题见例 5.31～例 5.33。

一般地，如果 $F(u)$ 为 $f(u)$ 的一个原函数，则

$$\int f[\phi(x)]\phi'(x)\mathrm{d}x=\int f[\phi(x)]\mathrm{d}\phi(x)$$

$$\xrightarrow{\ \ 令\phi(x)=u\ \ }\int f(u)\mathrm{d}u=F(u)+C$$

$$\xrightarrow{\ \ 回代u=\phi(x)\ \ }F[\phi(x)]+C。$$

上述求不定积分的方法称为第一类换元积分法。

运用第一类换元积分法的关键是把 $\int f[\phi(x)]\phi'(x)\mathrm{d}x$ 凑成形如 $\int f[\phi(x)]\mathrm{d}\phi(x)$ 的形式，然后再作变量代换转化成形如 $\int f(u)\mathrm{d}u$ 的形式，因此，第一类换元积分法也称为凑微分法。

## 典型例题

例 5.18 求 $\int (5x-1)^4 \mathrm{d}x$。

解：原式 $= \dfrac{1}{5}\int (5x-1)^4 \cdot 5\mathrm{d}x = \dfrac{1}{5}\int (5x-1)^4 \mathrm{d}(5x-1)$

$\xeq{\text{令}5x-1=u} \dfrac{1}{5}\int u^4 \mathrm{d}u$

$= \dfrac{1}{25}u^5 + C$

$\xeq{\text{回代}u=5x-1} \dfrac{1}{25}(5x-1)^5 + C$。

例 5.19 求 $\int \mathrm{e}^{-3x+2}\mathrm{d}x$。

解：原式 $= -\dfrac{1}{3}\int \mathrm{e}^{-3x+2}(-3)\mathrm{d}x = -\dfrac{1}{3}\int \mathrm{e}^{-3x+2}\mathrm{d}(-3x+2)$

$\xeq{\text{令}-3x+2=u} -\dfrac{1}{3}\int \mathrm{e}^u \mathrm{d}u = -\dfrac{1}{3}\mathrm{e}^u + C$

$\xeq{\text{回代}u=-3x+2} -\dfrac{1}{3}\mathrm{e}^{-3x+2} + C$。

例 5.20 求 $\int \sqrt{3x+1}\,\mathrm{d}x$。

解：原式 $= \dfrac{1}{3}\int \sqrt{3x+1}\cdot 3\mathrm{d}x = \dfrac{1}{3}\int \sqrt{3x+1}\,\mathrm{d}(3x+1) = \dfrac{2}{9}\sqrt{(3x+1)^3} + C$。

例 5.21 求 $\int \dfrac{1}{2x-1}\mathrm{d}x$。

解：原式 $= \dfrac{1}{2}\int \dfrac{1}{2x-1}\mathrm{d}(2x-1) = \dfrac{1}{2}\ln|2x-1| + C$。

例 5.22 求 $\int 2x\mathrm{e}^{x^2}\mathrm{d}x$。

解：由于 $(x^2)' = 2x$，因而 $\mathrm{d}(x^2) = 2x\mathrm{d}x$，所以

原式 $= \int \mathrm{e}^{x^2}\cdot 2x\mathrm{d}x = \int \mathrm{e}^{x^2}\mathrm{d}(x^2) \xeq{\text{令}x^2=u} \int \mathrm{e}^u \mathrm{d}u = \mathrm{e}^u + C \xeq{\text{回代}u=x^2} \mathrm{e}^{x^2} + C$。

例 5.23 求 $\int x^2 \sqrt{x^3+1}\,\mathrm{d}x$。

解：由于 $(x^3)' = 3x^2$，因而 $\mathrm{d}(x^3) = 3x^2\mathrm{d}x$，所以

原式 $= \dfrac{1}{3}\int \sqrt{x^3+1}\cdot 3x^2\mathrm{d}x = \dfrac{1}{3}\int \sqrt{x^3+1}\,\mathrm{d}(x^3) = \dfrac{1}{3}\int \sqrt{x^3+1}\,\mathrm{d}(x^3+1)$

$= \dfrac{2}{9}(\sqrt{x^3+1})^3 + C$。

例 5.24　求 $\displaystyle\int \frac{e^{\sqrt{x}}}{\sqrt{x}} dx$。

解：原式 $=2\displaystyle\int e^{\sqrt{x}} \cdot \frac{1}{2\sqrt{x}} dx = 2\int e^{\sqrt{x}} d(\sqrt{x}) = 2e^{\sqrt{x}} + C$。

例 5.25　求 $\displaystyle\int \frac{\cos\frac{1}{x}}{x^2} dx$。

解：原式 $=-\displaystyle\int \cos\frac{1}{x} \cdot \left(-\frac{1}{x^2}\right) dx = -\int \cos\frac{1}{x} d\left(\frac{1}{x}\right) = -\sin\frac{1}{x} + C$。

例 5.26　求 $\displaystyle\int \frac{1}{x}\ln^2 x dx$。

解：原式 $=\displaystyle\int \ln^2 x d(\ln x) = \frac{1}{3}\ln^3 x + C$。

例 5.27　求 $\displaystyle\int \frac{1}{x\ln x} dx$。

解：原式 $=\displaystyle\int \frac{1}{\ln x} d(\ln x) = \int \frac{1}{\ln x} d(\ln x) = \ln|\ln x| + C$。

例 5.28　求 $\displaystyle\int e^x \sin e^x dx$。

解：原式 $=\displaystyle\int \sin e^x d(e^x) = -\cos e^x + C$。

例 5.29　求 $\displaystyle\int \frac{e^x}{e^x + 1} dx$。

解：原式 $=\displaystyle\int \frac{1}{e^x + 1} d(e^x + 1) = \ln(e^x + 1) + C$。

例 5.30　求 $\displaystyle\int \frac{1}{e^x + 1} dx$。

解：原式 $=\displaystyle\int \frac{1 + e^x - e^x}{(e^x + 1)} dx = \int \left(1 - \frac{e^x}{e^x + 1}\right) dx = \int 1 dx - \int \frac{1}{e^x + 1} d(e^x + 1)$

$\qquad = x - \ln(e^x + 1) + C$。

例 5.31　求 $\displaystyle\int e^{\cos x} \sin x dx$。

解：原式 $=-\displaystyle\int e^{\cos x} d(\cos x) = -e^{\cos x} + C$。

例 5.32　求 $\displaystyle\int \cos^3 x dx$。

解：原式 $=\displaystyle\int \cos^2 x \cos x dx = \int \cos^2 x d(\sin x) = \int (1 - \sin^2 x) d(\sin x)$

$\qquad = \sin x - \frac{1}{3}\sin^3 x + C$。

例 5.33　求 $\int \tan x \mathrm{d}x$。

解：原式 $=\int \dfrac{\sin x}{\cos x}\mathrm{d}x=-\int \dfrac{1}{\cos x}\mathrm{d}(\cos x)=-\ln|\cos x|+C$。

类似地，可得到 $\int \cot x \,\mathrm{d}x=\ln|\sin x|+C=-\ln|\csc x|+C$。

## 课堂巩固 5.4

### 基础训练 5.4

1. 填空题。

(1) $\mathrm{d}x=\dfrac{1}{a}\mathrm{d}$_____;

(2) $\dfrac{1}{x^2}\mathrm{d}x=\mathrm{d}$_____;

(3) $x^4\mathrm{d}x=\mathrm{d}$_____;

(4) $\dfrac{1}{\sqrt{x}}\mathrm{d}x=\mathrm{d}$_____;

(5) $\dfrac{1}{x}\mathrm{d}x=\mathrm{d}$_____$(x>0)$;

(6) $\mathrm{e}^x\mathrm{d}x=\mathrm{d}$_____;

(7) $\cos x\mathrm{d}x=\mathrm{d}$_____;

(8) $\sin x\mathrm{d}x=\mathrm{d}$_____。

2. 求下列不定积分。

(1) $\int (3x-2)^5\mathrm{d}x$;

(2) $\int x\sin x^2\mathrm{d}x$;

(3) $\int \dfrac{x^3}{\sqrt{x^4-1}}\mathrm{d}x$;

(4) $\int x^2\mathrm{e}^{x^3}\mathrm{d}x$;

(5) $\int \dfrac{\sin\sqrt{x}}{\sqrt{x}}\mathrm{d}x$;

(6) $\int \dfrac{\mathrm{e}^x}{2+\mathrm{e}^x}\mathrm{d}x$;

(7) $\int \mathrm{e}^x\cos \mathrm{e}^x\mathrm{d}x$;

(8) $\int \dfrac{1}{x}\ln x\mathrm{d}x$。

### 提升训练 5.4

求下列不定积分。

(1) $\int \dfrac{1}{x^2-a^2}\mathrm{d}x$;

(2) $\int \dfrac{3+x}{\sqrt{9-x^2}}\mathrm{d}x$;

(3) $\int \dfrac{1}{1+\mathrm{e}^x}\mathrm{d}x$;

(4) $\int x\left(1+x^2\right)^3\mathrm{d}x$;

(5) $\int \dfrac{1}{x^2+2x-15}\mathrm{d}x$;

(6) $\int \sin^2 x\,\mathrm{d}x$;

(7) $\int \dfrac{\sin\dfrac{1}{x}}{x^2}\mathrm{d}x$;

(8) $\int \dfrac{\sqrt{1+\ln x}}{x}\mathrm{d}x$。

# 5.5　第二换元积分法

## 问题导入

虽然第一换元积分法应用的范围相当广泛，但对于某些带根式的被积函数还是难以有效解决。这时就需要应用其他的技巧，这种方法就是第二换元积分法。

## 知识归纳

第二换元
积分法

第二换元积分法针对的是根式内函数为一次函数与二次函数的情况。本书中仅对根式内函数为一次函数的情况进行讨论学习，至于根式内函数为二次函数的情况，可参见其他本科教材。

第二换元积分法的目的在于去除被积函数中的根号。

在第二换元积分法中，也是引入新变量 $t$，将 $x$ 表示为 $t$ 的一个连续函数 $x = \phi(t)$，从而通过变量替换 $x = \phi(t)$，将被积函数中的根号去掉，或者说将被积函数有理化，从而简化积分计算。

一般地，若在积分 $\int f(x)\mathrm{d}x$ 中，令 $x = \phi(t)$，$\phi(t)$ 单调且可导，$\phi(t) \neq 0$ 则有

$$\int f(x)\mathrm{d}x = \int f[\phi(t)]\phi'(t)\mathrm{d}t。$$

若上式右端易求出原函数 $\phi(t)$，则得第二换元积分公式。

无论是第一换元积分法，还是第二换元积分法，都是为了把不容易求出的积分转化为能够直接求出或便于求出的积分。

## 典型例题

例 5.34　求 $\displaystyle\int \frac{1}{1+\sqrt{x}}\mathrm{d}x$。

解：针对被积函数带根式时，其求解过程：首先令变量 $t = \sqrt{x}$；其次将等式两边平方求得 $x = t^2(t>0)$；再次将等式两边进行微分得 $\mathrm{d}x = 2t\mathrm{d}t$；最后将所求得的 $x$，$\mathrm{d}x$ 代入原式，即将变量 $x$ 替换成变量 $t$，求解如下。SS

令 $t = \sqrt{x}$，得 $x = t^2(t>0)$，从而 $\mathrm{d}x = 2t\mathrm{d}t$，则

$$\text{原式} = \int \frac{1}{t+1} \cdot 2t\mathrm{d}t = 2\int \frac{(t+1)-1}{t+1}\mathrm{d}t = 2\int\left(1 - \frac{1}{t+1}\right)\mathrm{d}t = 2(t - \ln|t+1|) + C$$

$$= 2\sqrt{x} - 2\ln(\sqrt{x}+1) + C。$$

例 5.35 求 $\int x\sqrt{2x+1}\,\mathrm{d}x$。

解：令 $t=\sqrt{2x+1}$，则 $x=\dfrac{1}{2}(t^2-1)(t>0)$，$\mathrm{d}x=t\mathrm{d}t$，从而

$$原式=\int\frac{1}{2}(t^2-1)t\cdot t\mathrm{d}t=\frac{1}{2}\int(t^4-t^2)\mathrm{d}t=\frac{1}{2}\left(\frac{1}{5}t^5-\frac{1}{3}t^3\right)+C$$

$$=\frac{1}{10}\sqrt{(2x+1)^5}-\frac{1}{6}\sqrt{(2x+1)^3}+C。$$

例 5.36 求 $\int\dfrac{1}{\sqrt[3]{x}+\sqrt{x}}\,\mathrm{d}x$。

解：令变量 $t=\sqrt[6]{x}$，则 $x=t^6$，$\sqrt{x}=t^3$，$\sqrt[3]{x}=t^2(t>0)$，两边微分得 $\mathrm{d}x=6t^5\mathrm{d}t$，从而

$$原式=\int\frac{6t^5}{t^3+t^2}\mathrm{d}t=6\int\frac{t^5}{t^2(t+1)}\mathrm{d}t=6\int\frac{t^3}{t+1}\mathrm{d}t=6\int\left[(t^2-t+1)-\frac{1}{t+1}\right]\mathrm{d}t$$

$$=6\left(\frac{1}{3}t^3-\frac{1}{2}t^2+t-\ln|t+1|\right)+C=2\sqrt{x}-3\sqrt[3]{x}+6\sqrt[6]{x}-6\ln\left(\sqrt[6]{x}+1\right)+C。$$

## 课堂巩固 5.5

### 基础训练 5.5

求下列不定积分。

(1) $\displaystyle\int\frac{1}{x+\sqrt{x}}\,\mathrm{d}x$；

(2) $\displaystyle\int\frac{1}{x+\sqrt[3]{x}}\,\mathrm{d}x$；

(3) $\displaystyle\int\frac{1}{1+\sqrt[3]{x}}\,\mathrm{d}x$；

(4) $\displaystyle\int x\sqrt{x+1}\,\mathrm{d}x$；

(5) $\displaystyle\int\frac{1}{5+\sqrt{x}}\,\mathrm{d}x$；

(6) $\displaystyle\int\frac{x}{\sqrt{x-2}}\,\mathrm{d}x$。

### 提升训练 5.5

求下列不定积分。

(1) $\displaystyle\int x\sqrt{2x-1}\,\mathrm{d}x$；

(2) $\displaystyle\int\frac{\sqrt[3]{x}}{x\left(\sqrt{x}+\sqrt[3]{x}\right)}\,\mathrm{d}x$；

(3) $\displaystyle\int\frac{1}{\sqrt{x}\left(2+\sqrt[3]{x}\right)}\,\mathrm{d}x$（提示：令 $\sqrt[6]{x}=t$）。

# 5.6 分部积分法

## 问题导入

换元积分法虽然可以求出许多函数的不定积分，但对于形如 $\int x\sin x\mathrm{d}x$，$\int x^n\ln x\mathrm{d}x$，$\int x\mathrm{e}^x\mathrm{d}x$，$\int \mathrm{e}^x\sin x\mathrm{d}x$ 等类型的不定积分却不适用。本节介绍计算这类不定积分的另一种有效方法——分部积分法。

## 知识归纳

分部积分法

分部积分法适用于被积函数为两个基本初等函数之积时的情况。

设函数 $u=u(x)$ 与 $v=v(x)$ 都具有连续的导数，由两个函数乘积的导数公式得

$$(uv)'=vu'+uv',$$

移项得

$$uv'=(uv)'-vu',$$

对上式两边同时求不定积分得

$$\int uv'\mathrm{d}x=\int (uv)'\mathrm{d}x-\int vu'\mathrm{d}x,$$

再由不定积分性质得

$$\int uv'\mathrm{d}x=uv-\int vu'\mathrm{d}x。 \tag{5.1}$$

由微分定义，公式(5.1)又可改写为

$$\int u\mathrm{d}v=uv-\int v\mathrm{d}u。 \tag{5.2}$$

公式(5.1)和公式(5.2)称为分部积分公式，利用分部积分公式求不定积分的方法称为分部积分法。应用分部积分公式的作用在于：把不容易求出的积分 $\int u\mathrm{d}v$ 或 $\int uv'\mathrm{d}x$ 转化为容易求出的积分 $\int v\mathrm{d}u$ 或 $\int vu'\mathrm{d}x$。

利用分部积分公式计算不定积分的具体思路如下。

（1）恰当地选择 $u$ 和 $v'$（或 $\mathrm{d}v$）。

当被积函数是幂函数与指数函数（或三角函数）乘积型的积分 $x^n\mathrm{e}^x$ 时，应选取 $u=x^n$，而将指数函数（或三角函数）部分选取成 $v'=\mathrm{e}^x$，经过分部积分后，使幂函数的次数降低。

当被积函数是幂函数与对数函数乘积型的积分 $x^n\ln x$ 时，应选取 $u=\ln x$，$v'=x^n$。

（2）求出 $v$（即对 $v'$ 求原函数）。

（3）求出 $u'$（或 $\mathrm{d}u$）（即对 $u$ 求导数）。

（4）利用分部积分公式求解不定积分。

❀ 相关例题见例 5.37～例 5.44。

## 典型例题

例 5.37　求 $\int x\mathrm{e}^x\mathrm{d}x$。

解：

解法 1　设 $u=x, v'=\mathrm{e}^x$，则 $u'=1, v=\mathrm{e}^x$。
应用公式 (5.1)，于是

$$原式 = x\mathrm{e}^x - \int \mathrm{e}^x\mathrm{d}x = x\mathrm{e}^x - \mathrm{e}^x + C。$$

解法 2　设 $u=x, \mathrm{d}v=\mathrm{e}^x\mathrm{d}x$，则 $\mathrm{d}u=\mathrm{d}x, v=\mathrm{e}^x$。
应用公式 (5.2)，于是

$$原式 = \int x\mathrm{d}(\mathrm{e}^x) = x\mathrm{e}^x - \int \mathrm{e}^x\mathrm{d}x = x\mathrm{e}^x - \mathrm{e}^x + C。$$

例 5.38　求 $\int x^2\mathrm{e}^x\mathrm{d}x$。

解：设 $u=x^2, v'=\mathrm{e}^x$，则 $u'=2x, v=\mathrm{e}^x$。应用公式 (5.1)，于是

$$原式 = x^2\mathrm{e}^x - 2\int x\mathrm{e}^x\mathrm{d}x。$$

对 $\int x\mathrm{e}^x\mathrm{d}x$ 再次利用分部积分法或应用例 5.36 结果，得

$$\int x\mathrm{e}^x\mathrm{d}x = x\mathrm{e}^x - \mathrm{e}^x + C。$$

所以

$$\int x^2\mathrm{e}^x\mathrm{d}x = x^2\mathrm{e}^x - 2(x\mathrm{e}^x - \mathrm{e}^x + C)$$

$$= (x^2 - 2x + 2)\mathrm{e}^x + C。$$

说明：此题两次利用了分部积分法求不定积分，应注意的是先后两次选择 $u$ 与 $v'$ 的方法要保持一致，即两次都选择了 $x$ 的幂函数部分为 $u$，而 $\mathrm{e}^x$ 为 $v'$，否则是计算不出结果的。

例 5.39　求 $\int \mathrm{e}^x\sin x\mathrm{d}x$。

解：设 $u=\sin x, v'=\mathrm{e}^x$，则 $u'=\cos x, v=\mathrm{e}^x$。应用公式 (5.1)，于是

$$原式 = \mathrm{e}^x\sin x - \int \mathrm{e}^x\cos x\mathrm{d}x。$$

对于 $\int \mathrm{e}^x\cos x\mathrm{d}x$ 再用分部积分公式，设 $u=\cos x, v'=\mathrm{e}^x$，则 $u'=-\sin x, v=\mathrm{e}^x$。
再次应用公式 (5.1)，于是

$$\int \mathrm{e}^x\cos x\mathrm{d}x = \mathrm{e}^x\cos x + \int \mathrm{e}^x\sin x\mathrm{d}x,$$

所以，

$$\int \mathrm{e}^x\sin x\mathrm{d}x = \mathrm{e}^x\sin x - \mathrm{e}^x\cos x - \int \mathrm{e}^x\sin x\mathrm{d}x,$$

移项,得

$$\int \mathrm{e}^x \sin x \mathrm{d}x = \frac{1}{2} \mathrm{e}^x (\sin x - \cos x) + C。$$

例 5.40　求 $\int x \sin x \mathrm{d}x$。

解：设 $u = x, v' = \sin x$, 则 $u' = 1, v = -\cos x$。应用公式(5.1),于是

$$原式 = -x \cos x + \int \cos x \mathrm{d}x = -x \cos x + \sin x + C。$$

例 5.41　求 $\int x \ln x \mathrm{d}x$。

解：设 $u = \ln x, v' = x$, 则 $u' = \frac{1}{x}, v = \frac{1}{2} x^2$。应用公式(5.1),于是

$$原式 = \frac{1}{2} x^2 \ln x - \frac{1}{2} \int x \mathrm{d}x = \frac{1}{2} x^2 \ln x - \frac{1}{4} x^2 + C。$$

例 5.42　求 $\int \ln x \mathrm{d}x$。

解：设 $u = \ln x, v' = 1$, 则 $u' = \frac{1}{x}, v = x$。应用公式(5.1),于是

$$原式 = x \ln x - \int x \frac{1}{x} \mathrm{d}x = x \ln x - \int \mathrm{d}x = x \ln x - x + C。$$

例 5.43　求 $\int \frac{\ln x}{\sqrt{x}} \mathrm{d}x$。

解：设 $u = \ln x, v' = \frac{1}{\sqrt{x}}$, 则 $u' = \frac{1}{x}, v = 2\sqrt{x}$。应用公式(5.1),于是

$$原式 = 2\left(\sqrt{x} \ln x - \int \sqrt{x} \cdot \frac{1}{x} \mathrm{d}x\right) = 2\left(\sqrt{x} \ln x - \int \frac{1}{\sqrt{x}} \mathrm{d}x\right)$$

$$= 2(\sqrt{x} \ln x - 2\sqrt{x}) + C = 2\sqrt{x} \ln x - 4\sqrt{x} + C。$$

例 5.44　求 $\int \mathrm{e}^{\sqrt{x}} \mathrm{d}x$。

解：令 $\sqrt{x} = t$, 则 $x = t^2, \mathrm{d}x = 2t\mathrm{d}t$, 于是有

$$原式 = \int \mathrm{e}^t 2t \mathrm{d}t = 2(t\mathrm{e}^t - \mathrm{e}^t) + C = 2\sqrt{x} \mathrm{e}^{\sqrt{x}} - 2\mathrm{e}^{\sqrt{x}} + C。$$

在熟悉了分部积分法解题后,中间过程 $u$ 与 $v'$ 可不写出,可直接利用分部积分公式计算。

## 应用案例

案例 5.7：石油的产量问题

中原油田一口新井的原油产出率 $R(t)$（$t$ 的单位为年）为

$$R(t) = 1 - 0.02t \sin(2\pi t)。$$

求开始三年内生产的石油总量(单位：万吨)。

解:设新井生产的石油量为 $W(t)$, 则 $\dfrac{\mathrm{d}W(t)}{\mathrm{d}t} = R(t)$。由产出率求石油总量得

$$
\begin{aligned}
W &= \int_0^3 \left[ 1 - 0.02t \sin(2\pi t) \right] \mathrm{d}t \\
&= \int_0^3 \mathrm{d}t + \frac{0.01}{\pi} \int_0^3 t\,\mathrm{d}\left[ \cos 2\pi t \right] \\
&= t \Big|_0^3 + \frac{0.01}{\pi} \left[ t\cos(2\pi t) \Big|_0^3 - \int_0^3 \cos(2\pi t)\,\mathrm{d}t \right] \\
&= 3 + \frac{0.01}{\pi} \left[ 3 - \frac{\sin(2\pi t)}{2\pi} \Big|_0^3 \right] \\
&= 3 + \frac{0.03}{\pi} \approx 3.0095(\text{万吨})。
\end{aligned}
$$

即,开始三年内生产的石油总量约为 3.0095 万吨。

## 课堂巩固 5.6

### 基础训练 5.6

求下列不定积分。

(1) $\displaystyle\int x\cos x\,\mathrm{d}x$;

(2) $\displaystyle\int x^2 \ln x\,\mathrm{d}x$;

(3) $\displaystyle\int x\sin 2x\,\mathrm{d}x$;

(4) $\displaystyle\int x\mathrm{e}^{2x}\,\mathrm{d}x$;

(5) $\displaystyle\int x^2 \cos x\,\mathrm{d}x$;

(6) $\displaystyle\int \sqrt{x}\,\ln x\,\mathrm{d}x$。

### 提升训练 5.6

求下列不定积分。

(1) $\displaystyle\int x^2 \mathrm{e}^{3x}\,\mathrm{d}x$;

(2) $\displaystyle\int \ln(1+x^2)\,\mathrm{d}x$;

(3) $\displaystyle\int (\ln x)^2\,\mathrm{d}x$;

(4) $\displaystyle\int (x+1)\mathrm{e}^x\,\mathrm{d}x$;

(5) $\displaystyle\int \mathrm{e}^x \sin 2x\,\mathrm{d}x$;

(6) $\displaystyle\int \cos\sqrt{x}\,\mathrm{d}x$。

## 总结提升 5

1. 单项选择题。

(1) 设 $f(x)$ 为可导函数,则 $\left[ \displaystyle\int f(x)\,\mathrm{d}x \right]'$ 等于(　　)。

A. $f(x)$
B. $f(x)+C$

C. $f'(x)$
D. $f'(x)+C$

（2）下列不定积分计算正确的是（　　）。

A. $\int x^2 dx = x^3 + C$
B. $\int \dfrac{1}{x^2} dx = \dfrac{1}{x} + C$

C. $\int \sin x dx = \cos x + C$
D. $\int \cos x dx = \sin x + C$

（3）经过点 $(1,0)$ 且切线斜率为 $2x^3$ 的曲线方程是（　　）。

A. $y = x^2$
B. $y = x^3 + 1$

C. $y = \dfrac{1}{2} x^4 - \dfrac{1}{2}$
D. $y = \dfrac{1}{2} x^4 + \dfrac{1}{2}$

（4）$\left( \int e^{-x^2} dx \right)' = $（　　）。

A. $e^{-x^2}$
B. $e^{-x^2} + C$

C. $-2x e^{-x^2}$
D. $-2x e^{-x^2} + C$

（5）若函数 $f(x)$ 的一个原函数为 $\ln x$，则 $f''(x) = $（　　）。

A. $\dfrac{1}{x}$
B. $\dfrac{2}{x^3}$

C. $\ln x$
D. $x \ln x$

（6）已知函数 $(x+1)^2$ 为 $f(x)$ 的一个原函数，则下列函数中（　　）为 $f(x)$ 的原函数。

A. $x^2 + 1$
B. $x^2$

C. $x^2 - 2x$
D. $x^2 + 2x$

（7）不定积分 $\int d(\sin \sqrt{x}) = $（　　）。

A. $\sin \sqrt{x}$
B. $\sin \sqrt{x} + C$

C. $\cos \sqrt{x}$
D. $\cos \sqrt{x} + C$

（8）若 $F'(x) = f(x)$，则下列各式中成立的是（　　）。

A. $\int F'(x) dx = f(x) + C$
B. $\int F(x) dx = f(x) + C$

C. $\int f(x) dx = F(x) + C$
D. $\int f'(x) dx = F(x) + C$

（9）若 $\int f(x) dx = F(x) + c$，则 $\int e^{-x} f(e^{-x}) dx = $（　　）。

A. $F(e^x) + C$
B. $F(e^{-x}) + C$

C. $-F(e^x) + C$
D. $-F(e^{-x}) + C$

（10）已知函数 $f(x)$ 的一阶导数 $f'(x)$ 连续，则不定积分 $\int f'(2x) dx = $（　　）。

A. $\dfrac{1}{2} f(2x)$
B. $\dfrac{1}{2} f(2x) + C$

C. $f(2x)$
D. $f(2x) + C$

2．填空题。

(1) 设 $f(x)=2^x+x^2$，则 $\int f'(x)\mathrm{d}x=$＿＿＿＿，$\int f(x)\mathrm{d}x=$＿＿＿＿。

(2) 设 $f(x)$ 的一个原函数为 $\sin ax$，则 $f'(x)=$＿＿＿＿。

(3) 设 $f(x)=\sin x$，则 $\int f'(x)\mathrm{d}x=$＿＿＿，$\int f(x)\mathrm{d}x=$＿＿＿，$\mathrm{d}\left[\int f(x)\mathrm{d}x\right]=$

＿＿＿＿。

(4) 函数 $\mathrm{e}^{\sqrt{x}}$ 为＿＿＿＿的一个原函数。

3．求下列不定积分。

(1) $\int\left(2x^3-4x+\dfrac{1}{x}\right)\mathrm{d}x$；

(2) $\int\left(\sqrt[3]{x}-\dfrac{1}{\sqrt{x}}\right)\mathrm{d}x$；

(3) $\int(\sqrt{x}+1)\left(\dfrac{1}{\sqrt{x}}-1\right)\mathrm{d}x$；

(4) $\int\dfrac{x^3-x}{x+1}\mathrm{d}x$；

(5) $\int\dfrac{\mathrm{e}^{2x}-1}{\mathrm{e}^x+1}\mathrm{d}x$；

(6) $\int 3^x\mathrm{e}^x\mathrm{d}x$；

(7) $\int\dfrac{\cos 2x}{\cos x-\sin x}\mathrm{d}x$；

(8) $\int\dfrac{\sin 2x}{\sin x}\mathrm{d}x$；

(9) $\int(5x+2)^6\mathrm{d}x$；

(10) $\int\dfrac{1}{5x-2}\mathrm{d}x$；

(11) $\int \mathrm{e}^{-x}\mathrm{d}x$；

(12) $\int\sin 6x\mathrm{d}x$；

(13) $\int\dfrac{1}{(x+2)^3}\mathrm{d}x$；

(14) $\int\sqrt{2x-3}\,\mathrm{d}x$；

(15) $\int 10^{3x}\,\mathrm{d}x$；

(16) $\int x^3\mathrm{e}^x\,\mathrm{d}x$；

(17) $\int\dfrac{x}{\sqrt{1+x^2}}\mathrm{d}x$；

(18) $\int x\sqrt{1-x^2}\,\mathrm{d}x$；

(19) $\int x(x^2-3)^5\mathrm{d}x$；

(20) $\int\dfrac{x}{(1+x^2)^2}\mathrm{d}x$；

(21) $\int x\sin(x^2+8)\mathrm{d}x$；

(22) $\int x^2\mathrm{e}^{-x^3}\mathrm{d}x$；

(23) $\int\dfrac{\cos\sqrt{x}}{\sqrt{x}}\mathrm{d}x$；

(24) $\int\dfrac{\sin\dfrac{1}{x}}{x^2}\mathrm{d}x$；

(25) $\int\dfrac{1}{x\sqrt{\ln x}}\mathrm{d}x$；

(26) $\int\dfrac{1}{x(2\ln x+1)}\mathrm{d}x$；

(27) $\int\sin^2 x\cos^5 x\mathrm{d}x$；

(28) $\int\dfrac{\sin x}{(1+\cos x)^3}\mathrm{d}x$；

(29) $\int\dfrac{1}{\sqrt{2x-3}+1}\mathrm{d}x$；

(30) $\int\dfrac{x}{\sqrt{x-1}}\mathrm{d}x$；

（31）$\displaystyle\int x\sqrt{x-6}\,\mathrm{d}x$；

（32）$\displaystyle\int \frac{\sqrt{x}}{x+1}\,\mathrm{d}x$；

（33）$\displaystyle\int \frac{1}{x\sqrt{x-1}}\,\mathrm{d}x$；

（34）$\displaystyle\int \frac{1}{\sqrt[4]{x}+1}\,\mathrm{d}x$；

（35）$\displaystyle\int \frac{1}{x+\sqrt[3]{x^2}}\,\mathrm{d}x$；

（36）$\displaystyle\int \frac{\sqrt{x+2}}{1+\sqrt{x+2}}\,\mathrm{d}x$；

（37）$\displaystyle\int \frac{1}{x^2}\ln x\,\mathrm{d}x$；

（38）$\displaystyle\int x^2\cos x\,\mathrm{d}x$；

（39）$\displaystyle\int \mathrm{e}^x\cos x\,\mathrm{d}x$；

（40）$\displaystyle\int \frac{x}{x+2}\,\mathrm{d}x$。

# 第6章　　　定　积　分

## 数学中的对立和统一 ——定积分

数学故事

### 1. 数学中的直和曲

赵州桥(图6-1)是隋朝工匠李春(581—618)设计并建造的,是世界上现存年代久远、跨度最大、保存最完整的单孔坦弧敞肩石拱桥,其建造工艺独特,首创"敞肩拱"结构形式,具有较高的科学研究价值。迄今为止,赵州桥在经历数十次洪水、多次战乱以及多次地震后,依然屹立不倒,可以说是桥梁建筑史上的经典之作。欧洲著名的桥梁专家福格·迈耶在参观过赵州桥后也不禁感慨道:"罗马拱桥属于巨大的砖石结构建筑,而独特的中国拱桥是一种薄石壳体。在我看来,中国的拱桥建筑毫无疑问是最省材料、技术和工程结合最完美的,赵州桥就是耀眼作品,用你们中国话来讲,可以说是'巧夺天工'了。"

图　6-1

赵州桥桥长50.82m,高7.23m,两端宽9.6m;全桥只有一个大的单拱,长达37.4m,在1400多年前是世界上最长的单体石拱。远远望去,弯弯的桥拱形成的圆弧富有曲线美,当你走近才发现,这优美的曲线是由一块块的直棱石料构成的。而主体桥拱的大拱由28道小拱圈组成,每道拱圈都能独立支撑上面的重量,其中某一道坏了,其他各道不受影响,这就是微积分原理"曲中有直,以直代曲"在建筑学上的朴素应用。

2. 土地面积的测量

国土面积是神圣不可侵犯的，每寸土地都是我们赖以生存的宝贵的财富。我们打开世界地图会发现，每个国家的边界线都不规则，都是曲线。中国的国土像一只昂首挺胸的大公鸡，国土面积 960 多万平方公里，那么由这些曲线围城的国土面积是如何测量的呢？以前，我国在测量的时候，首先是进行实地考察，然后将各地的数据汇合起来，做出地图，现在我们借助专业的软件和卫星遥感就能准确地计算出来。

2020 年年初，抗击新冠肺炎疫情的关键时期，我国的北斗系统在火速支援武汉的"火神山"和"雷神山"建设中通过高精度的测绘技术一次性完成了"主阵地"的多数测量工作，为医院建设节省了大量时间，为抗击疫情贡献了北斗的能力和智慧。那么对于这些曲线所围成的面积的测量原理是什么呢？

具有不规则边界的图像的面积的求解，一度困扰了数学家很长时间，利用微积分中的定积分就可以计算，进而得到面积的具体数值。定积分的基本思想为"大化小→直代曲→近似和→取极限"。定积分这种"和的极限"的思想，在高等数学、物理、工程技术等其他知识领域及生产实践活动中具有重要的意义，通过对曲边梯形的面积、变速直线运动的路程等实际问题的研究，运用整体分割、以直代曲、近似求和、化有限为无限等过程来解决复杂的问题。

## 数学思想

定积分是微积分学的基本内容，是数学、物理等有关问题高度抽象的结果。定积分不仅是微积分学的重要理论，还体现了哲学中的自然辩证法思想——对立统一，它的定义体现了直与曲、整体与局部、有限与无限、近似与精确等多个方面的统一。

定积分中直与曲是两个对立的概念，无论是数学表达式还是图形表示上都有很大的差别。但是，在定积分的定义中却实现了统一。在第一步分割的条件下实现大化小，然后是以直代曲，再通过求和取极限，将直转化为原来大的曲，实现了直与曲的统一。通过分割直代曲将精确的面积转化为近似的面积，最后通过极限这样一个魔法精灵，又将近似转为精确，实现了近似和精确的统一。定积分的几何意义是表示变化的函数 $f(x)$ 在区间 $[a,b]$ 上形成的曲边梯形的面积，实现了变量和常量的统一。

所以，数学中处处存在美，从定积分的定义可以看出，定积分是在矛盾、运动、发展和变化中不断发展壮大的，实现了直和曲、整体和局部这样一些矛盾的统一。所以在研究数学科学问题时，我们也应该用辩证的思想观和方法论去审视问题、思考问题和解决问题。

## 数学人物

莱昂哈德·欧拉（图 6-2）与阿基米德、牛顿、高斯并称为世界数学史上 4 位最伟大的数学家。欧拉 1707 年出生于瑞士的巴塞尔，自幼就展露出了杰出的数学天赋，小学时便开始研究数学著作，13 岁考入瑞士的巴塞尔大学，16 岁获得硕士学位，19 岁开始发表有关数学的论文著作直到 76 岁去世。

他是数学史上最多产的数学家，他一生共发表论文著作 886 部；也是研究较为广泛的科学家，在他的论文著作中数学占了 68%，物理和力学约占 28%，天文学占 11%，弹道学、航海学、建筑学等占3%，彼得堡科学院足足用了47年的时间才将他的著作整理完毕。1911年，数学界开始出版欧拉的著作《欧拉全集》，计划出版84卷，目前已有80卷，平均每卷五百多页，预计《欧拉全集》将重达三百磅左右。

图 6-2

欧拉还是全才数学家。很多数学领域都能看到欧拉的名字，数论里的欧拉函数、欧拉公式、微分方程中的欧拉——马歇罗尼常数，我们现在所熟知的数独也是欧拉发明的。欧拉整理了伯努利家族的莱布尼兹分析学的内容，把微积分发展到了复数的范围，并对偏微分方程、椭圆函数论及变分法的创立都作出了贡献。

欧拉被称为所有人的老师，因为很多人在他的研究的基础上为数学的发展作出了突出的贡献。比如，法国数学家拉格朗日根据欧拉的基本方程创建了拉格朗日方程；著名的傅里叶分析法的基本方程也是欧拉创立的。因此，拉普拉斯曾经赞誉到"读读欧拉吧，他是我们所有人的导师"。

欧拉也曾被称为"独眼的巨人"，欧拉后来因为眼疾而失明，但是在他失去光明后，仍然凭借着自己超凡的记忆力和不断探索的精神继续着他的科学研究，他通过用粉笔书写，然后口述，再让家人书写出来的方式进行科学研究。欧拉永不停止的科学钻研精神也是值得我们学习和追随的。

# 6.1　定积分的概念与性质

## 问题导入

在科学技术领域有许多实际问题，如求平面图形的面积、空间立体图形的体积、运动路程等，虽然它们的实际意义各不相同，但求解的思路和方法是等同的。它们的解决方法都可以归结到一种求和式的极限问题。

引例1　曲边梯形的面积

在初等几何中，我们已经学会计算多边形及圆的面积。然而，现实当中涉及最多的是计算曲边梯形的面积。

曲边梯形的三条边是直线，其中两条互相平行，第三条与前两条垂直叫底边，第四条边是一条曲线弧叫作曲边。它与任意一条垂直于底边的直线只相交于一点。特别地，当两条平行边之一或两条缩成一点时，也称为曲边梯形。数学语言表达为：在直角坐标系中，由连续曲线 $y=f(x)$、直线 $x=a$、$x=b$ 及 $x$ 轴 $(y=0)$ 所围成的平面图形 $AabB$ 称为曲边梯形，如图6-3所示。

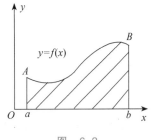

图 6-3

于是，我们要解决的问题是：如何计算这个曲边梯形的面积？

我们知道,矩形的面积＝底×高,而曲边梯形在底边上各点处的高是变动的,故它的面积不能直接按矩形的面积公式来计算。然而,曲边梯形的高$f(x)$在区间$[a,b]$上是连续变化的,在很小一段区间上变化很小,因此,如果把区间$[a,b]$划分为许多小区间,在每个小区间上用其中某一点处的高来近似代替同一小区间的窄曲边梯形的高,那么每个窄曲边梯形就可以近似看成窄矩形,我们就可以将所有这些窄矩形的面积之和作为曲边梯形的近似值。把区间$[a,b]$无限细分下去,使每个小区间的长度都趋于零,这时所有窄矩形面积之和的极限就可以定义为曲边梯形的面积。这个定义同时也给出了计算曲边梯形面积的方法,现具体描述如下。

（1）分割。

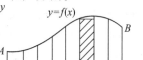

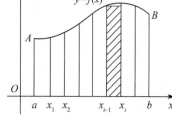

图　6-4

为求曲边梯形的面积$S$,在$[a,b]$上插入$n-1$个分点$a=x_0<x_1<x_2<\cdots<x_i<\cdots<x_{n-1}<x_n=b$;将$[a,b]$分成$n$个小区间:$[x_0,x_1]$, $[x_1,x_2]$,$\cdots$,$[x_{i-1},x_i]$,$\cdots$, $[x_{n-1},x_n]$;每个小区间的长度用$\Delta x_i(i=1, 2,\cdots,n)$表示,即$\Delta x_i=x_i-x_{i-1}$;过各分点作$x$轴的垂线,将曲边梯形细分成$n$个小的曲边梯形,如图6-4所示。

其中第$i$个小曲边梯形的面积记为$\Delta S_i$。

说明:分割中插入的$n$个点是任意选取的,然而,为计算方便,我们一般将选取的$n$个点为$n$等分给定区间,不影响定义的准确性。

（2）近似替代。

在第$i$个小区间$[x_{i-1},x_i](i=1,2,\cdots,n)$内任取一点$\xi_i(x_{i-1}\leqslant\xi_i\leqslant x_i)$,用$\xi_i$所对应的函数值$f(\xi_i)$为高,以$\Delta x_i$为底的小矩形的面积$f(\xi_i)\cdot\Delta x_i$来近似替代$\Delta S_i$,即

$$\Delta S_i\approx f(\xi_i)\cdot\Delta x_i \quad (i=1, 2, \cdots, n)。$$

（3）作和式。

将各小矩形的面积相加,就得到曲边梯形面积的近似值

$$S=\Delta S_1+\Delta S_2+\cdots+\Delta S_i+\cdots+\Delta S_n$$
$$\approx f(\xi_1)\Delta x_1+f(\xi_2)\Delta x_2+\cdots+f(\xi_i)\Delta x_i+\cdots+f(\xi_n)\Delta x_n$$
$$=\sum_{i=1}^{n}f(\xi_i)\Delta x_i=S_n,$$

即$S_n$是$S$的一个近似值。

（4）取极限。

只要我们将$[a,b]$分得足够细,那么第三步所得的面积的近似值的精确度将足够高,现用$\Delta x=\max\{\Delta x_i\}(i=1,2,\cdots,n)$表示所有小区间中最大区间的长度,则当$\Delta x$趋于零时,和式

$$S_n=\sum_{i=1}^{n}f(\xi_i)\Delta x_i$$

的极限就是曲边梯形$AabB$的面积$S$的精确值,即

$$S=\lim_{\Delta x\to 0}\sum_{i=1}^{n}f(\xi_i)\Delta x_i。$$

引例2 变速直线运动的路程

在物理学上我们知道,作匀速直线运动的物体,在时间 $t$ 内所经过的路程 $s$ 等于它的速度 $v$ 与时间 $t$ 的乘积。这里速度为常数。当物体作变速直线运动时,速度是时间的函数 $v=v(t)$ 此时就不能简单地用速度乘以时间来计算路程了。这是解决问题的困难所在。但我们可以用类似于求曲边梯形的面积时所采用的方法和步骤来处理这个问题。

(1) 分割。

在 $[a,b]$ 中插入 $n-1$ 个分点 $a=t_0<t_1<t_2<\cdots<t_n=b$,将物体在时间段 $[a,b]$ 的变速运动分为在 $n$ 个小的时间段 $[t_{i-1},t_i]$ 的运动,每个小区间段的长度用 $\Delta t_i=t_i-t_{i-1}(i=1,2,\cdots,n)$ 表示,记 $\Delta t=\max\{\Delta t_i\}(i=1,2,\cdots,n)$ 为最大的小区间段的长度,其中第 $i$ 个小区间段中物体所走过的路程记为 $\Delta S_i$。

(2) 近似替代。

把物体在每个小时间段内的运动视为匀速直线运动。为此,在每一时间段 $[t_{i-1},t_i](i=1,2,\cdots,n)$ 上任取一时刻 $\tau_i$,以定速度 $v(\tau_i)$ 代替该区间上的速度 $v(t)$,则在 $[t_{i-1},t_i]$ 上物体所通过的路程的近似值表示为

$$\Delta S_i \approx v(\tau_i)\cdot\Delta t_i \quad (i=1,2,\cdots,n)。$$

(3) 作和式。

把所有的路程相加就近似等于 $[a,b]$ 时间内的路程 $S$,

$$S=\Delta S_1+\Delta S_2+\cdots+\Delta S_i+\cdots+\Delta S_n$$
$$\approx v(\tau_1)\Delta t_1+v(\tau_2)\Delta t_2+\cdots+v(\tau_i)\Delta t_i+\cdots+v(\tau_n)\Delta t_n$$
$$=\sum_{i=1}^{n}v(\tau_i)\Delta t_i。$$

(4) 取极限。

令 $\Delta t\to 0$,则 $S=\lim\limits_{\Delta t\to 0}\sum\limits_{i=1}^{n}v(\tau_i)\Delta t_i。$

综上所述,无论是求曲边梯形的面积还是求变速直线运动的路程,尽管两者的性质截然不同,但解决的方法是相同的,都归结为求同一结构的和式的极限问题。事实上在科学技术领域内,有许多问题都可归结到这种类型的极限问题,当我们抽象前面所讨论的几何意义(曲边梯形的面积)或物理意义(变速直线运动的路程),而只考察它们的数学方面,这样就引出了定积分的概念。

## 知识归纳

### 6.1.1 定积分的概念

1. 定积分的定义

【定义6.1】 设函数 $y=f(x)$ 在 $[a,b]$ 上有定义,

(1) 用分点 $a=x_0<x_1<\cdots<x_{n-1}<x_n=b$ 将区间 $[a,b]$ 分割成 $n$ 个小区间

定积分的概念

$[x_0,x_1]$，$[x_1,x_2]$，$[x_{i-1},x_i]$，$\cdots$，$[x_{n-1},x_n]$，第$i$个小区间的长度记为$\Delta x_i=x_i-x_{i-1}$，其中最大的小区间的长度记为$\Delta x=\max\{\Delta x_i\}(i=1,2,\cdots,n)$；

（2）在每个小区间$[x_{i-1},x_i]$上任取一点$\xi_i(x_{i-1}\leqslant\xi_i\leqslant x_i)$，得相应函数值$f(\xi_i)$，并作乘积$f(\xi_i)\Delta x_i(i=1,2,\cdots,n)$；

（3）作和式$S=\sum\limits_{i=1}^{n}f(\xi_i)\Delta x_i$；

（4）若极限$S=\lim\limits_{\Delta x\to 0}\sum\limits_{i=1}^{n}f(\xi_i)\Delta x_i$存在，且极限值与分割$[a,b]$的方法及$\xi_i$的取法无关，则称函数$f(x)$在区间$[a,b]$上可积，此极限值称为$f(x)$在区间$[a,b]$上的定积分，记作$\int_a^b f(x)\mathrm{d}x$，即

$$\int_a^b f(x)\mathrm{d}x=\lim\limits_{\Delta x\to 0}\sum\limits_{i=1}^{n}f(\xi_i)\Delta x_i。$$

式中，$f(x)$称为被积函数；$f(x)\mathrm{d}x$称为被积表达式；$x$称为积分变量；$[a,b]$称为积分区间；$a$称为积分下限；$b$称为积分上限。

由定积分定义6.1，对于曲边梯形面积与变速直线运动所经过的路程等可表述如下。

（1）曲边梯形的面积$S$等于其曲边函数$y=f(x)$在其底边上的定积分

$$S=\int_a^b f(x)\mathrm{d}x；$$

（2）变速直线运动物体所走的路程$S$等于其速度$v=v(t)$在时间区间上的定积分

$$S=\int_a^b v(t)\mathrm{d}t。$$

2. 定积分定义的说明

（1）定积分的结果是一个极限值，是一个常数。

（2）定积分值是和式$\sum\limits_{i=1}^{n}f(\xi_i)\Delta x_i$的极限，它的值的大小只与被积函数$f(x)$和积分区间$[a,b]$有关，与积分变量（所用字母是$x$还是$t$等）无关，即有

$$\int_a^b f(x)\mathrm{d}x=\int_a^b f(t)\mathrm{d}t。$$

（3）在定积分定义中，实际上假定了$a\leqslant b$，但为了今后讨论问题方便，我们可以做出以下合理的规定：

当$a=b$时，$\int_a^b f(x)\mathrm{d}x=0$；

当$a>b$时，$\int_a^b f(x)\mathrm{d}x=-\int_b^a f(x)\mathrm{d}x。$

（4）当$f(x)=0$，$\int_a^b f(x)\mathrm{d}x=0$；

当 $f(x) \leqslant 0$，$\displaystyle\int_a^b f(x)\mathrm{d}x \leqslant 0$；

当 $f(x) \geqslant 0$，$\displaystyle\int_a^b f(x)\mathrm{d}x \geqslant 0$。

### 3. 可积条件

函数 $f(x)$ 在区间 $[a,b]$ 上满足什么条件才可积？闭区间上的连续函数可积，有限区间上只有有限个间断点的有界函数也是可积的（证明略）。

### 6.1.2　定积分的几何意义

定积分的几何
意义

(1) 设在 $[a,b]$ 上 $f(x)$ 连续且非负，则 $f(x)$ 在 $[a,b]$ 上的定积分 $\displaystyle\int_a^b f(x)\mathrm{d}x$ 为如图 6-5 所示的曲边梯形的面积 $S$，即

$$S = \int_a^b f(x)\mathrm{d}x。$$

(2) 当函数 $f(x)$ 在 $[a,b]$ 上连续且为负值时，则 $f(x)$ 在 $[a,b]$ 上的定积分 $\displaystyle\int_a^b f(x)\mathrm{d}x$ 为如图 6-6 所示的曲边梯形的面积 $S$ 的相反数，即

$$\int_a^b f(x)\mathrm{d}x = -S。$$

(3) 当函数 $f(x)$ 在 $[a,d]$ 上连续且有正有负时，则 $f(x)$ 在 $[a,d]$ 上的定积分 $\displaystyle\int_a^d f(x)\mathrm{d}x$ 为如图 6-7 所示的 $x$ 轴上、下各部分面积的代数和，在 $x$ 轴上方的面积取正号，在 $x$ 轴下方的面积取负号，即

$$\int_a^d f(x)\mathrm{d}x = -S_1 + S_2 - S_3。$$

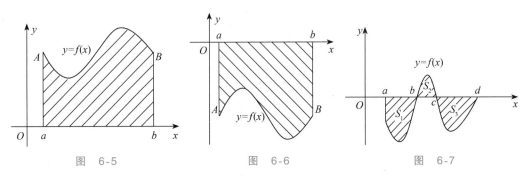

图 6-5　　　　　图 6-6　　　　　图 6-7

✿ 相关例题见例 6.1～例 6.3。

### 6.1.3　定积分的基本性质

由定积分的定义不难获得定积分的如下性质，其中涉及的被积函数在所讨论的区间上假设都是可积的。

性质1 （数乘） 被积函数的常数因子可以提到积分符号外面来，即

$$\int_a^b k f(x)\mathrm{d}x = k\int_a^b f(x)\mathrm{d}x \quad (k为常数)。$$

证明 $\displaystyle\int_a^b k f(x)\mathrm{d}x = \lim_{\Delta x \to 0}\sum_{i=1}^{n} k f(\xi_i)\Delta x_i$

$$= k\lim_{\Delta x \to 0}\sum_{i=1}^{n} f(\xi_i)\Delta x_i = k\int_a^b f(x)\mathrm{d}x。$$

性质2 （加减法） 两个函数代数和的积分等于这两个函数积分的代数和，即

$$\int_a^b \left[f(x)\pm g(x)\right]\mathrm{d}x = \int_a^b f(x)\mathrm{d}x \pm \int_a^b g(x)\mathrm{d}x。$$

本性质可以推广到任意有限个函数的代数和，即

$$\int_a^b \left[f_1(x)\pm f_2(x)\pm \cdots \pm f_n(x)\right]\mathrm{d}x$$

$$= \int_a^b f_1(x)\mathrm{d}x \pm \int_a^b f_2(x)\mathrm{d}x \pm \cdots \pm \int_a^b f_n(x)\mathrm{d}x。$$

性质3 （区间的可加性） 若点 $c$ 将区间 $[a,b]$ 分成两个小区间 $[a,c]$ 和 $[c,b]$，则 $\displaystyle\int_a^b f(x)\mathrm{d}x = \int_a^c f(x)\mathrm{d}x + \int_c^b f(x)\mathrm{d}x$，如图6-8所示。

提示：分点 $c$ 对有限个分点同样成立。

性质3中当 $c$ 位于区间 $[a,b]$ 之外时仍成立。

性质4 （定积分估值定理） 设 $M$ 和 $m$ 分别为函数 $f(x)$ 在区间 $[a,b]$ 上的最大值和最小值，如图6-9所示，则

$$m(b-a) \leqslant \int_a^b f(x)\mathrm{d}x \leqslant M(b-a)。$$

性质5 （定积分中值定理） 如果函数 $f(x)$ 在区间 $[a,b]$ 上连续，如图6-10所示，则在 $[a,b]$ 上至少存在一点 $\xi$，使得下式成立

$$\int_a^b f(x)\mathrm{d}x = f(\xi)(b-a) \quad (a \leqslant \xi \leqslant b)。$$

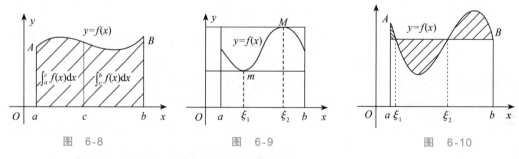

图 6-8 　　　　　　　　 图 6-9 　　　　　　　　 图 6-10

性质5的几何意义是：在区间 $[a,b]$ 上至少存在一点 $\xi$，使得以区间 $[a,b]$ 为底边，以曲线 $y=f(x)$ 为曲边的曲边梯形面积，等于同一底边而高为 $f(\xi)$ 的一个矩形的面积，如图6-10所示。

## 典型例题

例 6.1　用定积分表示图 6-11 中阴影部分的面积。

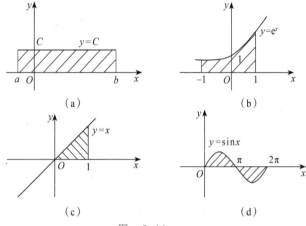

图　6-11

解:根据定积分的几何意义得

(1) $\displaystyle\int_a^b C\mathrm{d}x$;

(2) $\displaystyle\int_{-1}^1 \mathrm{e}^x \mathrm{d}x$;

(3) $\displaystyle\int_0^1 x\mathrm{d}x$;

(4) $\displaystyle\int_0^\pi \sin x\mathrm{d}x - \int_\pi^{2\pi} \sin x\mathrm{d}x$。

例 6.2　利用定积分的几何意义,求下列定积分的值。

(1) $\displaystyle\int_{-1}^1 x\mathrm{d}x$;

(2) $\displaystyle\int_{-1}^1 |x|\mathrm{d}x$;

(3) $\displaystyle\int_{-\frac{1}{2}}^1 (2x+1)\mathrm{d}x$;

(4) $\displaystyle\int_0^1 (-x)\mathrm{d}x$。

解:(1) 如图 6-12 所示,根据定积分的几何意义得

$$\int_{-1}^1 x\mathrm{d}x = -S_1 + S_2 = 0。$$

(2) 如图 6-13 所示,根据定积分的几何意义得

$$\int_{-1}^1 |x|\mathrm{d}x = S_1 + S_2 = \frac{1}{2} + \frac{1}{2} = 1。$$

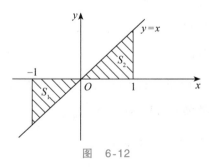

图　6-12

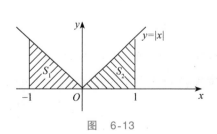

图　6-13

（3）如图6-14所示，根据定积分的几何意义得

$$\int_{-\frac{1}{2}}^{1}(2x+1)\,\mathrm{d}x=\frac{3}{2}\times3\times\frac{1}{2}=\frac{9}{4}。$$

（4）如图6-15所示，根据定积分的几何意义得

$$\int_{0}^{1}(-x)\,\mathrm{d}x=-\frac{1}{2}\times1\times1=-\frac{1}{2}。$$

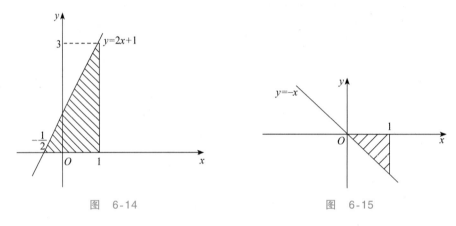

图 6-14          图 6-15

例6.3    利用定积分的几何意义求定积分 $\int_{-2}^{2}\sqrt{4-x^2}\,\mathrm{d}x$。

解：被积函数 $y=\sqrt{4-x^2}$ 的图形是圆心在坐标原点、半径为2的圆的上半部分，于是所求定积分为 $\frac{1}{2}\pi\times2^2=2\pi$，即

$$\int_{-2}^{2}\sqrt{4-x^2}\,\mathrm{d}x=2\pi。$$

## 应用案例

案例6.1：定积分的几何意义

一辆汽车以速度 $v(t)=2t+3(\mathrm{m/s})$ 作直线运动，试用定积分表示汽车在1～3s所经过的路程 $s$，并利用定积分的几何意义求出 $s$ 的值。

解：根据定积分的定义得汽车在1～3s所经过的路程

$$s=\int_{1}^{3}(2t+3)\,\mathrm{d}t。$$

因为被积函数 $v(t)=2t+3$ 的图像是一条直线，由定积分的几何意义知，所求路程 $s$ 是上底长度为 $v(1)=5$、下底长度为 $v(3)=9$、高为2的梯形面积，即

$$s=\int_{1}^{3}(2t+3)\,\mathrm{d}t=\frac{1}{2}(5+9)\times2=14(\mathrm{m})。$$

## 课堂巩固 6.1

基础训练 6.1

1. 不计算定积分比较下列各组积分值的大小。

(1) $\int_0^1 x\,dx$ 与 $\int_0^1 x^2\,dx$；

(2) $\int_0^{\frac{\pi}{2}} x\,dx$ 与 $\int_0^{\frac{\pi}{2}} \sin x\,dx$；

(3) $\int_0^1 e^{-x}\,dx$ 与 $\int_0^1 e^{-x^2}\,dx$。

2. 已知 $\int_0^3 f(x)\,dx=1, \int_2^3 f(x)\,dx=1.7, \int_0^3 g(x)\,dx=2, \int_2^3 g(x)\,dx=1.5$，求下列各值。

(1) $\int_0^3 2f(x)\,dx$；

(2) $\int_0^3 [f(x)+g(x)]\,dx$；

(3) $\int_0^2 f(x)\,dx$；

(4) $\int_0^2 g(x)\,dx$；

(5) $\int_0^3 [3f(x)-2g(x)]\,dx$。

3. 利用定积分表示图 6-16 中的阴影部分的面积。

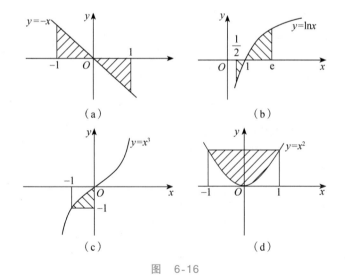

图 6-16

提升训练 6.1

1. 利用定积分的几何意义计算下列定积分的值。

(1) $\int_{-1}^{2} x\,\mathrm{d}x$；

(2) $\int_{0}^{2}(x+1)\,\mathrm{d}x$；

(3) $\int_{-1}^{1}\sqrt{1-x^2}\,\mathrm{d}x$；

(4) $\int_{-\frac{\pi}{2}}^{\frac{\pi}{2}}\sin x\,\mathrm{d}x$；

(5) $\int_{-\pi}^{\pi}\sin x\,\mathrm{d}x$；

(6) $\int_{0}^{2\pi}\cos x\,\mathrm{d}x$。

2. 设物体以速度 $v(t)=2t^2+3t(\mathrm{m/s})$ 做直线运动，试用定积分表示该物体从静止开始经过时间 $T$ 所走过的路程 $s$。

# 6.2　微积分基本定理

## 问题导入

前面我们已经学习了定积分的概念以及基本性质，也指出了定积分与不定积分的区别。然而，由定义计算定积分是非常困难的。从本节开始，我们将介绍计算定积分的简捷方法，同时也进一步揭示定积分与不定积分的内在联系，这就是微积分基本定理。

设某物体作直线运动，已知速度 $v=v(t)$ 是时间间隔 $[T_1,T_2]$ 上 $t$ 的一个连续函数，且 $v(t)\geqslant 0$，物体在时间间隔 $[T_1,T_2]$ 内经过的路程为

$$s=\int_{T_1}^{T_2}v(t)\,\mathrm{d}t。$$

另外，这段路程又可表示为位置函数 $s(t)$ 在 $[T_1,T_2]$ 上的增量 $s(T_2)-s(T_1)$。所以，位置函数 $s(t)$ 与速度函数 $v=v(t)$ 有如下关系：

$$\int_{T_1}^{T_2}v(t)\,\mathrm{d}t=s(T_2)-s(T_1)。$$

因为 $s'(t)=v(t)$，即位置函数 $s(t)$ 是速度函数 $v=v(t)$ 的原函数，所以，求速度函数 $v(t)$ 在时间间隔 $[T_1,T_2]$ 内的定积分就化为求 $v(t)$ 的原函数 $s(t)$ 在 $[T_1,T_2]$ 上的增量。

这个结论对一般的函数定积分具有普遍意义。

## 知识归纳

### 6.2.1　变上限积分函数

设 $f(x)$ 为闭区间 $[a,b]$ 上的连续函数，则定积分 $\int_{a}^{b}f(x)\,\mathrm{d}x$ 是存在的。由于定积分值

的大小取决于被积函数 $f(x)$ 及积分下限 $a$、积分上限 $b$，现在假如被积函数 $f(x)$ 确定，积分下限 $a$ 也固定不变，则积分值就仅由上限值所决定。

这样对于闭区间 $[a,b]$ 上的任一值 $x$，$\int_a^x f(t)\mathrm{d}t$ 都有意义，且其值唯一确定。因此 $\int_a^x f(t)\mathrm{d}t$ 是定义在 $[a,b]$ 上的一个函数，如图 6-17 所示。

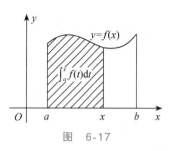

图 6-17

【定义 6.2】 设 $f(x)$ 在 $[a,b]$ 上可积，则对每一个 $x\in[a,b]$，$f(x)$ 在 $[a,x]$ 上也可积，称 $\int_a^x f(t)\mathrm{d}t$ 为 $f(x)$ 的变上限的定积分函数，记作 $\Phi(x)$，即

$$\Phi(x)=\int_a^x f(t)\mathrm{d}t\,(a\leqslant x\leqslant b)。$$

当 $f(x)\geqslant 0$ 时，变上限积分函数 $\Phi(x)$ 在几何上表示为右侧邻边可以变动的曲边梯形面积，如图 6-17 所示。

### 6.2.2 变上限积分函数的导数（原函数存在定理）

下面讨论变上限积分函数的性质与定理。

【定理 6.1】 如果函数 $f(x)$ 在 $[a,b]$ 上连续，则函数

$$\Phi(x)=\int_a^x f(t)\mathrm{d}t\,(a\leqslant x\leqslant b)$$

在 $[a,b]$ 上可导，并且

$$\Phi'(x)=f(x)\,(a\leqslant x\leqslant b)，$$

即变上限的定积分函数 $\Phi(x)$ 是 $f(x)$ 在 $[a,b]$ 上的一个原函数。

证明 对于每一个 $x\in[a,b]$，当我们给 $x$ 一个改变量 $\Delta x$，并使得 $x+\Delta x\in[a,b]$，由 $\Phi(x)$ 的定义及积分的可加性，有

$$\Delta\Phi(x)=\Phi(x+\Delta x)-\Phi(x)=\int_a^{x+\Delta x}f(t)\mathrm{d}t-\int_a^x f(t)\mathrm{d}t$$

$$=\int_a^{x+\Delta x}f(t)\mathrm{d}t+\int_x^a f(t)\mathrm{d}t$$

$$=\int_x^{x+\Delta x}f(t)\mathrm{d}t。$$

由积分中值定理，在点 $x$ 与 $x+\Delta x$ 之间至少存在一点 $\xi$，使得

$$\Delta\Phi(x)=\int_x^{x+\Delta x}f(t)\mathrm{d}t=f(\xi)\Delta x，$$

即

$$\frac{\Delta\Phi(x)}{\Delta x}=f(\xi)。$$

注意到点 $\xi$ 在 $x$ 与 $x+\Delta x$ 之间，因而当 $\Delta x\to 0$ 时，$\xi\to x$。又知 $f(x)$ 在 $[a,b]$ 上连续，

所以 $\lim\limits_{\Delta x \to 0} f(\xi) = f(x)$，即

$$\lim_{\Delta x \to 0} \frac{\Delta \varPhi(x)}{\Delta x} = f(x)。$$

根据导数的定义，即

$$\varPhi'(x) = f(x) \ (a \leqslant x \leqslant b)。$$

说明：

（1）任何连续函数都有原函数。

（2）$\displaystyle\int_a^x f(t)\mathrm{d}t$ 是 $f(x)$ 在 $[a,b]$ 上的一个原函数，

即

$$\frac{\mathrm{d}}{\mathrm{d}x} \int_a^x f(t)\mathrm{d}t = f(x)，$$

或

$$\left[ \int_a^x f(t)\mathrm{d}t \right]' = f(x)。$$

❀❀ 相关例题见例 6.4～例 6.10。

### 6.2.3　牛顿—莱布尼茨公式

微积分基本
定理

第 5 章中我们学习了不定积分的概念与计算方法，函数 $f(x)$ 的所有原函数就是 $f(x)$ 的不定积分。而 6.2.2 小节中建立了由定积分所决定的函数与原函数两个不同概念之间的联系。那么如何通过不定积分求定积分？牛顿—莱布尼茨公式很好地解决了这个问题。

【定理 6.2】　如果函数 $f(x)$ 在 $[a,b]$ 上连续，且函数 $F(x)$ 为 $f(x)$ 在闭区间 $[a,b]$ 上的一个原函数，则

$$\int_a^b f(x)\mathrm{d}x = F(b) - F(a)。$$

证明　由于函数 $F(x)$ 为 $f(x)$ 在闭区间 $[a,b]$ 上的一个原函数，又根据定理 6.1，函数 $\varPhi(x) = \displaystyle\int_a^x f(t)\mathrm{d}t$ 也为 $f(x)$ 在闭区间 $[a,b]$ 上的一个原函数，由于两个原函数之间的关系为

$$\varPhi(x) = F(x) + c \quad (a \leqslant x \leqslant b)。$$

即

$$\int_a^x f(t)\mathrm{d}t = F(x) + c \quad (a \leqslant x \leqslant b)。$$

当 $x = a$ 时，

$$\int_a^a f(t)\mathrm{d}t = F(a) + c，$$

即

$$0 = F(a) + c,$$
$$c = -F(a),$$

从而
$$\int_a^x f(t)\mathrm{d}t = F(x) - F(a)。$$

在上式中取 $x = b$，则得
$$\int_a^b f(t)\mathrm{d}t = F(b) - F(a)。$$

又因为定积分值与积分变量的符号选取无关，因此将积分变量的符号 $t$ 改为 $x$，得到公式
$$\int_a^b f(x)\mathrm{d}x = F(b) - F(a)。$$

以上公式称为牛顿—莱布尼茨公式，它深刻揭示了定积分与不定积分之间的内在关系，也给出了定积分的计算方法，是微积分学的基本定理。

说明：

(1) 牛顿—莱布尼茨公式的使用条件是被积函数 $f(x)$ 在 $[a,b]$ 上连续，比如 $\int_{-1}^1 \dfrac{1}{x}\mathrm{d}x$ 就不能用这个公式。

(2) 用符号 $F(x)\Big|_a^b$ 表示 $F(b) - F(a)$。

用牛顿—莱布尼茨公式求定积分的步骤如下：

(1) 用不定积分方法求出一个原函数 $F(x)$；

(2) 计算函数 $F(x)$ 在 $a$、$b$ 两点函数值的差 $F(b) - F(a)$。

🎴 相关例题见例 6.11～例 6.14。

## 典型例题

例 6.4　已知 $F(x) = \int_a^x \sin t\,\mathrm{d}t$，求 $F'(x)$。

解：由定理 6.1 即得
$$F'(x) = \left(\int_a^x \sin t\,\mathrm{d}t\right)' = \sin x。$$

例 6.5　求 $\dfrac{\mathrm{d}}{\mathrm{d}x}\int_x^5 (t^2 + \mathrm{e}^{-t})\mathrm{d}t$。

解：所给的积分是变下限积分函数，不能直接利用定理 6.1 求出它的导数，但是可以对定积分上、下限进行交换，以此可以把变下限积分转化为变上限积分，再求导数。
$$\frac{\mathrm{d}}{\mathrm{d}x}\int_x^5 (t^2 + \mathrm{e}^{-t})\mathrm{d}t = -\frac{\mathrm{d}}{\mathrm{d}x}\int_5^x (t^2 + \mathrm{e}^{-t})\mathrm{d}t$$
$$= -(x^2 + \mathrm{e}^{-x})。$$

例 6.6　求下列函数的导数：

(1) $F(x)=\displaystyle\int_a^{e^x}\dfrac{\ln t}{t}\mathrm{d}t\,(a>0)$;　　　　(2) $F(x)=\displaystyle\int_{x^2}^1\dfrac{\sin\sqrt{\theta}}{\theta}\mathrm{d}\theta$。

解：这里 $F(x)$ 是 $x$ 的复合函数，所以应按复合函数的求导思路来解决。

(1) $\dfrac{\mathrm{d}F(x)}{\mathrm{d}x}=\dfrac{\mathrm{d}}{\mathrm{d}u}\left(\displaystyle\int_a^u\dfrac{\ln t}{t}\mathrm{d}t\right)\dfrac{\mathrm{d}u}{\mathrm{d}x}$　（令 $u=\mathrm{e}^x$）$=\dfrac{\ln u}{u}\mathrm{e}^x=\dfrac{\ln \mathrm{e}^x}{\mathrm{e}^x}\cdot\mathrm{e}^x=x$;

(2) $\dfrac{\mathrm{d}F(x)}{\mathrm{d}x}=-\dfrac{\mathrm{d}}{\mathrm{d}x}\left(\displaystyle\int_1^{x^2}\dfrac{\sin\sqrt{\theta}}{\theta}\mathrm{d}\theta\right)=-\dfrac{\mathrm{d}}{\mathrm{d}u}\left(\displaystyle\int_1^u\dfrac{\sin\sqrt{\theta}}{\theta}\mathrm{d}\theta\right)\dfrac{\mathrm{d}u}{\mathrm{d}x}$　（令 $u=x^2$）

$$=-\dfrac{\sin\sqrt{u}}{u}\times 2x=-\dfrac{\sin\sqrt{x^2}}{x^2}\times 2x=-\dfrac{2\sin|x|}{x}。$$

例 6.7　已知 $F(x)=\displaystyle\int_0^{x^2}\sqrt{1+t^3}\,\mathrm{d}t$，求 $F'(x)$。

解：由于变上限定积分 $\displaystyle\int_0^{x^2}\sqrt{1+t^3}\,\mathrm{d}t$ 中上限为函数 $x^2$，而 $x^2$ 又是 $x$ 的函数，于是变上限定积分为复合函数，中间变量为 $u=x^2$。根据复合函数求导法则和定理 6.1 即得所求导数为

$$F'(x)=\left(\displaystyle\int_0^{x^2}\sqrt{1+t^3}\,\mathrm{d}t\right)'=2x\sqrt{1+x^6}。$$

例 6.8　求 $\dfrac{\mathrm{d}}{\mathrm{d}x}\displaystyle\int_x^{x^2}\sin(1+t^2)\mathrm{d}t$。

解：所给的积分是上、下限都在变的积分函数，不能直接根据定理 6.1 求出它的导数，但是由定积分的可加性和规定，可以把它分解为两个变上限积分的差，再求导数。

$$\dfrac{\mathrm{d}}{\mathrm{d}x}\int_x^{x^2}\sin(1+t^2)\mathrm{d}t=\dfrac{\mathrm{d}}{\mathrm{d}x}\int_x^0\sin(1+t^2)\mathrm{d}t+\dfrac{\mathrm{d}}{\mathrm{d}x}\int_0^{x^2}\sin(1+t^2)\mathrm{d}t$$

$$=-\dfrac{\mathrm{d}}{\mathrm{d}x}\int_0^x\sin(1+t^2)\mathrm{d}t+\dfrac{\mathrm{d}}{\mathrm{d}x}\int_0^{x^2}\sin(1+t^2)\mathrm{d}t$$

$$=-\sin(1+x^2)+2x\sin(1+x^4)。$$

例 6.9　求 $\lim\limits_{x\to 0}\dfrac{\displaystyle\int_0^x(t-\sin t)\mathrm{d}t}{x^4}$。

解：由于当 $x\to 0$ 时，分子 $\displaystyle\int_0^x(t-\sin t)\mathrm{d}t\to 0$，分母 $x^4\to 0$，所以函数 $\dfrac{\displaystyle\int_0^x(t-\sin t)\mathrm{d}t}{x^4}$ 为 $\dfrac{0}{0}$ 型未定式，应用洛必达法则，得

$$\lim_{x\to 0}\dfrac{\displaystyle\int_0^x(t-\sin t)\mathrm{d}t}{x^4}=\lim_{x\to 0}\dfrac{x-\sin x}{4x^3}=\lim_{x\to 0}\dfrac{1-\cos x}{12x^2}$$

$$=\lim_{x\to 0}\dfrac{\sin x}{24x}=\dfrac{1}{24}。$$

例 6.10 求极限 $\lim\limits_{x \to 0} \dfrac{\displaystyle\int_{\cos x}^{1} e^{-t^2} dt}{x^2}$。

解:这是一个 $\dfrac{0}{0}$ 型的极限,可以用洛必达法则来计算,分子的导数为

$$\frac{d}{dx} \int_{\cos x}^{1} e^{-t^2} dt = -\frac{d}{dx} \int_{1}^{\cos x} e^{-t^2} dt$$

$$= -\frac{d}{du} \left( \int_{1}^{u} e^{-t^2} dt \right) \frac{du}{dx} \quad (\text{令} u = \cos x)$$

$$= -e^{-u^2} (-\sin x) = e^{-\cos^2 x} \sin x。$$

又因为分母的导数为 $2x$,所以有

$$\lim_{x \to 0} \frac{\displaystyle\int_{\cos x}^{1} e^{-t^2} dt}{x^2} = \lim_{x \to 0} \frac{e^{-\cos^2 x} \sin x}{2x} = \frac{1}{2e}。$$

例 6.11 计算 $\displaystyle\int_{0}^{1} x^2 dx$。

解:首先求出对应的不定积分——求原函数:

$$\int x^2 dx = \frac{1}{3} x^3 + C。$$

其次应用牛顿—莱布尼茨公式求值,

所以 $\displaystyle\int_{0}^{1} x^2 dx = \frac{1}{3} x^3 \Big|_{0}^{1} = \frac{1}{3} (1^3 - 0^3) = \frac{1}{3}$。

例 6.12 计算 $\displaystyle\int_{0}^{1} e^x dx$。

解:由于 $\displaystyle\int e^x dx = e^x + C$,所以 $\displaystyle\int_{0}^{1} e^x dx = e^x \Big|_{0}^{1} = e - e^0 = e - 1$。

例 6.13 计算 $\displaystyle\int_{0}^{\frac{\pi}{2}} \cos x dx$。

解:由于 $\displaystyle\int \cos x dx = \sin x + C$,所以 $\displaystyle\int_{0}^{\frac{\pi}{2}} \cos x dx = \sin x \Big|_{0}^{\frac{\pi}{2}} = \sin \frac{\pi}{2} - \sin 0 = 1$。

例 6.14 计算 $\displaystyle\int_{-1}^{2} (3x^2 + 2x) dx$。

解:由于 $\displaystyle\int (3x^2 + 2x) dx = x^3 + x^2 + C$,所以 $\displaystyle\int_{-1}^{2} (3x^2 + 2x) dx = (x^3 + x^2) \Big|_{-1}^{2} = (2^3 + 2^2) - [(-1)^3 + (-1)^2] = 12$。

## 应用案例

案例 6.2:污水处理问题

某化工厂向河中排放有害污水,严重影响周围的生态环境,有关部门责令其立即安

装污水处理装置,以减少并最终停止向河中排放有害污水。如果污水处理装置从开始工作到污水排放完全停止,污水的排放速度可近似地由公式 $v(t)=\dfrac{1}{4}t^2-2t+4$（单位：万 m³/年）确定,其中 $t$ 为装置工作的时间,问污水处理装置开始工作到污水排放完全停止需要多长时间？这期间向河中排放了多少有害污水？

解：在 $v(t)=\dfrac{1}{4}t^2-2t+4$ 中,令 $v(t)=0$,即 $\dfrac{1}{4}t^2-2t+4=0$,得有害污水处理装置开始工作到完全停止有害污水排入河中所需时间为 $t=4$(年),这期间向河中排放的污水量为

$$Q=\int_0^4 v(t)\,\mathrm{d}t=\int_0^4\left(\frac{1}{4}t^2-2t+4\right)\mathrm{d}t=\left(\frac{t^3}{12}-t^2+4t\right)\Bigg|_0^4=\frac{16}{3}\left(万\,m^3\right).$$

即污水处理装置连续工作 4 年,有害污水排放完全停止,这期间向河中排放了 $\dfrac{16}{3}$ 万 m³ 的有害污水。

案例 6.3：收入预测问题

中国人的收入正在逐年提高,据统计,北方某市 2006 年的年人均收入为 2914 元,假设这一人均收入以速度 $v(t)=600(1.05)^t$（单位：元/年）增长,其中 $t$ 是从 2007 年开始算起的年数,估计 2013 年该市的年人均收入是多少？

解：因为某市年人均收入以速度 $v(t)=600(1.05)^t$（单位：元/年）增长,所以这 7 年间人均收入的总变化为

$$R=\int_0^7 600(1.05)^t\,\mathrm{d}t=600\int_0^7(1.05)^t\,\mathrm{d}t=600\left[\frac{(1.05)^t}{\ln 1.05}\right]\Bigg|_0^7$$

$$=\frac{600}{\ln 1.05}\left[(1.05)^7-1\right]\approx 5006.3(元).$$

所以,2013 年该市的人均收入为

$$21914+5006.3=26920.3(元).$$

案例 6.4：商品销售量问题

据统计,台州书城一年中的销售速度为

$$v(t)=100+100\sin\left(2\pi t-\frac{\pi}{2}\right)\quad (t\text{的单位：月}；0\leqslant t\leqslant 12),$$

求书城前 3 个月的销售总量 $P$。

解：由题意知,书城前 3 个月的销售总量为

$$P=\int_0^3\left[100+100\sin\left(2\pi t-\frac{\pi}{2}\right)\right]\mathrm{d}t$$

$$=\int_0^3 100\,\mathrm{d}t+100\cdot\frac{1}{2\pi}\int_0^3\sin\left(2\pi t-\frac{\pi}{2}\right)\mathrm{d}\left(2\pi t-\frac{\pi}{2}\right)$$

$$=100t\Big|_0^3-\frac{50}{\pi}\left[\cos\left(2\pi t-\frac{\pi}{2}\right)\right]\Bigg|_0^3=300.$$

案例6.5：飞机着陆问题

测得一架飞机着地时的水平速度为500km/h，假定这架飞机着地后的加速度 $a=-20\text{m/s}^2$，问从开始着地到飞机完全停止飞机滑行了多少米？

解：由题意 $v(0)=\dfrac{500\text{km}}{h}=\dfrac{1250}{9}\text{m/s}$。因为飞机制动后是匀减速直线运动，因此

$$v(t)=v(0)+at=\frac{1250}{9}-20t。$$

飞机完全停止时 $v(t)=0$ 得 $t=\dfrac{125}{18}$。因此在这段时间内飞机滑行距离为

$$s=\int_0^{\frac{125}{18}}v(t)\,\mathrm{d}t=\int_0^{\frac{125}{18}}\left(\frac{1250}{9}-20t\right)\mathrm{d}t$$

$$=\left(\frac{1250}{9}t-10t^2\right)\Bigg|_0^{\frac{125}{18}}=\frac{78125}{162}\approx482.3(\text{m})。$$

即该飞机滑行约482.3m后完全停止。

# 课堂巩固 6.2

基础训练 6.2

1. 选择题。

(1) 下列等式正确的是(　　)。

  A. $\dfrac{\mathrm{d}}{\mathrm{d}x}\displaystyle\int_a^b f(x)\,\mathrm{d}x=f(x)$     B. $\dfrac{\mathrm{d}}{\mathrm{d}x}\displaystyle\int f(x)\,\mathrm{d}x=f(x)+C$

  C. $\dfrac{\mathrm{d}}{\mathrm{d}x}\displaystyle\int_a^x f(x)\,\mathrm{d}x=f(x)$     D. $\dfrac{\mathrm{d}}{\mathrm{d}x}\displaystyle\int f'(x)\,\mathrm{d}x=f(x)$

(2) $\displaystyle\int_0^1 f'(2x)\,\mathrm{d}x=($ 　　)。

  A. $2\big[f(2)-f(0)\big]$     B. $2\big[f(1)-f(0)\big]$

  C. $\dfrac{1}{2}\big[f(2)-f(0)\big]$     D. $\dfrac{1}{2}\big[f(1)-f(0)\big]$

(3) 下列定积分的值为负的是(　　)。

  A. $\displaystyle\int_0^{\frac{\pi}{2}}\sin x\,\mathrm{d}x$     B. $\displaystyle\int_{-\frac{\pi}{2}}^0\cos x\,\mathrm{d}x$

  C. $\displaystyle\int_{-3}^{-2}x^3\,\mathrm{d}x$     D. $\displaystyle\int_{-5}^{-2}x^2\,\mathrm{d}x$

(4) 设函数 $f(x)$ 是区间 $[a,b]$ 上的连续函数，则下列论断不正确的是(　　)。

  A. $\displaystyle\int_a^b f(x)\,\mathrm{d}x$ 是 $f(x)$ 的一个原函数

B. $\int_a^x f(t)\mathrm{d}t$在$(a,b)$内是$f(x)$的一个原函数

C. $\int_x^b f(t)\mathrm{d}t$在$(a,b)$内是$-f(x)$的一个原函数

D. $f(x)$在$[a,b]$上可积

(5) 函数$f(x)$在区间$[a,b]$上连续，则$\left[\int_x^b f(t)\mathrm{d}t\right]'=($ )。

    A. $f(x)$                  B. $-f(x)$

    C. $f(b)-f(x)$        D. $f(b)+f(x)$

(6) 设函数$f(x)$在区间$[a,b]$上连续，则下列各式中不成立的是( )。

    A. $\int_a^b f(x)\mathrm{d}x=\int_a^b f(t)\mathrm{d}t$        B. $\int_a^b f(x)\mathrm{d}x=-\int_b^a f(x)\mathrm{d}x$

    C. $\int_a^a f(x)\mathrm{d}x=0$            D. 若$\int_a^b f(x)\mathrm{d}x=0$，则$f(x)=0$

(7) $\int_{-a}^a x[f(x)+f(-x)]\mathrm{d}x=($ )。

    A. $4\int_0^a f(x)\mathrm{d}x$           B. $2\int_0^a x[f(x)+f(-x)]\mathrm{d}x$

    C. $0$                    D. 以上都不正确

2. 计算下列定积分。

(1) $\int_{-1}^2 (3x^2+2x)\mathrm{d}x$;          (2) $\int_2^6 (x^2-1)\mathrm{d}x$;

(3) $\int_{-1}^1 (x^3-3x^2)\mathrm{d}x$;       (4) $\int_0^{\frac{\pi}{2}} \left(\frac{1}{2}+\sin x\right)\mathrm{d}x$;

(5) $\int_0^4 \frac{1}{1+2x}\mathrm{d}x$;         (6) $\int_0^{\frac{\pi}{2}} (2\cos x+\mathrm{e}^x)\mathrm{d}x$。

## 提升训练6.2

求下列函数的一阶导数。

(1) $F(x)=\int_1^x \sin t^2\mathrm{d}t$;

(2) $F(x)=\int_x^2 \sqrt{1+t^2}\,\mathrm{d}t$;

(3) $F(x)=\int_1^{3x} \sin(1+t^3)\mathrm{d}t$;

(4) $F(x)=\int_x^{x^2} \frac{1}{\sqrt{1+t^2}}\,\mathrm{d}t$;

(5) $F(x)=\int_0^{x^2} \sqrt{1+t^2}\,\mathrm{d}t$;

(6) $F(x)=\displaystyle\int_{x^2}^{x^3}\dfrac{1}{\sqrt{1+t^4}}\mathrm{d}t$;

(7) $F(x)=\displaystyle\int_{\sin x}^{\cos x}\cos\pi t^2\mathrm{d}t$。

# 6.3  定积分的计算

## 问题导入

微积分基本定理告诉我们,计算连续函数 $f(x)$ 定积分的有效、简便的方法是把它转化为求 $f(x)$ 的原函数在区间 $[a,b]$ 上的增量,从而建立了定积分与不定积分的内在联系。在第 5 章中,我们已较为系统地学习了不定积分的求解方法,本节中我们将简单地学习计算定积分的换元积分法和分部积分法。

## 知识归纳

### 6.3.1  定积分的第一换元积分法（凑微分法）

凑微分法的基本思想是把积分变量凑成复合函数的中间变量,然后再利用积分公式求出原函数,进而利用牛顿—莱布尼兹公式求出定积分的值。

&#x1f52e; 相关例题见例 6.15～例 6.17。

### 6.3.2  定积分的第二换元积分法

【定理6.3】  设 $f(x)$ 在闭区间 $[a,b]$ 上连续,如果 $x=\varphi(t)$ 满足

(1) $\varphi(t),\varphi'(t)$ 皆为闭区间 $[\alpha,\beta]$ 上的连续函数;

(2) $\varphi(\alpha)=a,\varphi(\beta)=b$,且 $\varphi(x)$ 为闭区间 $[\varphi(\alpha),\varphi(\beta)]$ 上的单调函数,则有

$$\int_a^b f(x)\mathrm{d}x=\int_\alpha^\beta f[\varphi(t)]\varphi'(t)\mathrm{d}t,$$

称该公式为定积分的换元公式。

提示:

(1) 定积分的第二换元法,在这里主要是解决被积函数中含有 $\sqrt[n]{ax+b}\,(a\neq0)$ 的定积分的计算问题。

(2) 令 $\sqrt[n]{ax+b}=t$,解出 $x=\dfrac{t^n-b}{a}$,并求出 $\mathrm{d}x=\dfrac{1}{a}nt^{n-1}\mathrm{d}t$,且当 $x$ 由 $a$ 变到 $b$ 时,$t$ 由 $\alpha$ 单调地变到 $\beta$。

&#x1f52e; 相关例题见例 6.18～例 6.21。

### 6.3.3　定积分的分部积分法

根据不定积分的分部积分公式,可以得到定积分的分部积分公式如下:

$$\int_a^b u\, v'\mathrm{d}x = uv\,\Big|_a^b - \int_a^b v\, u'\mathrm{d}x,$$

或

$$\int_a^b u\, \mathrm{d}v = uv\,\Big|_a^b - \int_a^b v\, \mathrm{d}u_{\circ}$$

提示:分积分可以解决两个不同类型的函数的乘积的积分问题。比如,$\int_a^b x\sin x\mathrm{d}x$, $\int_a^b x\cos x\mathrm{d}x$, $\int_a^b x\,\mathrm{e}^x\mathrm{d}x$, $\int_a^b x^n\ln x\mathrm{d}x$ 等。

相关例题见例 6.22~例 6.24。

## 典型例题

例 6.15　计算 $\int_0^2 \mathrm{e}^{2x}\mathrm{d}x$。

解:$\int_0^2 \mathrm{e}^{2x}\mathrm{d}x = \dfrac{1}{2}\int_0^2 \mathrm{e}^{2x}\mathrm{d}(2x) = \dfrac{1}{2}\mathrm{e}^{2x}\,\Big|_0^2 = \dfrac{1}{2}(\mathrm{e}^{2\times2} - \mathrm{e}^{2\times0}) = \dfrac{1}{2}(\mathrm{e}^4 - 1)$。

例 6.16　计算 $\int_{-2}^0 \dfrac{x}{(1+x^2)}\mathrm{d}x$。

解:$\int_{-2}^0 \dfrac{x}{1+x^2}\mathrm{d}x = \int_{-2}^0 \dfrac{\frac{1}{2}}{1+x^2}\mathrm{d}(1+x^2) = \dfrac{1}{2}\ln(1+x^2)\,\Big|_{-2}^0 = -\dfrac{1}{2}\ln 5$。

例 6.17　计算 $\int_0^1 x\,\mathrm{e}^{-\frac{x^2}{2}}\mathrm{d}x$。

解:$\int_0^1 x\,\mathrm{e}^{-\frac{x^2}{2}}\mathrm{d}x = -\int_0^1 \mathrm{e}^{-\frac{x^2}{2}}\mathrm{d}\left(-\dfrac{x^2}{2}\right) = -\mathrm{e}^{-\frac{x^2}{2}}\,\Big|_0^1 = 1 - \dfrac{1}{\sqrt{\mathrm{e}}}$。

例 6.18　计算 $\int_4^9 \dfrac{1}{\sqrt{x}}\mathrm{d}x$。

解:令 $\sqrt{x}=t$,则 $x=t^2$,$\mathrm{d}x=2t\mathrm{d}t$。

当 $x=4$ 时,$t=2$;当 $x=9$ 时,$t=3$。所以

$$\int_4^9 \dfrac{1}{\sqrt{x}}\mathrm{d}x = \int_2^3 \dfrac{2t\mathrm{d}t}{t} = \int_2^3 2\,\mathrm{d}t = 2t\,\Big|_2^3 = 2(3-2) = 2_{\circ}$$

例 6.19　计算 $\int_0^8 \dfrac{\mathrm{d}x}{1+\sqrt[3]{x}}$。

解:令 $x=t^3$,则 $\mathrm{d}x=3t^2\mathrm{d}t$。

当 $x=0$ 时,$t=0$;当 $x=8$ 时,$t=2$。

$$\int_0^8 \frac{dx}{1+\sqrt[3]{x}} = \int_0^2 \frac{3t^2 dt}{1+t} = 3\int_0^2 \frac{t^2-1+1}{1+t} dt = 3\left[\frac{t^2}{2} - t + \ln(1+t)\right]\Bigg|_0^2 = 3\ln 3。$$

例 6.20　设 $f(x)$ 在 $[-a, a]$ 上可积,试证:

(1) 当 $f(x)$ 为偶函数时 $\int_{-a}^{a} f(x)dx = 2\int_0^a f(x)dx$;

(2) 当 $f(x)$ 为奇函数时 $\int_{-a}^{a} f(x)dx = 0$。

证明　由积分区间的可加性有

$$\int_{-a}^{a} f(x)dx = \int_{-a}^{0} f(x)dx + \int_0^a f(x)dx = I_1 + I_2。$$

对于等式右边的第一个定积分,设 $x = -t$,则 $dx = -dt$ 从而当 $x = 0$ 时,$t = 0$;当 $x = -a$ 时,$t = a$。这样

$$\int_{-a}^{0} f(x)dx = -\int_a^0 f(-t)dt = \int_0^a f(-t)dt,$$

所以　　$\displaystyle\int_{-a}^{a} f(x)dx = \int_{-a}^{0} f(x)dx + \int_0^a f(x)dx = \int_0^a f(-x)dx + \int_0^a f(x)dx$

$$= \int_0^a [f(-x) + f(x)]dx。$$

(1) 当 $f(x)$ 为偶函数时,由于 $f(-t) = f(t)$,从而

$$\int_{-a}^{a} f(x)dx = \int_0^a [f(-x) + f(x)]dx = 2\int_0^a f(x)dx。$$

(2) 当 $f(x)$ 为奇函数时,由于 $f(-t) = -f(t)$,如图 6-18 所示。

$$\int_{-a}^{a} f(x)dx = \int_0^a [f(-x) + f(x)]dx = 0。$$

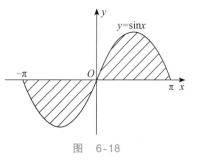

图　6-18

注意:例 6.20 所得出的结论在计算定积分时可以灵活运用。

例 6.21　计算 $\displaystyle\int_{-1}^{1} (x^3 + 2x - 3)dx$。

解:　　　$\displaystyle\int_{-1}^{1} (x^3 + 2x - 3)dx = \int_{-1}^{1} (x^3 + 2x)dx - \int_{-1}^{1} 3dx$。

因为 $x^3 + 2x$ 为奇函数,所以

$$\int_{-1}^{1} (x^3 + 2x)dx = 0,$$

$$\int_{-1}^{1} (x^3 + 2x - 3)dx = -\int_{-1}^{1} 3dx = -3x\big|_{-1}^{1} = -6,$$

即　　　　　　　　　$\displaystyle\int_{-1}^{1} (x^2 + 2x - 3)dx = -6。$

提示:充分利用被积函数与积分区间的某些特点,如被积函数是否是奇函数、偶函数、周期函数,积分区间是否关于原点对称等,从而简化计算。有时还可以考虑定积分的几何意义。

**例** 6.22 计算 $\int_0^{\frac{\pi}{2}} x \sin x \mathrm{d}x$。

解：设 $u = x, \mathrm{d}v = \sin x \mathrm{d}x$，则 $\mathrm{d}u = \mathrm{d}x, v = -\cos x$，代入分部积分公式，得

$$\int_0^{\frac{\pi}{2}} x \sin x \mathrm{d}x = -x \cos x \Big|_0^{\frac{\pi}{2}} + \int_0^{\frac{\pi}{2}} \cos x \mathrm{d}x = -x \cos x \Big|_0^{\frac{\pi}{2}} + \sin x \Big|_0^{\frac{\pi}{2}} = 1。$$

**例** 6.23 计算 $\int_1^{\mathrm{e}} x \ln x \mathrm{d}x$。

解：设 $u = \ln x, \mathrm{d}v = x \mathrm{d}x$，则 $\mathrm{d}u = \dfrac{1}{x} \mathrm{d}x, v = \dfrac{1}{2} x^2$，由分部积分公式得

$$\int_1^{\mathrm{e}} x \ln x \mathrm{d}x = \left( \frac{1}{2} \cdot x^2 \ln x \right) \Big|_1^{\mathrm{e}} - \int_1^{\mathrm{e}} \frac{x^2}{2} \cdot \frac{1}{x} \mathrm{d}x = \frac{x^2}{2} \cdot \ln x \Big|_1^{\mathrm{e}} - \frac{1}{4} x^2 \Big|_1^{\mathrm{e}}$$

$$= \frac{\mathrm{e}^2}{2} \cdot \ln \mathrm{e} - \frac{1}{2} \times 0 - \frac{1}{4} (\mathrm{e}^2 - 1) = \frac{1}{4} (\mathrm{e}^2 + 1)。$$

**例** 6.24 计算 $\int_0^1 x \mathrm{e}^x \mathrm{d}x$。

解：设 $u = x, \mathrm{d}v = \mathrm{d}\mathrm{e}^x$，则 $\mathrm{d}u = \mathrm{d}x, v = \mathrm{e}^x$，代入分部积分公式，得

$$\int_0^1 x \mathrm{e}^x \mathrm{d}x = \left( x \mathrm{e}^x \right) \Big|_0^1 - \int_0^1 \mathrm{e}^x \mathrm{d}x = [\mathrm{e} - 0] - \mathrm{e}^x \Big|_0^1 = \mathrm{e} - (\mathrm{e} - 1) = 1。$$

## 应用案例

案例 6.6：能源的消耗问题

近年来，世界范围内每年的石油消耗率呈指数增长，且增长指数大约为 0.07。1987 年年初，消耗率大约为每年 161 亿桶。设 $R(t)$ 表示从 1987 年起第 $t$ 年的石油消耗率，则 $R(t) = 161\mathrm{e}^{0.07t}$（亿桶），试用此式估计从 1987 年到 2020 年间石油消耗的总量。

解：设 $T(t)$ 表示从 1987 年起（$t = 0$）直到第 $t$ 年的石油消耗总量，要求从 1987 年到 2020 年间石油消耗的总量，即求 $T(33)$。

由条件可知 $T'(t) = R(t)$，所以从 $t = 0$ 到 $t = 33$ 期间石油消耗的总量为

$$\int_0^{33} 161\mathrm{e}^{0.07t} \mathrm{d}t = \frac{161}{0.07} \mathrm{e}^{0.07t} \Big|_0^{33} = 2300 (\mathrm{e}^{0.07 \times 33} - 1) \approx 20871（亿桶）。$$

案例 6.7：捕鱼成本问题

在鱼塘中捕鱼时，鱼越少捕鱼越困难，捕捞的成本也就越高，一般可以假设每千克鱼的捕捞成本与当时池塘中的鱼量成反比。假设当鱼塘中有 $x$kg 鱼时，每千克的捕捞成本是 $\dfrac{2000}{10 + x}$ 元。已知鱼塘中现有 10000kg 鱼，问从鱼塘中捕捞 6000kg 鱼所花费的成本是多少？

解：根据题意，当塘中鱼量为 $x$ 时，设每千克的捕捞成本函数为

$$C(x) = \frac{2000}{10 + x} \quad (x > 0)_\circ$$

假设塘中现有鱼量为 $A$，需要捕捞的鱼量为 $T$。当我们已经捕捞了 $x\,\mathrm{kg}$ 鱼之后，塘中所剩的鱼量为 $A - x$，此时再捕捞 $\triangle x\,\mathrm{kg}$ 鱼所需的成本为

$$\triangle C = C(A - x) \cdot \triangle x = \frac{2000}{10 + (A - x)} \cdot \triangle x_\circ$$

因此，捕捞 $T\,\mathrm{kg}$ 鱼所需成本为

$$C = \int_0^T \frac{2000}{10 + (A - x)}\,\mathrm{d}x = -2000\ln\big[10 + (A - x)\big]\Big|_{x=0}^{x=T} = 2000\ln\frac{10 + A}{10 + (A - T)}(\bar{\pi})_\circ$$

将已知数据 $A = 10000\,\mathrm{kg}$，$T = 6000\,\mathrm{kg}$ 代入，可计算出总捕捞成本为

$$C = 2000\ln\frac{10010}{4010} \approx 1829.59(\bar{\pi})_\circ$$

从而可以计算出每千克鱼的平均捕捞成本

$$\overline{C} = \frac{1829.59}{6000} \approx 0.30(\bar{\pi})_\circ$$

## 课堂巩固 6.3

基础训练 6.3

1. 计算下列定积分。

(1) $\displaystyle\int_{\frac{\pi}{2}}^{\pi} \sin\left(x + \frac{\pi}{3}\right)\mathrm{d}x$；

(2) $\displaystyle\int_0^1 \frac{\mathrm{e}^x}{1 + \mathrm{e}^x}\,\mathrm{d}x$；

(3) $\displaystyle\int_1^{\mathrm{e}} \frac{1 + \ln x}{x}\,\mathrm{d}x$；

(4) $\displaystyle\int_0^{\frac{\pi}{2}} \sin^2 x \cos x\,\mathrm{d}x_\circ$

2. 计算下列定积分。

(1) $\displaystyle\int_4^9 \frac{1}{\sqrt{x} - 1}\,\mathrm{d}x$；

(2) $\displaystyle\int_0^4 \frac{(x + 2)}{\sqrt{2x + 1}}\,\mathrm{d}x_\circ$

3. 计算下列定积分。

(1) $\displaystyle\int_1^{\mathrm{e}} \ln x\,\mathrm{d}x$；

(2) $\displaystyle\int_0^1 x\mathrm{e}^x\,\mathrm{d}x$；

(3) $\displaystyle\int_0^{\pi} x\cos x\,\mathrm{d}x$；

(4) $\displaystyle\int_1^2 x^2 \ln x\,\mathrm{d}x_\circ$

提升训练 6.3

1. 计算下列定积分。

(1) $\displaystyle\int_{-\frac{\pi}{4}}^{\frac{\pi}{4}} \frac{\sin x}{1 + x^2}\,\mathrm{d}x$；

(2) $\displaystyle\int_0^{\frac{\pi}{2}} \cos^3 x \sin x\,\mathrm{d}x$；

(3) $\int_0^{\ln 2} \sqrt{e^x - 1}\, dx$;　　　　(4) $\int_0^1 x^3 e^{x^2}\, dx$;

(5) $\int_{-1}^1 \frac{1}{\sqrt{5-4x}}\, dx$;　　　　(6) $\int_0^4 \frac{1-\sqrt{x}}{\sqrt{x}}\, dx$。

2. 利用函数的奇偶性，计算下列定积分。

(1) $\int_{-2}^2 (x^3 \cos x + 3x^2)\, dx$;　　　　(2) $\int_{-a}^a (x^3 - x + 2)\, dx\ (a>0)$。

# 6.4 定积分的应用

## 问题导入

本节我们将应用定积分的性质与计算方法，计算一些几何量，介绍定积分在经济方面的应用。

## 知识归纳

### 6.4.1 平面图形的面积

在引进定积分概念时我们已经知道，曲边梯形的面积可以用定积分表示。平面图形可以分成如下几种典型情况。

(1) 由曲线 $y=f(x)$、直线 $x=a$、$x=b$ 及 $x$ 轴($y=0$)所围成的曲边梯形的面积。

参见"6.1.2 定积分的几何意义"。

相关例题见例 6.25。

定积分的应用

(2) 由曲线 $y=f(x)$、$y=g(x)$(其中，$f(x)\geqslant g(x)$)、直线 $x=a$ 及直线 $x=b$ 所围成的曲边梯形的面积。

$S=\int_a^b [f(x)-g(x)]\, dx$，如图 6-19 所示。

一般地，通过插入分点，总可以将其化归为被积函数是图形的上边线函数 $y=f(x)$ 减去图形下边线函数 $y=g(x)$，积分上、下限分别是平行于 $y$ 轴的两条直线与 $x$ 轴交点的横坐标 $a$ 和 $b$。

综上所述，计算曲边梯形面积 $S$ 的计算步骤归纳如下。

(1) 画出几何图形，确定所求面积的区域。

(2) 确定积分区间和被积函数。

(3) 用定积分表示面积。

(4) 计算定积分值。

相关例题见例 6.26~例 6.28。

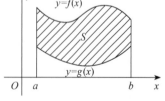
图 6-19

### 6.4.2 定积分在经济中的应用

在第4章中我们讨论了已知经济函数（总成本函数、总收益函数、总利润函数等）求它们的边际函数的问题。求边际函数的问题就是求各函数导数的问题；现在若已知边际函数（边际成本函数、边际益函数、边际利润函数等），能否求出相对应的经济函数？这恰好就是定积分所能回答的问题。

根据定积分的知识可知，若已知边际成本函数 $C'(x)$，则当产量由 $a$ 增加到 $b$ 时增加的总成本为

$$C(b) - C(a) = \int_a^b C'(x)\mathrm{d}x。$$

定积分在经济
中的应用

若已知边际收益函数 $R'(x)$，则当产量由 $a$ 增加到 $b$ 时增加的总收益为

$$R(b) - R(a) = \int_a^b R'(x)\mathrm{d}x。$$

若已知边际利润函数 $L'(x)$，则当产量由 $a$ 增加到 $b$ 时增加的总利润为

$$L(b) - L(a) = \int_a^b L'(x)\mathrm{d}x。$$

相关例题见例 6.29 和例 6.30。

## 典型例题

例 6.25　在 $\left[\dfrac{\pi}{2}, \dfrac{3\pi}{2}\right]$ 上，求正弦函数 $y = \sin x$ 与直线 $x = \dfrac{\pi}{2}$，$x = \dfrac{3}{2}\pi$ 及 $x$ 轴所围成图形的面积。

用定积分
求面积

解：画出曲线所围成的平面图形，如图 6-20 所示。根据上面的讨论，积分的区间为 $\left[\dfrac{\pi}{2}, \dfrac{3}{2}\pi\right]$。

注意到曲线 $y = \sin x$ 在积分区间内有正、有负，分段点为 $\pi$，因此要分段表示所求的面积。

所以，所求平面图形的面积

$$S = \int_{\frac{\pi}{2}}^{\pi} \sin x\mathrm{d}x - \int_{\pi}^{\frac{3}{2}\pi} \sin x\mathrm{d}x = -\cos x \Big|_{\frac{\pi}{2}}^{\pi} + \cos x \Big|_{\pi}^{\frac{3}{2}\pi}$$

$$= -\left(\cos \pi - \cos \dfrac{\pi}{2}\right) + \left(\cos \dfrac{3}{2}\pi - \cos \pi\right) = 1 + 1 = 2。$$

例 6.26　求曲线 $y = \mathrm{e}^x$，$y = x - 1$，$x = 0$，$x = 1$ 所围成的平面图形的面积。

解：画出曲线 $y = \mathrm{e}^x$ 与直线 $y = x - 1$，$x = 0$，$x = 1$，得到它们围成的平面图形，如图 6-21 所示。

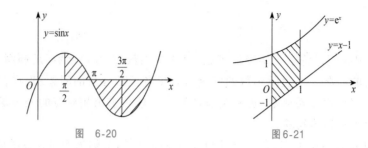

图 6-20                                         图 6-21

图形的上边线和下边线的曲线分别为 $y=e^x$ 和 $y=x-1$，平行于 $y$ 轴的两条直线与 $x$ 轴交点的横坐标为 0 和 1。所以，所求平面图形的面积

$$S=\int_0^1\big[e^x-(x-1)\big]dx=\int_0^1(e^x-x+1)dx$$

$$=\Big(e^x-\frac{1}{2}x^2+x\Big)\Big|_0^1=\Big(e+\frac{1}{2}\Big)-1=e-\frac{1}{2}。$$

例 6.27   求由曲线 $y=\dfrac{1}{x}$，$y=x$，$x=2$ 所围成的平面图形的面积。

解：画出曲线 $y=\dfrac{1}{x}$ 与直线 $y=x$，$x=2$，得到它们围成的平面图形，如图 6-22 所示。

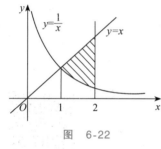

图   6-22

注意到这个平面图形是特殊的曲边三角形，其中上边线和下边线的曲线分别为 $y=x$ 和 $y=x^{-1}$，图形左边是曲线 $y=x$ 和 $y=x^{-1}$ 的交点，通过解方程组 $\begin{cases}y=x^{-1}\\y=x\end{cases}$ 得到交点坐标为 $(1,1)$，所以积分下限取值 $x=1$；图形右边平行于 $y$ 轴的直线为 $x=2$，所以积分上限取值 $x=2$。因此

$$S=\int_1^2\Big(x-\frac{1}{x}\Big)dx=\Big(\frac{1}{2}x^2-\ln x\Big)\Big|_1^2=(2-\ln 2)-\Big(\frac{1}{2}-\ln 1\Big)=\frac{3}{2}-\ln 2。$$

注意：如果上下边线相交，要通过解方程组求出交点，再过交点作平行于 $y$ 轴的直线，这样的直线与轴交点的横坐标就是积分的上、下限。

例 6.28   求曲线 $y=x^2$ 和 $y=x+2$ 所围成的平面图形的面积。

解：画出曲线 $y=x^2$ 与直线 $y=x+2$，得到它们围成的平面图形，如图 6-23 所示。

解方程组 $\begin{cases}y=x^2\\y=x+2\end{cases}$，得 $\begin{cases}x=-1\\y=1\end{cases}$ 和 $\begin{cases}x=2\\y=4\end{cases}$，过这两组交点作平行于 $y$ 轴的直线 $x=-1$，和 $x=2$，则这两条直线与 $x$ 轴交点的横坐标为 $-1$ 和 2，所以积分上、下限分别为 $-1$ 和 2；这个平面图形的上边线和下边线的曲线分别为 $y=x^2$ 和 $y=x+2$。所以，所求平面图形的面积

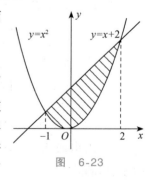

图   6-23

$$S=\int_{-1}^{2}(x+2-x^2)\mathrm{d}x=\left(\frac{1}{2}x^2+2x-\frac{1}{3}x^3\right)\Big|_{-1}^{2}=\left(2+4-\frac{8}{3}\right)-\left(\frac{1}{2}-2+\frac{1}{3}\right)=\frac{9}{2}。$$

例 6.29 已知生产某产品 $x$ 单位时,边际收益 $R'(x)=200-\dfrac{x}{200}$(元/单位),试求:

(1) 生产100个单位产品的总收益;

(2) 生产100个单位产品到200个单位产品获得的收益;

(3) 总收益函数。

解:

(1) $R(100)=\displaystyle\int_0^{100}R'(x)\mathrm{d}x=\int_0^{100}\left(200-\frac{x}{200}\right)\mathrm{d}x$

$\qquad =\left(200x-\dfrac{x^2}{400}\right)\Big|_0^{100}=20000-25=19975$(元)。

(2) $R(200)-R(100)=\displaystyle\int_{100}^{200}R'(x)\mathrm{d}x=\int_{100}^{200}\left(200-\frac{x}{200}\right)\mathrm{d}x$

$\qquad =\left(200x-\dfrac{x^2}{400}\right)\Big|_{100}^{200}=(40000-100)-(20000-25)$

$\qquad =19925$(元)。

(3) 总收益函数是生产 $x$ 个单位产品的收益

$$R(x)=\int_0^x R'(x)\mathrm{d}x=\int_0^x\left(200-\frac{x}{200}\right)\mathrm{d}x$$

$$=200x-\frac{x^2}{400}\ (元)。$$

例 6.30 设生产某种商品的固定成本为20元,假设每天生产 $x$ 单位时的边际成本函数为 $C'(x)=0.4x+2$(元/单位),试求总成本函数 $C(x)$。

解:因为变上限的定积分是被积函数的一个原函数,因此可变成本就是边际成本函数在 $[0,x]$ 上的定积分,又已知固定成本为20元,即 $C(0)=20$,所以每天生产 $x$ 单位时总成本函数为

$$C(x)=\int_0^x(0.4x+2)\mathrm{d}x+C(0)=\left(0.2x^2+2x\right)\Big|_0^x+20=0.2x^2+2x+20。$$

## 应用案例

案例 6.8:花瓣的面积问题

一片花瓣的形状由抛物线 $y=x^2$ 和 $x=y^2$ 所围成,求此花瓣的面积。

解:如图 6-24 所示,由方程组 $\begin{cases}y=x^2\\x=y^2\end{cases}$ 的解可知,两曲线的交点为 $(0,0)$ 和 $(1,1)$,即两曲线所围成的图形恰好在直线 $x=0$ 和 $x=1$ 之间,取 $x$ 为积分变量,则所求面积 $A$ 为

$$A = \int_0^1 \left( \sqrt{x} - x^2 \right) \mathrm{d}x = \left[ \frac{2}{3} x^{\frac{3}{2}} - \frac{1}{3} x^3 \right] \Bigg|_0^1 = \frac{1}{3}。$$

案例 6.9：公园的面积问题

充分利用土地进一步美化城市，某城市的街边公园的形状由抛物线 $y^2 = 2x$ 与直线 $x - y = 4$ 所围成，求此公园的面积。

解：如图 6-25 所示，由方程组 $\begin{cases} y^2 = 2x \\ x - y = 4 \end{cases}$ 的解可知，交点为 $(2, -2)$ 和 $(8, 4)$，因此图形在直线 $y = -2$ 与 $y = 4$ 之间，取 $y$ 为积分变量，则所求面积 $A$ 为

$$A = \int_{-2}^4 \left[ (y + 4) - \frac{y^2}{2} \right] \mathrm{d}y = \left[ \frac{y^2}{2} + 4y - \frac{y^3}{6} \right] \Bigg|_{-2}^4 = 18。$$

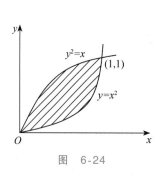

图 6-24

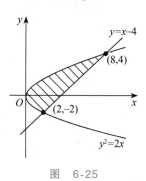

图 6-25

案例 6.10：窗户的面积问题

某一窗户的顶部设计为弓形，上方曲线为抛物线，下方为直线，如图 6-26 所示，求此窗户的面积。

解：建立直角坐标系如图 6-26 所示，设此抛物线方程为 $y = -2px^2$，因它过点 $(0.8, -0.64)$，所以 $p = \frac{1}{2}$，即抛物线方程为 $y = -x^2$。此图形的面积实际上为由曲线 $y = -x^2$ 及直线 $y = -0.64$ 所围图形的面积，面积为

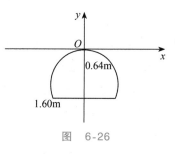

图 6-26

$$S = \int_{-0.8}^{0.8} \left[ -x^2 - (-0.64) \right] \mathrm{d}x = \left( -\frac{2}{3} x^3 + 0.64x \right) \Bigg|_{-0.8}^{0.8} \approx 0.683 \left( \mathrm{m}^2 \right)。$$

## 课堂巩固 6.4

### 基础训练 6.4

1. 求由抛物线 $y = x^2$ 与直线 $x + y = 2$ 围成图形的面积 $S$。

2. 求曲线 $y = 1 - x^2$ 与 $x$ 轴所围成的图形的面积。

3. 求由抛物线 $y = x^2 - 2x - 3$ 与直线 $y = x + 1$ 所围成图形的面积。

4. 求由抛物线 $y = x^2$ 与 $y = 2 - x^2$ 所围成图形的面积。

5. 某产品总产量对时间 $t$ 的变化率函数 $f'(t) = 100 + 6t - 0.6t^2$（单位：h），求从 $t = 2$ 到 $t = 5$ 之间每小时的产量。

6. 某厂日产 $Q$ 吨产品的总成本为 $C = C(Q)$ 元，已知边际成本为 $C'(Q) = 6 + \dfrac{16}{\sqrt{Q}}$，若生产该产品的日固定成本为 34 元，求日产量从 36t 增加到 81t 时的总成本。

### 提升训练 6.4

1. 求由曲线 $y = e^x, y = e^{-x}$ 与直线 $x = 1$ 所围成图形的面积。

2. 求由抛物线 $y = x^2$ 与 $y = \sqrt{x}$ 围成图形的面积 $S$。

3. 设商品的需求函数 $Q = 100 - 5p$（其中，$Q$ 为需求，$p$ 为单价）、边际成本函数
$$C'(Q) = 15 - 0.05Q \quad \text{且} \quad C(0) = 12.5。$$

问：当 $p$ 为什么值时，工厂的利润达到最大？试求出最大利润。

4. 某厂生产的某一产品的边际成本函数
$$C'(Q) = 3Q^2 - 18Q + 33$$

且当产量为 3 个单位时，成本为 55 个单位，求：

（1）成本函数与平均成本函数；

（2）当产量由 2 个单位增加到 10 个单位时，成本的增量是多少？

## 总结提升 6

1. 单项选择题。

（1）设 $f(x)$ 在 $[a, b]$ 上可积，则 $\left[ \displaystyle\int_a^b f(x) \mathrm{d}x \right]'$（　　）。

  A. 小于零　　　　　　　　　　B. 等于零

  C. 大于零　　　　　　　　　　D. 不确定

（2）设 $f(x)$ 在 $[a, b]$ 上可积，则下列各式中不正确的是（　　）。

  A. $\displaystyle\int_a^b f(x) \mathrm{d}x = \int_a^b f(y) \mathrm{d}y$　　　　B. $\displaystyle\int_a^a f(x) \mathrm{d}x = 0$

  C. $\left[ \displaystyle\int_a^b f(x) \mathrm{d}x \right]' = f(x)$　　　　D. $\displaystyle\int_a^c f(x) \mathrm{d}x + \int_c^b f(x) \mathrm{d}x = \int_a^b f(x) \mathrm{d}x$

（3）$\dfrac{\mathrm{d}}{\mathrm{d}x} \left( \displaystyle\int_0^1 \sin x \mathrm{d}x \right) =$（　　）。

  A. 0　　　　　　　　　　　　B. $\sin x$

  C. $\cos x$　　　　　　　　　　D. 无法求

（4）函数 $f(x)$ 在 $[a, b]$ 上连续，是函数 $f(x)$ 在 $[a, b]$ 上可积的（　　）。

A. 必要条件但非充分条件　　　B. 充分条件但非必要条件

C. 充分必要条件　　　D. 无关条件

(5) 初等函数 $f(x)$ 在其有定义的区间 $[a,b]$ 上一定（　　）。

A. 可导　　　B. 可微

C. 可积　　　D. 以上均不成立

(6) 设 $\int_0^2 x f(x)\mathrm{d}x = k\int_0^1 x f(2x)\mathrm{d}x$，则 $k=$（　　）。

A. 1　　　B. 2　　　C. 3　　　D. 4

(7) $\int_{-\frac{\pi}{2}}^{\frac{\pi}{2}} \sqrt{1-\cos^2 x}\,\mathrm{d}x=$（　　）。

A. 1　　　B. 2　　　C. 0　　　D. 4

(8) 设函数 $f(x)$ 在 $[a,b]$ 上连续，则曲线 $y=f(x)$，$x=a$，$x=b$，$y=0$ 所围城的平面图形的面积等于（　　）。

A. $\int_a^b f(x)\mathrm{d}x$

B. $-\int_a^b f(x)\mathrm{d}x$

C. $\left|\int_a^b f(x)\mathrm{d}x\right|$

D. $\int_a^b |f(x)|\mathrm{d}x$

(9) 设 $f(x)$ 在闭区间 $[a,b]$ 上连续，则 $\int_a^b f(x)\mathrm{d}x=$（　　）。

A. $\dfrac{1}{k}\int_a^b f\left(\dfrac{x}{k}\right)\mathrm{d}x$

B. $k\int_{ka}^{kb} f\left(\dfrac{x}{k}\right)\mathrm{d}x$

C. $\dfrac{1}{k}\int_{ka}^{kb} f\left(\dfrac{x}{k}\right)\mathrm{d}x$

D. $k\int_{\frac{a}{k}}^{\frac{b}{k}} f\left(\dfrac{x}{k}\right)\mathrm{d}x$

(10) 设 $f(x)=\int_0^x (t-1)\mathrm{e}^t\mathrm{d}t$，则 $f(x)$ 有（　　）。

A. 极小值 $2-\mathrm{e}$　　　B. 极小值 $\mathrm{e}-2$

C. 极大值 $2-\mathrm{e}$　　　D. 极大值 $\mathrm{e}-2$

(11) 设 $f(x)=x^3+x$，则 $\int_{-2}^2 f(x)\mathrm{d}x=$（　　）。

A. 0　　　B. 8

C. $\int_0^2 f(x)\mathrm{d}x$　　　D. $2\int_0^2 f(x)\mathrm{d}x$

(12) 设 $f(x)$ 在 $[0,1]$ 上连续，当设 $t=ax$ 时，则 $\int_0^1 f(ax)\mathrm{d}x=$（　　）。

A. $\int_0^a f(t)\mathrm{d}t$

B. $\dfrac{1}{a}\int_0^1 f(t)\mathrm{d}t$

C. $a\int_0^a f(t)\mathrm{d}t$

D. $\dfrac{1}{a}\int_0^a f(t)\mathrm{d}t$

2．判断题。

（1）闭区间上的连续函数一定可积。（　　）

（2）定积分与积分变量的记号无关。（　　）

（3）若函数 $f(x)$ 在区间 $[a,b]$ 上连续，$x$ 是 $[a,b]$ 内的任意一点，则定积分 $\int_a^x f(x)\mathrm{d}x$ 存在。（　　）

（4）$\int_0^\pi \cos x\mathrm{d}x$ 是一个确定的数值。（　　）

（5）定积分 $\int_a^b uv\mathrm{d}x = \left(\int_a^b u\,\mathrm{d}x\right)\left(\int_a^b v\,\mathrm{d}x\right)$。（　　）

3．填空题。

（1）设 $F(x)=\int_0^x \sin t\mathrm{d}t$，则 $F(\pi)=$＿＿＿＿，$F'(\pi)=$＿＿＿＿。

（2）定积分 $\int_0^x \left(\mathrm{e}^{t^2}\right)'\mathrm{d}t=$＿＿＿＿＿＿＿。

（3）设 $\int_a^x f(t)\mathrm{d}t=\mathrm{e}^x-1$ 则 $a=$＿＿＿＿＿＿＿。

（4）$\int_{-a}^a (x^3-x+2)\mathrm{d}x (a\geqslant 0)=$＿＿＿＿＿＿＿。

4．用几何图形说明下列各式是否正确。

（1）$\int_0^\pi \sin x\mathrm{d}x>0$；　　　　（2）$\int_0^\pi \cos x\mathrm{d}x<0$；

（3）$\int_0^1 x\,\mathrm{d}x=\dfrac{1}{2}$；　　　　（4）$\int_0^1 \sqrt{1-x^2}\,\mathrm{d}x=\dfrac{\pi}{4}$。

5．由定积分的几何意义，判断下列定积分的值是正还是负。

（1）$\int_0^{\frac{\pi}{2}} \sin x\mathrm{d}x$；　　（2）$\int_{-1}^2 x^2\mathrm{d}x$；　　（3）$\int_0^2 x^3\mathrm{d}x$。

6．求下列函数的导数和微分。

（1）$F(x)=\int_1^x t\mathrm{e}^t\mathrm{d}t$，求 $F'(x)$；

（2）$F(x)=\int_x^6 \dfrac{\sqrt{1+t^3}}{t}\,\mathrm{d}t$，求 $F'(2)$。

7．求下列极限。

（1）$\lim\limits_{x\to 0}\dfrac{\int_0^x \cos t^2\mathrm{d}t}{2x}$；　　　　（2）$\lim\limits_{x\to 0}\dfrac{\int_0^x \ln(1+t)\mathrm{d}t}{x^2}$；

（3）$\lim\limits_{x\to 0}\dfrac{\int_0^x \mathrm{e}^{t^2}\mathrm{d}t}{2x}$；　　　　（4）$\lim\limits_{x\to 0}\dfrac{\int_0^x \sin t\mathrm{d}t}{\int_0^x t\,\mathrm{d}t}$。

8. 已知 $\int_a^x f(t)\mathrm{d}t = 5x^3 + 40$，求 $f(x)$ 和 $a$。

9. 计算下列定积分。

(1) $\displaystyle\int_0^3 (x^2 - 2x + 3)\mathrm{d}x$；

(2) $\displaystyle\int_{-1}^2 |2x|\mathrm{d}x$；

(3) $\displaystyle\int_1^2 \frac{x^2}{x+1}\mathrm{d}x$；

(4) $\displaystyle\int_1^2 \frac{1}{x^2}\mathrm{e}^{\frac{1}{x}}\mathrm{d}x$；

(5) $\displaystyle\int_1^2 \frac{1}{3x-2}\mathrm{d}x$；

(6) $\displaystyle\int_1^{\ln 2} \mathrm{e}^x(1+\mathrm{e}^x)\mathrm{d}x$；

(7) $\displaystyle\int_0^4 \frac{1}{\sqrt{1+x}}\mathrm{d}x$；

(8) $\displaystyle\int_1^e \frac{1+\ln x}{x}\mathrm{d}x$；

(9) $\displaystyle\int_0^1 \frac{x}{\sqrt{4-3x}}\mathrm{d}x$；

(10) $\displaystyle\int_0^2 \frac{1}{\sqrt{x+1}+\sqrt{(x+1)^3}}\mathrm{d}x$。

10. 计算下列定积分。

(1) $\displaystyle\int_1^e x^2 \ln x\,\mathrm{d}x$；　　(2) $\displaystyle\int_0^1 x^2 \mathrm{e}^x \mathrm{d}x$；　　(3) $\displaystyle\int_0^{\frac{\pi}{2}} x\sin x\,\mathrm{d}x$。

11. 利用定积分表示下列各组曲线所围成的图形的面积。

(1) 若 $y = x^2, x = -1, x = 2, y = 0$，则 $S = $ ＿＿＿＿＿＿＿。

(2) 在 $[-\pi, 0]$ 上，若 $y = \cos x, x = -\pi, x = 0, y = 0$，则 $S = $ ＿＿＿＿＿。

12. 求下列曲线所围成的平面图形的面积：

(1) $y = x^2, y = x$；

(2) $y = 4 - x^2, y = -5$；

(3) $y = x^2, y = x, y = 2x$；

(4) 在 $\left[0, \dfrac{\pi}{2}\right]$ 上，$y = \sin x, y = 1, x = 0$。

# 参考文献

[1] 彭红军,张伟,李媛.微积分:经济管理类[M].2版.北京:机械工业出版社,2013.

[2] 周誓达.微积分:经济类与管理类[M].4版.北京:中国人民大学出版社,2018.

[3] 陶金瑞.高等数学[M].2版.北京:机械工业出版社,2015.

[4] 邓云辉.高等数学[M].北京:机械工业出版社,2017.

[5] 顾静相.经济数学基础[M].4版.北京:高等教育出版社,2014.

[6] 侯风波.高等数学[M].5版.北京:高等教育出版社,2018.

[7] 云连英.微积分应用基础[M].3版.北京:高等教育出版社,2014.

[8] 胡国胜.经济数学基础与应用[M].4版.北京:科学出版社,2004.

[9] 曾庆柏.应用高等数学[M].2版.北京:高等教育出版社,2014.

[10] STEWART J.微积分[M].张乃岳,译.6版.北京:中国人民大学出版社,2014.

[11] 李心灿,徐兵,蔡燧林.高等数学[M].4版.北京:高等教育出版社,2017.

[12] 李天民.现代管理会计学[M].上海:立信会计出版社,2018.

[13] 宋承先,许强.现代西方经济学[M].上海:复旦大学出版社,2004.

[14] 孙茂竹,支晓强,戴璐.管理会计学[M].9版.北京:中国人民大学出版社,2020.

[15] 赵树嫄.经济应用数学基础(一):微积分[M].4版.北京:中国人民大学出版社,2016.

[16] 李鹏奇.世界上最大的旅馆——希尔伯特旅馆[J].数学通报,2001(9):44-45.

[17] 陈汉君,杨蕊.近二十年我国数学问题提出研究知识图谱分析[J].数学通报,2020,59(6):12-15.

[18] 李文林.数学史概论[M].3版.北京:高等教育出版社,2011.

[19] 莫里斯·克莱因.古今数学思想[M].张理京,等译.上海:上海科学技术出版社,2009.

[20] 张奠宙.中国数学史大系:中国近现代数学的发展[M].石家庄:河北科学技术出版社,2000.

[21] 顾沛."数学文化"课与大学生文化素质教育[J].中国大学教学,2007(4):6-7.

[22] 黎琼,等.微积分发展史[J].科教导刊(上旬刊),2011,372(6):267-268.

[23] 王能超.千古绝技"割圆术":刘徽的大智慧[M].2版.武汉:华中科技大学出版社,2003.

[24] 吴文俊.《九章算术》与刘徽[M].北京:北京师范大学出版社,1982.

[25] 营孟珊,王钥,韩树新,等.浅谈柯西对数学的贡献[J].教育教学论坛,2018,383(41):209-210.

[26] 王渝生.中国近代科学的先驱:李善兰[M].北京:科学出版社,1983.

[27] 陈仁政.温度计的前世今生[J].百科知识,2020(16):11-16.

[28] 原海川.法拉第发现电磁感应定律的几个关键[J].晋城职业技术学院学报,2014(4):87-89.

[29] 康彩苹.浅谈微积分中的反例[J].数学学习与研究,2015(11):82,84.

[30] 徐飞,孙启贵,邓欣,等.科学大师启蒙文库:牛顿[M].上海:上海交通大学出版社,2007.

[31] 吕塔·赖默尔,维尔贝特·赖默尔,等.数学我爱你:大数学家的故事[M].欧阳绛,译.哈尔滨:哈尔滨工业大学出版社,2008.

[32] DUNHAM W.微积分的历程:从牛顿到勒贝格[M].李伯民,汪军,张怀勇,译.北京:人民邮电出版社,2010.

[33] 周霞，葛丽艳，张现强.数学史融入定积分概念教学的案例设计[J].大学数学,2018,34(3)：115-120.

[34] 陈跃.从历史的角度来讲微积分[J].高等数学研究,2005,8(6):47-50.

[35] 游兆和.辩证法本质辨识——论唯物辩证法与唯心辩证法对立的意义[J].清华大学学报(哲学社会科学版),2014,29(5):90-95,177.

[36] 周明儒.从欧拉的数学直觉谈起[M].北京:高等教育出版社,2009.